# myBook+



## Ein neues Leseerlebnis

Lesen Sie Ihr Buch online im Browser – geräteunabhängig und ohne Download!

---

### Und so einfach geht's:

- Gehen Sie auf https://mybookplus.de, registrieren Sie sich und geben Ihren Buchcode ein, um zu Ihrem Buch zu gelangen
- Ihren individuellen Buchcode finden Sie am Buchende

### Wir wünschen Ihnen viel Spaß mit myBook+!

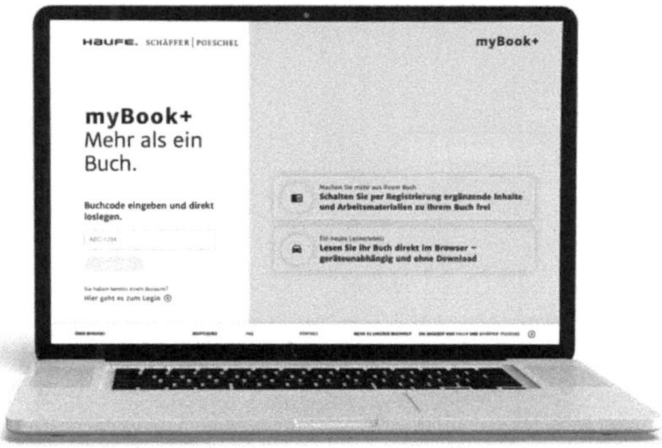

TRUST ME.

Karin Lausch

# TRUST ME.

## Warum Vertrauen die Zukunft der Arbeit ist

1. Auflage

Haufe Group
Freiburg · München · Stuttgart

**Bibliografische Information der Deutschen Nationalbibliothek**

Die Deutsche Nationalbibliothek verzeichnet diese Publikation in der Deutschen Nationalbibliografie; detaillierte bibliografische Daten sind im Internet über http://dnb.dnb.de/ abrufbar.

**Print:** ISBN 978-3-648-17235-3 Bestell-Nr. 10961-0001
**ePub:** ISBN 978-3-648-17236-0 Bestell-Nr. 10961-0100
**ePDF:** ISBN 978-3-648-17237-7 Bestell-Nr. 10961-0150

Karin Lausch
**TRUST ME.**
1. Auflage, Oktober 2023


www.haufe.de
info@haufe.de

Covergestaltung: Groothuis. Gesellschaft der Ideen und Passionen mbH
für Kommunikation und Medien, Marketing und Gestaltung | groothuis.de

Produktmanagement: Dr. Bernhard Landkammer
Lektorat: Helmut Haunreiter, Marktl am Inn

# Inhaltsverzeichnis

# Warum dieses Buch?

»Wie viele Seiten hast du schon geschrieben?« Meine Tochter versucht so konzentriert auf den Bildschirm zu starren, wie ich. »24« antworte ich und starre weiter. »Wow, so viele?« Sie lächelt stolz. »Und wie viele brauchst du noch?« »Ungefähr 170.« »Oh!« Ja genau, oh! Das denke ich auch, seit ich weiß, dass ich ein Buch schreiben werde. Es steht auf meiner Bucket List, also der Liste an Dingen, die ich in meinem Leben unbedingt gemacht haben möchte. Aber jetzt, da es so weit ist, zweifle ich an mir. Ich liebe das Schreiben und veröffentliche gerne Artikel. Aber ein ganzes Buch? Was habe ich denn schon zu sagen? Und was ist, wenn das, was ich sagen möchte, niemanden interessiert? Was ist, wenn das Buch einfach nicht gut genug ist? Gedanken, die mir sehr bekannt sind, denn sie begleiten mich schon immer. Um ein Buch zu schreiben, müssen wir Vertrauen in uns selbst und in die Welt haben. Wir müssen daran glauben, dass unsere Gedanken etwas wert sind und einen Unterschied machen. Wer nicht glaubt, dass jemand das eigene Buch liest, würde nicht so viel Zeit investieren und sich die ganze Arbeit nicht machen. Und doch sitze ich hier, und grüble, statt zu schreiben.

Vertrauen ist das Thema meines Lebens. Es wurde mir nicht in die Wiege gelegt. Ich bin in zerrütteten Verhältnissen aufgewachsen und musste schon früh allein klarkommen. Schließlich habe ich mein Elternhaus von jetzt auf gleich verlassen und mir blieb nur eine kleine Tasche, um in ein neues Leben zu starten. Das hat seine Spuren hinterlassen. Meine Freund:innen sagen immer, ich sei eine Überlebenskünstlerin. Vor allem, weil ich weiß, was zu tun ist, wenn sich eine Krise anbahnt. Ich bin innerlich vorbereitet und ich bin kreativ, wenn es darum geht, Lösungen zu finden. Was nach außen vielleicht souverän oder beeindruckend wirkt, ist allerdings lediglich dem Umstand geschuldet, dass ich in der Regel nicht darauf vertraue, dass die Dinge sich von allein regeln. Das Leben hat mich gelehrt: Ich muss mich selbst kümmern. Es hat mir beigebracht, dass ich niemandem trauen kann. Dabei hätte ich mich so gerne zurückgelehnt und alles auf mich zukommen lassen. Ich hätte gerne auch einmal darauf vertraut, dass andere den Weg kennen und am Ende alles gut wird. Es steckt eine so große Chance in dem, was wir nicht steuern, sondern abgeben. Aber das musste ich erst lernen. Vertrauen war für mich deshalb noch nie selbstverständlich, sondern immer etwas sehr Besonderes. Und dennoch oder genau deshalb begleite ich heute andere Menschen und Unternehmen dabei, es zu finden und dadurch ganz anders miteinander arbeiten zu können. Unsere Arbeitswelt verändert sich gerade rasant und um die Chancen nutzen zu können, die diese Veränderung mit sich bringt, müssen auch wir an uns arbeiten. Und genau deshalb schreibe ich dieses Buch. Also auf zu Seite 25.

Ein Buch zu schreiben, ist übrigens nicht die einzige Entscheidung, für die wir Vertrauen brauchen. Niklas Luhmann schrieb einmal, dass wir, ohne Vertrauen zu haben, »morgens nicht mal unser Bett verlassen könnten«.[1] Die Konfrontation mit »der Komplexität der Welt« würde uns ins blanke Entsetzen stürzen. Vertrauen reduziert Komplexität, weil wir uns dafür entscheiden, von etwas auszugehen. Wer darauf vertraut, dass etwas Bestimmtes passiert, entscheidet sich gleichzeitig dafür, dass 148.000 andere Möglichkeiten nicht eintreten werden. Wir steigen aus dem Bett, weil wir das Grundvertrauen haben, dass die Welt an diesem Tag nicht untergehen wird.

Aber unsere Welt besteht nicht nur aus den grundsätzlichen Fragen, wie der, ob die Welt auch morgen noch da ist. Sie besteht aus tausenden großen und kleinen Fragen, Möglichkeiten und Abzweigungen, aus denen wir auch im Arbeitsleben jeden Tag wählen müssen. Die Hauptaufgabe von Organisationen ist es immerhin, Entscheidungen zu treffen. Und die Komplexität wird nicht weniger, sondern sie nimmt stetig weiter zu. Ständig passieren Dinge, mit denen wir nicht gerechnet haben. Durch neue Technologien produzieren und kommunizieren wir schneller und transparenter denn je. Wissen ist überall zugänglich und gleichzeitig kommt täglich neues hinzu. Wir müssen schnell lernen, um mit aktuellen Herausforderungen umgehen zu können und bewegen uns dennoch häufiger denn je auf völlig unbekanntem Boden. Wir können das ganze neue Wissen gar nicht so schnell aufnehmen, wie wir es anwenden müssten.

Zukünftig ist kaum noch etwas vorhersehbar. Aufgrund dieser Entwicklungen müssen wir in der Lage sein, unsere Entscheidungen auf Basis unzureichender Daten und fehlender Erfahrung zu treffen. Und zwar auf allen Ebenen, dort, wo das notwendige Wissen für die Entscheidungsfindung vorhanden ist. Wir müssen uns trauen, eine Richtung einzuschlagen, und wir müssen daran glauben, dass auch andere Menschen Entscheidungen gewissenhaft treffen und sie verantwortungsvoll umsetzen. All das geht nicht ohne Vertrauen in uns und andere. Ohne Vertrauen können Teams nicht performant und Führungskräfte nicht wirksam werden. Ein zukunftsgerichtetes und innovatives Arbeiten ist ohne Vertrauen unmöglich. Aber trotz allem mangelt es uns daran. Gerade in der aktuellen Zeit werden selbst die, die voller Vertrauen waren, auf eine harte Probe gestellt. Die Auswirkungen der Pandemie, aktuelle Krisen, Krieg und politische Spaltungen mindern unser Vertrauensvermögen enorm. So sehr, dass es weh tut.

Es ist nicht so, als hätten wir noch nichts versucht, um vertrauensvoller zusammenzuarbeiten, nur leider waren wir damit noch nicht besonders erfolgreich. Für die Denkmodelle vieler neuer Arbeitsweisen ist Vertrauen tatsächlich die Basis für das gesamte Vorgehen. Ein sehr prominenter Ansatz dafür ist Agilität. Obwohl viele Unternehmen Prozesse und Methoden vorbildlich umgesetzt haben, blieb die positive Wirkung oft aus. Die agilen Strukturen wurden lediglich auf altem Nichtvertrauen gebaut und konnten nicht wirklich greifen. Aber keine Methoden und keine Prozesse der Welt können echtes Vertrauen ersetzen. So wurde der Ruf nach Vertrauen noch größer. Und während die einen schreien, »Vertraut uns doch endlich, damit wir gut arbeiten können!«, schreien die anderen: »Das Vertrauen müsst ihr euch verdienen, indem ihr gut arbeitet!« Damit ist Vertrauen ein Dauerthema, das überall eine Rolle spielt, aber nirgendwo Beachtung findet. Wir möchten Mitarbeitende, die gestalten, sind aber nicht in der Lage loszulassen. Uns interessieren echte Geschichten, aber wir tun uns schwer, uns zu öffnen. Wir legen Wert auf Ehrlichkeit, aber lügen bei jeder Gelegenheit.

Für eine echte Veränderung braucht es eine gute Portion »Inner Work«. Wir müssen an uns selbst arbeiten und uns weiterentwickeln. Aber genau so braucht es die Arbeit an der Organisation. Denn wir Menschen werden stark durch sie beeinflusst. Wir passen uns an und versuchen den Erwartungen der Organisation zu entsprechen. So kommt es, dass wir uns anders geben, als wir eigentlich sind. Vor allem in Meetings ist das zu beobachten. Selbst, wenn ein Meeting zäh ist oder der Fokus abhandenkommt, ärgern sich alle still und leise, doch kaum jemand sagt etwas und beendet die Show. Wir lassen Meeting um Meeting über uns ergehen und bekommen oft nicht einmal mehr mit, wie sehr wir innerlich aufgegeben haben. Uns fehlt das Gefühl der Sicherheit, dass unsere kritischen Beiträge erwünscht sind, und wir haben kein Vertrauen darin, dass eine Intervention keine negativen Konsequenzen für uns hat. Wir verhalten uns so, wie wir glauben, dass es von uns erwartet wird. Wir glauben nicht, dass wir uns auch entgegen der Erwartungen der anderen verhalten können, ohne die Quittung dafür zu bekommen. Statt echte Persönlichkeit zu zeigen, spielen wir Business-Theater vom Feinsten. So sind wir oft nicht im Einklang mit unseren Bedürfnissen, Instinkten und unseren Werten.

Wenn wir es nicht endlich schaffen, uns zu vertrauen, dann sieht die Zukunft der Arbeit düster aus, denn Business-Theater können wir uns nicht mehr leisten. Es bedroht unsere mentale Gesundheit, unsere Leistungsfähigkeit und unser Sinnerleben. Doch wenn wir lernen zu vertrauen, könnten wir unsere emotionale Bindung zueinander stärken. Wir könnten ein Gefühl der Sicherheit aufbauen, dass uns mutiger macht. Wir könnten um die besten Ideen streiten und die verrücktesten Fragen stellen, statt sie nur zu denken. Wir wären resilienter, innovativer und gesünder. Vertrauen ist die Zukunft der Arbeit.

Ich bin in meinem Leben irgendwann an den Punkt gekommen, an dem mir klar wurde, dass Vertrauen nicht einfach eines Tages auf wundersame Weise in mein Leben rauscht. Mir wurde klar, ich kann nicht darauf warten, dass sich die Welt als gut oder ein Mensch als würdig erweist. Vertrauen ist nichts, was einfach zu uns findet. Es ist vielmehr etwas, das in uns entsteht. Ich habe gelernt, dass es viele Dinge gibt, die nicht nur mir, sondern auch anderen und ganzen Organisationen dabei helfen, auf dieser Basis eine echte Vertrauenskompetenz zu entwickeln. Und das funktioniert, denn wie du siehst, ist das Buch fertig geworden.

# Einführung

»Ich bin doch keine Maschine!«, sagte eine Freundin vor kurzem zu mir, die sich über ihren Workload beklagte. Als Head of HR war sie das Bottleneck des Unternehmens geworden. Sie musste wissen, was ihre Mitarbeitenden taten, und Ergebnisse berichten. Sie musste mehrerer Reorganisationsprojekte gleichzeitig steuern und vor allem musste sie überall dabei sein. Vor lauter Terminen kam sie nicht mehr zum Essen und schon gar nicht zum Arbeiten.

Natürlich sind wir Menschen keine Maschinen. Es ist allerdings noch gar nicht so lange her, da kam die Art, wie wir gearbeitet haben, der einer Maschine gleich. Im Industriezeitalter war vor allem eines wichtig: Prozessoptimierung. Dafür wurde die Arbeit in genau voneinander abgetrennte kleine Bereiche aufgeteilt. Menschen galten als Ressourcen und wurden verplant. Sie sollten gleiche, konstante und berechenbare Leistung erbringen. Kurz: Sie sollten funktionieren. Das Prinzip war vor allem eines: einfach. Arbeit musste effizient ausgeführt werden. Denken und Ausführen wurden klar voneinander getrennt. So gab es denkende Vorgesetzte und ausführende Arbeitskräfte. Vertrauen brauchte es nicht, denn alles war vorgegeben. Die Arbeit war auf Kontrolle ausgelegt. Es gab kaum Freiräume und somit auch kaum Risiken.

Heute sieht unsere Arbeitswelt anders aus. Heute haben wir es deutlich öfter mit unbekannten Variablen zu tun. In unserer Wissensgesellschaft denken wir alle. Und wir führen alle, mindestens uns selbst. Es gibt sie nicht mehr, die klassischen Vorgesetzten, sondern unterschiedlichste Führungsrollen. Sie sollen dabei helfen, der zunehmenden Komplexität unserer Zeit gerecht zu werden. Wir haben fachliche Führung und disziplinarische Führung. In vielen Teams führt vermeintlich niemand mehr, denn sie arbeiten selbstorganisiert. Es gibt Menschen, die sich eine Führungsrolle im Tandem teilen, und Unternehmen, die nur noch basisdemokratisch entscheiden. Heute optimieren wir nicht nur Prozesse um jeden Preis, sondern wir verstehen Arbeit ganzheitlich und wollen, dass sie ein bereichernder Teil unseres Lebens wird. Wir wollen uns nicht mehr kaputtarbeiten, sondern gesund und sinnerfüllt leisten. Der Mensch mit all seinen Stärken, Emotionen und Herausforderungen steht heute so sehr im Vordergrund wie noch nie. Unser Ziel ist es nicht mehr, nur zu funktionieren. Stattdessen wollen wir eine Arbeitswelt gestalten, in der wir ganz wir selbst sein können.

Unsere Prozesse und Methoden sind oft schon angekommen in der neuen Arbeitswelt. Unternehmen wollen mit haufenweise angesagten Vorgehensweisen zeigen, wie weit fortgeschritten und attraktiv sie sind. Aber unser Umgang mit Vertrauen ist tradiert. Wir verfahren damit, als wären wir noch mitten im Taylorismus. Und es wird sogar noch schlimmer. Obwohl wir heute mehr Vertrauen brauchen, ist es nicht mehr geworden. Im Gegenteil. Das Vertrauen in Führung ist »im Sinkflug«. Das ist das Ergebnis des

Gallup Engagement Index 2022. Lediglich 29 Prozent der Befragten vertreten die Auffassung, »dass die Geschäftsführung ihres Unternehmens zukünftige Herausforderungen erfolgreich meistern wird«. Deutlich weniger als in den Jahren davor. Und: »Nur noch 41 Prozent der Beschäftigten vertrauen ihrer Führungskraft uneingeschränkt.«[2] Das ist kein Wunder, denn wir haben zwar noch nie weniger wie Maschinen gearbeitet, fühlen uns aber mehr denn je wie eine. Die Entwicklung neuer Technologien wie KI schreitet plötzlich sprunghaft voran und ändert auf disruptive Weise die Art, wie wir bisher gearbeitet haben. Zudem zeigt der demografische Wandel so langsam sein volles Ausmaß und es gibt nicht mehr genug Nachwuchskräfte, die in den Arbeitsmarkt eintreten. So wird aus einem Arbeitgebermarkt ein Arbeitnehmermarkt. Es fehlt an jeder Ecke an Fachkräften und die Anspruchshaltung von Bewerber:innen wächst. Negativer Stress durch eine zu hohe Belastung bei der Arbeit nimmt zu und wir wissen bei der täglichen Informationsflut nicht mehr, in welchen Chat wir zuerst schauen müssen. Immer häufiger haben wir das Gefühl, dass wir mehr zu tun haben, als wir schaffen können. Immer häufiger gehen wir über unsere Grenzen, um es zu schaffen.

Auch die Welt um uns herum überschlägt sich und wir kommen kaum noch hinterher. Gerade in den letzten Jahren wurde sie immer unübersichtlicher. Wir haben eine Pandemie erlebt, auf die wir nicht ansatzweise vorbereitet waren und die uns gezeigt hat, wie schnell unser Leben von jetzt auf gleich ein ganz anderes sein kann. Und kaum konnten wir aufatmen, folgten der Krieg in der Ukraine, eine massive Inflation und die Rezession. Auch das Vertrauen von jungen Menschen leidet inzwischen. Die Vertrauensstudie 2022 von Bayer kam zu dem Ergebnis, dass 63,6 Prozent der befragten Jugendlichen nicht in andere Menschen vertrauen. Jede:r zweite meint, »wer sich auf andere verlässt, wird ausgenutzt« und 39,6 Prozent glauben nicht, »dass Menschen gute Absichten haben«. »Nur 19 Prozent der Jugendlichen sehen für unsere Gesellschaft eine positive Zukunft.«[3]

Bei all den Veränderungen merken wir plötzlich, wie wenig Sicherheit wir eigentlich haben. In einer Welt, in der tradierte Sicherheitssymbole wie Wohlstand, ein unbefristeter Arbeitsvertrag oder ein Titel kaum mehr von Dauer sind, was bleibt uns dann noch, außer zu vertrauen? Und weil wir nicht wissen, wo das ganze Vertrauen in uns, in unsere Arbeit und in unsere Zukunft herkommen soll, kämpfen wir miteinander. Wir kämpfen um Vereinbarkeit und Wertschätzung, um Flexibilität und Verantwortung, um Arbeitszeit und Arbeitsort, um Sinn und Verstand. Aber eigentlich kämpfen wir nur um Vertrauen, denn wer Vertrauen hat, hat auch alles andere. Egal, ob Vereinbarkeit oder Verantwortung, Vertrauen ist die Basis für alle Themen rund um neues Arbeiten. Ich werde oft gefragt, was mit New Work eigentlich gemeint ist. Und fast alles, was wir unter dem großen Begriff New Work zusammenfassen, basiert auf der Vertrauensfrage. Vertrauen ist sogar die Antwort auf so gut wie alle Fragen, die uns gerade beschäftigen. Es ist die Grundlage für einfach alles. Ohne Vertrauen gehen wir mental und emotional zugrunde. Genau das passierte auch im Unternehmen meiner Freundin.

Die Methoden waren neu, aber die Strukturen eng und kontrollierend. Sie allein kam gegen das Misstrauen nicht an. Um sich selbst zu schützen, kündigte sie.

In diesem Buch beschäftigt uns die Frage, wie wir eine Arbeitswelt schaffen, in der Vertrauen nicht nur ein Wort auf einem Poster, sondern gelebte Realität ist. Deshalb geht es darin nicht nur um Vertrauen selbst, sondern um alles, was wir im Arbeitsalltag tun oder lassen. Jede unserer Handlungen hat einen Einfluss auf unser gegenseitiges Vertrauen. Mit TRUST ME habe ich sieben Dimensionen entwickelt, die entscheidend sind, um eine echte Vertrauenskultur zu gestalten und zu leben. Nachdem es in den ersten drei Kapiteln darum geht, wie wir persönlich in Sachen Vertrauen aufgestellt sind, was Vertrauen eigentlich ist und wozu wir psychologische Sicherheit brauchen, tauchen wir anschließend in die sieben Dimensionen ein.

Fangen wir bei uns an, denn Vertrauen in andere startet mit dem Vertrauen in uns selbst.

# 1 Hier fängt's an: Das Urvertrauen

*Wie kommt es eigentlich, dass manche Menschen leichter vertrauen können als andere? Was bestimmt darüber, ob wir gut darin sind loszulassen oder lieber selbst das Zepter in der Hand behalten? Und wie entsteht unsere Risikobereitschaft? All das können wir nur verstehen, wenn wir unser Urvertrauen verstehen.*

Ich bin eigentlich kein neidischer Mensch, aber wenn es etwas gäbe, auf das ich in meinem Leben neidisch wäre, dann sicher auf das Urvertrauen anderer Menschen. Ich glaube eher an das halb leere Glas als an den restlichen Wasserstand. Deshalb habe ich mich schon oft danach gesehnt, nicht alles zerdenken zu müssen. Wir können ohne Urvertrauen natürlich auch ein wunderbares Leben führen, nur kostet es mehr Energie. Der Mental Load eines Menschen ohne Urvertrauen ist nicht ohne, denn selbst wenn äußerlich nicht viel los zu sein scheint, innerlich läuft alles auf Hochtouren. Wir leben in ständiger Alarmbereitschaft und müssen die Gedanken und Emotionen, die damit einhergehen kontinuierlich regulieren. Klingt anstrengend, ist es auch. Mein Mann besitzt ein sehr ausgeprägtes Urvertrauen und viele der Gedanken, die ich mir täglich mache, kommen ihm nicht in den Sinn. Wenn ich hadere, sagt er zu mir: »Hab Vertrauen!« Natürlich hat er recht, aber ganz so leicht ist das nicht. Tatsächlich ist es echte Arbeit.

## Die Antwort auf so vieles

Mein Mann und ich sind einmal an einem sehr heißen Sommertag in einer Cessna über Hamburg geflogen. Statt eines neuen Modells bekamen wir jedoch wahrscheinlich die älteste Cessna, die sie hatten. Während mein Mann die Aussicht genoss, sah ich nur die kaputten und mit Panzertape abgeklebten Stellen im Innenraum. Außerdem fragte ich mich, ob unser Pilot wohl genug getrunken hatte. Bei meinem Mann überwog die Freude, bei mir die blanke Angst.

Wir alle haben schnell ein intuitives Gefühl für bestimmte Situationen oder Vorhaben, ohne dass wir genau wissen, warum. Je nachdem, ob wir ein gutes Urvertrauen haben oder nicht, richtet sich unser Fokus auf unterschiedliche Dinge. Ohne ein gut entwickeltes Urvertrauen liegt unser Fokus auf den vorhandenen Risiken. Das Flugzeug könnte abstürzen oder der Pilot aufgrund von akuter Dehydrierung ohnmächtig werden. Es gibt viele Möglichkeiten, was alles schiefgehen könnte. Wer allerdings über ein ausgeprägtes Urvertrauen verfügt, schätzt die Eintrittswahrscheinlichkeit von Risiken deutlich geringer ein. Der Fokus richtet sich auf die Chancen und positiven Aspekte, eines solchen Abenteuers. Bei meinem Mann war es der Blick auf den Hafen.

Urvertrauen gibt uns Sicherheit. Es stabilisiert unsere Emotionen und sorgt für einen positiven Blick auf die Welt. Menschen, die ein gutes Urvertrauen haben, glauben an die Beständigkeit ihrer Beziehungen. Deshalb können sie sich auch viel leichter auf sie einlassen. Sie begegnen der Zukunft mit Mut und Gelassenheit, weil sie darauf vertrauen, dass sie ihren Weg schon machen werden. Sie sorgen sich weniger und grübeln selten. Selbst wenn es mal nicht läuft, spüren sie die innere Sicherheit, dass sich alles irgendwie fügen wird.

Ohne Urvertrauen stehen wir meist vor tiefgreifenden Problemen im Leben. Menschen, denen es an Urvertrauen fehlt, haben Schwierigkeiten, Beziehungen einzugehen oder sich ihrer gewiss zu sein. Sie kontrollieren und gehen auf Nummer sicher. Das Risiko ist groß, zu enttäuschen oder enttäuscht zu werden. Wenn sie sich doch einmal auf jemanden einlassen, müssen sie aufpassen, sich nicht abhängig zu machen, weil aus ihren Bindungsängsten Verlustängste geworden sind. Sie zweifeln an sich und anderen und sie verzweifeln gleichzeitig daran, dass sie das nicht ändern können. Ohne Urvertrauen fehlt es uns an Sicherheit im Leben. Gleichzeitig hat diese Sicherheit eine sehr hohe Bedeutung für uns, weil wir uns nach ihr sehnen, sie aber nie erreichen können. Oder anders gesagt, was ist schon Sicherheit, wenn nichts sicher ist?

Unser Urvertrauen ist unsere individuelle Antwort darauf, ob die Welt ein guter Ort ist. Auf dieser Basis entwickelt sich unsere ganze Persönlichkeit. Das veranschaulicht auch das Stufenmodell des Psychoanalytikers Erik H. Erikson. Es besagt, welche acht Stufen wir in unserer gesamten psychosozialen Entwicklung durchlaufen:

- »Grundvertrauen vs. Grundmisstrauen (Säuglingsalter)
- Autonomie vs. Scham und Zweifel (frühe Kindheit)
- Initiative vs. Schuldgefühl (Spielalter)
- Fleiß vs. Inferiorität (Schulalter)
- Identität vs. Identitätskonfusion (Adoleszenz)
- Intimität vs. Isolation (frühes Erwachsenenalter)
- Generativität vs. Stagnation (Erwachsenenalter)
- Integrität vs. Verzweiflung (Alter)«[4]

Jede dieser Stufen steht für eine innere Krise, die wir bewältigen müssen, um zu wachsen und uns zu entwickeln. Dabei bauen die Stufen aufeinander auf.[5] Wenn wir die eine Krise positiv bewältigen, sind wir besser für die darauffolgenden gewappnet. Das Ergebnis unserer Vertrauenskrise hat Einfluss auf alle darauffolgenden Stufen. Gewinnt das Urvertrauen, führt es dazu, dass wir spätere Herausforderungen leichter meistern können.

Ob wir Urvertrauen haben oder nicht spielt auch im Arbeitskontext eine große Rolle. Ohne Urvertrauen fällt es Menschen schwer, Verantwortung abzugeben. Sie gehen eher davon aus, dass ihr Vertrauen missbraucht oder enttäuscht wird. Sie schätzen

Risiken höher ein und versuchen sie zu vermeiden, indem sie sich gut absichern. Sie können nur schlecht loslassen und sie klammern sich an Kontrollmechanismen. Doch wenn der Drang nach Absicherung im Vordergrund steht, verhindert das Innovation, Kreativität und Geschwindigkeit.

## Warum Liebe für alles verantwortlich ist

Urvertrauen entsteht zu Beginn unseres Lebens. Doch wenn wir wissen wollen, wie wir unser erstes Lebensjahr verbracht haben, müssen wir uns Fotos oder Videos davon ansehen. Wir erinnern uns selbst nicht daran. Aber nur weil wir uns nicht bewusst erinnern, heißt das nicht, dass wir uns tatsächlich nicht erinnern. »Frühkindliche Erfahrungen, vor dem dritten Lebensjahr, werden vom impliziten (unbewussten) Gedächtnis gespeichert.«[6] Wir Menschen sind von Anfang an auf den Schutz und die Liebe unserer Bezugspersonen angewiesen. In der Regel sind das unsere Eltern. Je nachdem wie sie sich uns gegenüber verhalten, lernen wir, ob wir Menschen vertrauen und uns auf sie verlassen können. Die Erfahrungen, die wir schon frühzeitig machen, sind unser ganzes Leben tief in uns verankert. Die Qualität unserer ersten Beziehungen prägt deshalb unsere gesamte Lebensrealität.

Eltern, die liebevoll mit ihrem Kind umgehen, fördern die Entwicklung seines Urvertrauens. Dabei geht es um einen echten Beziehungsaufbau, der von Interesse und Zuneigung geprägt ist. Wir haben ein biologisches Bedürfnis nach einer emotionalen Bindung. Doch wenn Nähe, das Gefühl von Geborgenheit und der eigenen Bedeutung ausbleiben, fühlen wir uns nicht nur alleingelassen, sondern auch gestresst und sogar bedroht. Unsere Schlussfolgerung: Wir haben keinen Einfluss darauf, ob unser Umfeld gut zu uns ist. Dieses Gefühl von Bedeutungs- und Machtlosigkeit führt dazu, dass wir grundsätzlich misstrauisch werden. Alles, was wir erleben, bewerten wir dann auch später auf Basis der Erfahrungen, die wir mit ein bis zwei Jahren gemacht haben. Ohne Urvertrauen schützen wir uns vor Menschen oder Herausforderungen, auch wenn von ihnen keine Gefahr ausgeht.

Unser erstes Lebensjahr umfasst im Vergleich zu unserem ganzen restlichen Leben allerdings eine ziemlich kurze Zeit, um etwas so Wichtiges wie das Urvertrauen zu entwickeln. Dabei muss es aber nicht bleiben. Wie wir in Sachen Vertrauen aufgestellt sind, kann sich auch später noch verändern. Positive Erfahrungen, Erfolgserlebnisse und stabile Beziehungen können unsere Vertrauensfähigkeit stärken, aber natürlich können Schicksalsschläge und Traumata sie auch mindern.

Ich habe mich früh mit dem Urvertrauen beschäftigt und gleichzeitig viel zu spät. Diese Erklärung für so vieles im Leben, hätte ich schon viel früher gebrauchen können. Wissen hilft uns, Zusammenhänge zu verstehen, deshalb ist Wissen immer ein Anfang von Entwicklung. Das Wissen darum, wieso ich so schlecht Vertrauen fassen konnte, hat mich enorm weitergebracht. Ich wünschte, wir würden uns schon viel früher mit so wichtigen Themen auseinandersetzen, weil sie unser ganzes Leben beeinflussen. In der Schule pauken wir zwar Analysis und Vokabeln, aber oft bleibt das echte Lernen fürs Leben leider aus. Je komplexer, schneller und digitaler unsere Welt wird, desto wichtiger ist es, dass wir schon in jungen Jahren lernen, mit uns selbst klarzukommen, denn das ist die größte Herausforderung im Leben.

## Ich bin o. k., du bist o. k.

Nicht nur der Umgang mit uns selbst ist eine Herausforderung, auch der mit anderen. Wir denken zu selten über die Frage nach, was wir wirklich von uns und anderen halten. Dabei beeinflusst unsere Grundhaltung in Bezug auf den Menschen unser Leben genau so sehr, wie unser Urvertrauen. Unser Menschenbild steuert unsere Beziehungen und wir gestalten unsere Beziehungen so, dass sie wiederum in unser Menschenbild passen und es fortlaufend bestätigen. Natürlich tun wir das nicht bewusst. Unser Menschenbild prägt einfach alles, was wir tun, auch, ob wir einander vertrauen. Und was im Privatleben für uns vielleicht sogar noch funktioniert, wird im Arbeitskontext wohlmöglich zum Problem. Immerhin können wir uns unsere Beziehungen bei der Arbeit nicht einfach so aussuchen. Es könnte unserer Fähigkeit, zu vertrauen, im Weg stehen, wenn wir uns nicht auch mit unserem Menschenbild auseinandersetzen. Genau wie das Urvertrauen, ist es ein Ergebnis unserer Erfahrungen und Überzeugungen. Es ist tief in uns verankert und das führt zu unreflektiertem Verhalten in alltäglichen Arbeitssituationen: Wer grundsätzlich nicht viel von sich oder anderen hält, wird das bei der Arbeit ausleben. Wir trauen uns dann selbst nicht, halten uns für die klügste Person im Raum, oder suchen die Schuld immer bei anderen. Thomas A. Harris hat schon 1976 vier Lebensanschauungen definiert, die für mich auch heute noch genau ins Schwarze treffen. Sie helfen uns, Klarheit darüber zu bekommen, wie wir uns und andere Menschen wirklich sehen. Sie lauten:

1. Ich bin nicht o. k. – du bist o. k.
2. Ich bin nicht o. k. – du bist nicht o. k.
3. Ich bin o. k. – du bist nicht o. k.
4. Ich bin o. k. – du bist o. k.[7]

Natürlich sind die Anschauungen eine Verallgemeinerung. Nicht alle der folgenden Beschreibungen treffen auf jede Person zu und es gibt unterschiedlich starke Ausprägungen. Aber verallgemeinert sehen sie so aus:

**Ich bin nicht o. k. – du bist o. k.**

Das Bedürfnis nach Anerkennung spielt eine große Rolle. Menschen mit dieser Grundhaltung vergleichen sich ständig mit anderen und finden immer wieder Bestätigung dafür, dass sie nicht gut genug sind. Sie leisten gerne und viel, sind aber nie zufrieden. Was sie auch tun, es reicht nicht aus. Es fällt ihnen deshalb deutlich leichter, anderen zu vertrauen als sich selbst. Aber wenn man sich selbst nicht vertraut, dann steht auch das Vertrauen in andere auf wackeligen Beinen.

**Ich bin nicht o. k. – du bist nicht o. k.**
Wer weder den Glauben in sich noch in andere hat, tut sich schwer mit dem Aufbau vertrauensvoller, zwischenmenschlicher Beziehungen.

**Ich bin o. k. – du bist nicht o. k.**
Wer andere nicht achtet, urteilt. Menschen, für die immer andere Schuld sind, versäumen es, ihren eigenen Anteil an bestimmten Situationen zu reflektieren. Das Umfeld kann die hohen Ansprüche nicht erfüllen. Wer diese Grundhaltung innehat, fühlt sich überlegen und glaubt, die Dinge selbst tun zu müssen, wenn sie gut werden sollen.

**Ich bin o. k. – du bist o. k.**
Menschen, die sich selbst und andere in Ordnung finden, setzen realistische Maßstäbe an. Sie sind nicht getrieben von vorgefertigten Grundannahmen und Glaubenssätzen. Sie bewerten weniger und reflektieren mehr. Eine gute Basis für Vertrauen.

Nach Harris glauben wir als kleine Kinder alle daran, dass wir selbst nicht o. k. sind, aber die anderen. Wir sind in diesem Alter nun einmal unseren Bezugspersonen ausgeliefert und erklären uns das mit unserem eigenen Unvermögen. Spätestens im Alter von zwei Jahren entscheiden wir uns dann unbewusst für eine der ersten drei Lebensanschauungen. Welche es wird, hängt davon ab, welche Erfahrungen wir gemacht haben. Bei den meisten Menschen bleibt die erste Anschauung »ich bin nicht o. k. – du bist o. k.« ein Leben lang bestehen. Extreme Erfahrungen können aber dazu führen, dass wir glauben, nur wir selbst oder sogar niemand sei o.k. Ist die Entscheidung einmal getroffen, bleiben wir, solange wir leben, bei dieser Anschauung. Sie bestimmt alles, was wir tun und jede unserer Beziehungen, außer wir entscheiden uns später aktiv für die vierte Lebensanschauung »ich bin o. k. – du bist o. k.«. Sie ist die Einzige, die wir ganz bewusst entwickeln können, weil sie nicht nur auf bloßen Gefühlen basiert. Diese Anschauung »beruht auf Denken, Glauben und Einsatzbereitschaft«.[8]

## Jede Wirklichkeit ist anders

Unser Menschenbild und unser Urvertrauen haben also einen riesigen Einfluss auf uns, denn sie sind das Ergebnis all unserer prägenden Erfahrungen und der daraus abgeleiteten Werte, Prinzipien und Glaubenssätze. Mit ihnen gleichen wir blitzschnell alles ab, was wir erleben. Sie steuern unsere Entscheidungen, beeinflussen, wie wir sind, und prägen, wer wir sein können. Das ist uns jedoch selten klar. Vielmehr passiert das völlig automatisch im Hintergrund, wie beim Virenscanner eines Computers. Der Anteil unserer Persönlichkeit, der durch unsere Prägung geformt wurde, ist uns oft gar nicht bewusst. Wir kennen ihn nicht, wenn wir uns nicht intensiv mit uns selbst auseinandergesetzt haben. Stefanie Stahl nutzt für die Beschreibung der »unbewussten Anteile unserer Persönlichkeit [...], die in unserer Kindheit geprägt wurden«, die Metapher des inneren Kindes.[9] Es bestimmt zu großen Teilen unser Fühlen, Denken und Handeln. Dadurch machen wir uns allerdings auch unsere eigene Welt und bauen uns eine ganz eigene Lebensrealität. Unser inneres Kind lässt uns glauben, wir würden Dinge wieder erleben, die wir schon einmal erlebt haben. So fühlen wir uns in manchen Situationen plötzlich wieder genauso, wie wir uns damals gefühlt haben. Dadurch verpassen wir das Hier und Jetzt und werden gesteuert von einem Programm, dass unser Gehirn früher abgespeichert hat. Das Feedback, das wir jemandem geben, der Konflikt, den wir mit jemandem haben, oder was wir glauben, wie andere uns sehen; das alles sagt mehr über uns selbst aus als über andere.

Und unser inneres Kind sorgt dafür, dass sich unsere Erfahrungen wiederholen. Wenn wir schon davon überzeugt sind, dass wir niemandem trauen können, dann werden wir jeden Tag viele Beweise dafür finden, die uns immer wieder darin bestätigen, dass es so ist. Wenn wir glauben, dass wir nicht gut genug sind, um geliebt zu werden, dann entdecken wir täglich genügend Gründe dafür. Und wenn wir davon ausgehen, dass wir andere Menschen kontrollieren müssen, weil sie selbst nicht in der Lage sind, Verantwortung zu übernehmen, dann werden wir ganz bestimmt genau diese Erfahrung immer wieder machen. Nur weil das bisher vielleicht so war, heißt das aber nicht, dass es auch wirklich so ist und immer so sein muss. Denn unser inneres Kind gestaltet unsere immer wiederkehrenden Erfahrungen mit. Unser Verhalten provoziert eine selbsterfüllende Prophezeiung. Wir müssen unserem inneren Kind zeigen, dass sich etwas verändert hat. Wir selbst beeinflussen unsere Umwelt durch unsere Haltung und unser Verhalten. Würden wir uns anders verhalten, würde auch unsere Umwelt anders reagieren.

**Die Reiz-Reaktion**

Wir alle sehen manchmal rot. Wir haben bestimmte Knöpfe, die sofort Reaktionen auslösen, wenn sie von anderen gedrückt werden. Eine Freundin von mir kann es absolut nicht leiden, wenn sie sich eingeengt fühlt. Ein Kollege mag es überhaupt nicht, wenn er das Gefühl hat, sich wiederholen zu müssen und ich selbst halte es nicht aus, wenn ich das Gefühl habe, mir möchte jemand etwas vorschreiben. All diese Themen haben ihren Ursprung. Es ist wichtig, dass wir diese Programme in uns verstehen und unser inneres Kind besser kennenlernen. Nur dadurch können wir entdecken, was uns triggert und so intensive Gefühle in uns auslöst. Wenn wir unsere Knöpfe kennen und an ihnen arbeiten, macht das einen echten Unterschied. Wenn ich das Gefühl habe, mir möchte jemand Vorschriften machen, dann könnte ich sofort reagieren und meinem Impuls einfach folgen. Aber dann würde ich nicht direkt auf die andere Person reagieren, sondern darauf, was sie in mir auslöst. Auf den Reiz folgt meine Reaktion:

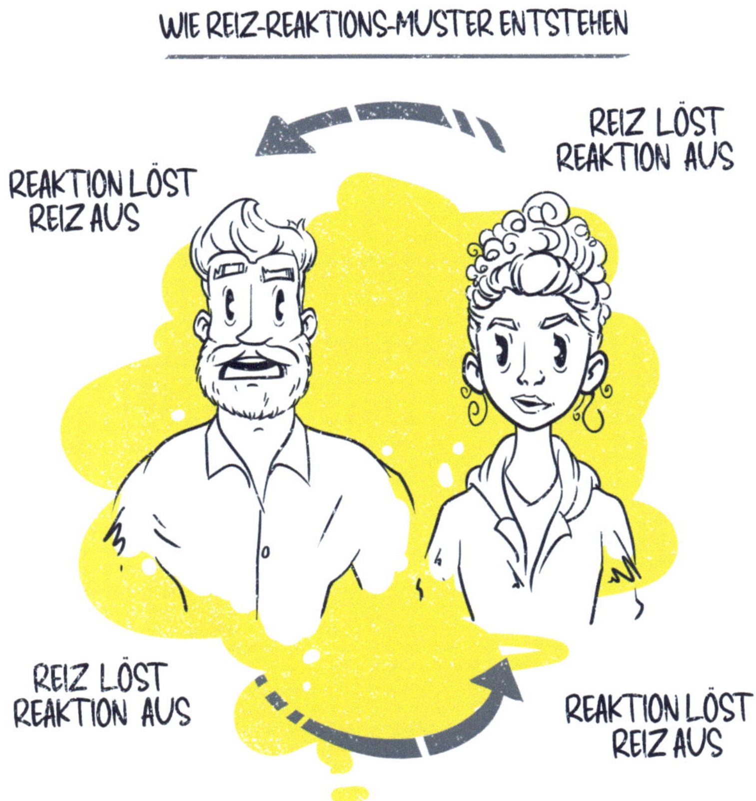


Die Wahrscheinlichkeit ist hoch, dass nichts Gutes dabei rauskommt. Vielleicht drücke ich mit meiner unreflektierten Reaktion wiederum einen Knopf bei meinem Gegenüber und das Gespräch wird nicht besser. Statt wirklich mit der anderen Person zu sprechen, führen wir eigentlich nur Selbstgespräche. Wir hören uns kaum zu, schmeißen mit Vorurteilen um uns und ertrinken in Missverständnissen. Wenn wir glauben, dass die andere Person nicht o. k. ist, werden wir sehr wahrscheinlich Bestätigung darin finden. Aber oft sind wir selbst in dem Moment einfach nicht o. k.

Anstatt unmittelbar zu reagieren, könnte ich aber auch nachdenken und mich kurz selbst reflektieren, wenn ich das Gefühl habe, bevormundet zu werden. Nur so entsteht die Möglichkeit, meinen Impuls wahrzunehmen und zu hinterfragen. Innehalten ist mächtig. Es ist der Moment, in dem wir unterscheiden, zwischen dem Anteil der anderen und unseren Knöpfen. In seinem Buch »Der Weg zum Wesentlichen« greift

Stephen R. Covey ein Zitat auf, das er zufällig entdeckte und das auch häufig mit dem österreichischen Psychiater Viktor Frankl in Verbindung gebracht wird. Es lautet: »Zwischen Reiz und Reaktion liegt ein Raum. In diesem Raum liegt unsere Macht zur Wahl unserer Reaktion. In unserer Reaktion liegen unsere Entwicklung und unsere Freiheit.«[10] Treffender kann man nicht ausdrücken, welch positive Auswirkung es hat, wenn wir unsere limitierenden Glaubenssätze überwinden und unsere Wirklichkeit hinterfragen. Erst wenn wir bewusst wählen können, wie wir uns verhalten, und nicht mehr Gefangene unserer Erfahrungen und unserer Vergangenheit sind, dann sind wir wirklich frei.

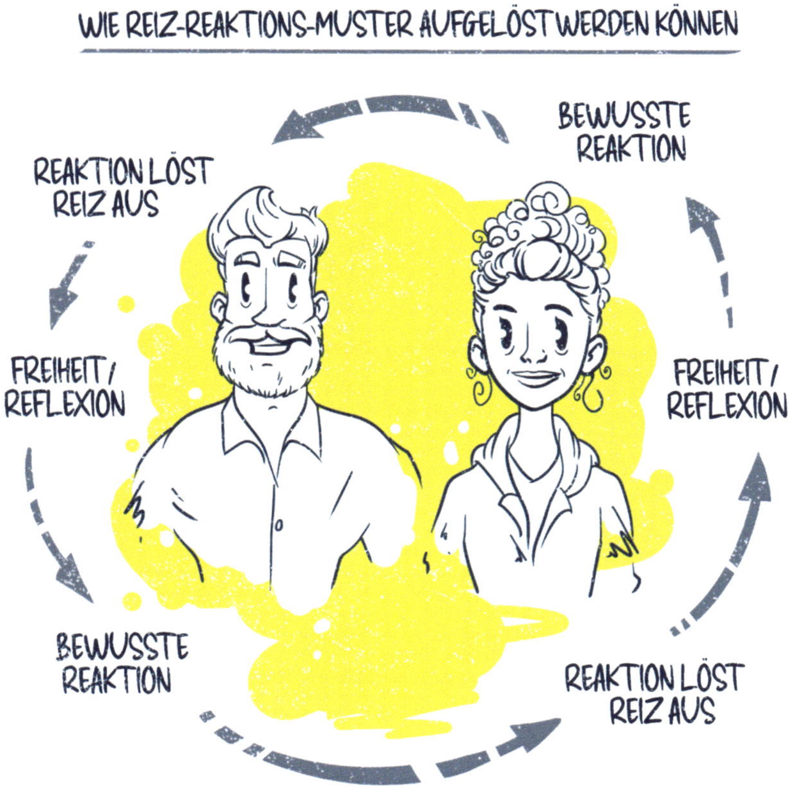


Eine Führungskraft, die ich eine Zeit lang gecoacht habe, eckte immer an, weil sie schonungslos ehrlich war. Sie war aber nicht nur ehrlich, sondern verletzte andere damit. Wenn jemand mit einer Idee kam, die sie nicht für clever hielt, war die Idee gleich »Schwachsinn«. Und ihr war ihre »Zeit zu schade, um sie auf einem gemeinsamen Teamevent zu verbringen«. In ihrer Wahrnehmung waren ihre Ideen die besseren und ihre Vorhaben die wichtigeren. Auch vom Coaching und von all meinen Methoden hielt sie zunächst nichts. Anfangs ist ihr überhaupt nicht aufgefallen, welche Worte sie wählte. Sie verstand nicht, warum sie aneckte. Im Laufe der ersten Wochen meiner Begleitung ist ihr immer häufiger selbst aufgefallen, was sie gerade gesagt hatte. Später im Prozess merkte sie, was sie im Begriff war zu sagen, bevor sie es sagte. Sie konnte ihre Botschaft umformulieren, bevor sie ausgesprochen war. Immer noch ehrlich, aber bewusst und viel weniger hart.

Haben wir dazu an ihrer Wortwahl geschraubt? Nein. Das wäre nur eine Behandlung des Symptoms gewesen. Die Führungskraft hatte die Grundeinstellung: »Ich bin o. k. – du bist nicht o. k.« und hatte somit das Gefühl, anderen haushoch überlegen zu sein. Im Coaching haben wir daran gearbeitet, weil sie so einfach nicht weiter machen wollte. Mit der Umstellung der inneren Haltung kam auch die Erkenntnis zu ihrer Art sich auszudrücken. Sie hielt freiwillig kurz inne, um ihre Impulse zu hinterfragen und sich aus ihren Mustern zu befreien.

Die freie Entscheidung, unser Leben selbst in die Hand zu nehmen, statt uns von altem Ballast leiten zu lassen, ist immer der erste Schritt, um es zu verbessern. Niemand schreibt uns vor, wie wir uns oder andere Menschen wahrnehmen sollten. Niemand zwingt uns, anderen zu Misstrauen. Niemand verlangt von uns, alles an uns zu reißen. Kein Mensch verbietet es uns, etwas abzugeben. Wir können selbst wählen. Und das jeden Tag aufs Neue. Zu oft glauben wir, dass die Umstände mies oder uns die Hände gebunden sind. Wir denken, dass wir nun mal nichts dafürkönnen, dass wir so sind, wie wir sind. Doch das ist nicht das Ende der Geschichte, denn dabei leugnen wir, dass wir selbst der größte Hebel für eine Veränderung sind.

Auch ich arbeite stetig daran, meine Muster zu entdecken und zu hinterfragen. Natürlich heißt das nicht, das ich irgendwann fertig damit bin. Das sind wir nie. Es heißt auch nicht, dass ich deshalb häufiger in eine alte Cessna steigen werde. Aber heute weiß ich, was mich gerade treibt, wenn es mir schwer fällt zu vertrauen. Heute kann ich mich aktiv und bewusst dafür entscheiden, es trotzdem zu tun. Und so geht es ziemlich gut.

# 2 Vertrauen, was ist das eigentlich?

*Es gibt viele Erklärungen für Vertrauen und gleichzeitig ist es wissenschaftlich immer noch schwer zu erfassen. Für mich ist es ein sehr persönliches Gefühl, das wächst und stärker wird, wenn wir ihm Raum geben. Aber Vertrauen funktioniert bei niemandem gleich.*

## Vertrauen und seine Facetten

Vertrauen ist die wichtigste Zutat menschlicher Beziehungen. Es zeigt uns, dass wir uns auf jemanden verlassen und einlassen können. Menschen, die vertrauen, glauben an die aufrichtigen Absichten anderer Menschen und daran, dass sie ihre Verpflichtungen und Versprechen einhalten. Darin liegt eine große Chance, gemeinsam etwas zu erreichen. Innovation passiert nur da, wo auch Vertrauen herrscht, denn sonst würden wir keine Risiken eingehen und nichts ausprobieren.

Für jeden von uns ist Vertrauen etwas anderes oder es fühlt sich zumindest anders an. Für mich, ist es das Gegenteil von Einsamkeit. Und ich war lange einsam, also weiß ich, wie sich das anfühlt. Ich war einsam, obwohl ich nicht allein war. Ich war umgeben von Menschen, aber ich habe sie nicht wirklich in mein Leben gelassen. Sie durften nur am Rand stehen und zusehen, wie ich alles allein regelte. Und wenn ich doch einmal jemanden wirklich an mich heranließ, dann wollte ich nichts dem Zufall überlassen und mich absichern, wo immer ich konnte.

Wenn wir vertrauen, dann teilen wir unser Leben mit anderen, und zwar auf Augenhöhe. Wir entscheiden uns bewusst dafür, Beziehungen und Freundschaften einzugehen oder mit anderen zusammenzuarbeiten. Der Mensch ist nicht zum Einsamsein gemacht. Wir brauchen uns. Deshalb ist Vertrauen überlebenswichtig. Es gibt uns emotionale Freiheit und geistige Unabhängigkeit. Wenn ich anderen vertrauen kann, macht mich das frei von Begrenzung und oft auch von Arbeitslast, Kontrollzwang oder Grübelei. Und für die andere Person ist die Freiheit der Handlungsspielraum, den sie durch mein Vertrauen erhält.

### Vertraust du mir?

Um Vertrauen aufzubauen, müssen andere Menschen das Gefühl haben, dass wir es Wert sind und dass sie kein Risiko eingehen, wenn sie sich auf uns verlassen. Unsere Vertrauenswürdigkeit bewegt sie dazu, uns zu vertrauen oder eben nicht. Es gibt sogar eine mathematische Formel, um sie zu ermitteln.[11]

**Glaubwürdigkeit:** Stimmt alles, was du sagst?

**Zuverlässigkeit:** Kann ich mich auf dich verlassen?

**Vertrautheit/Intimität:** Kenne ich dich gut? Fühle ich mich bei dir wohl?

**Selbstorientierung:** Bist du nur auf deinen eigenen Vorteil bedacht?

Die Idee der Formel ist, dass Glaubwürdigkeit, Zuverlässigkeit und Vertrautheit addiert werden, um sie dann durch die Selbstorientierung zu teilen. Das ergibt Sinn, denn Menschen können beispielsweise durchaus finden, dass andere zuverlässig sind, oder sie gut kennen, aber dennoch ihre Motive für fragwürdig halten. Je höher Menschen die Selbstorientierung einschätzen, desto schädlicher ist das für die Vertrauenswürdigkeit. Um zu vertrauen, müssen wir immerhin das Gefühl haben, dass es jemand gut mit uns meint, nicht nur mit sich selbst. Deshalb ist Wohlwollen ein wichtiger Faktor für Vertrauen.

Wir müssen die Formel allerdings nicht unbedingt mit Zahlen füllen, weil sich unsere Vertrauenswürdigkeit nicht exakt berechnen lässt und auch kein statischer Wert ist.

Die Formel ist für mich eher eine symbolische Erinnerung daran, dass verschiedene Faktoren Einfluss darauf nehmen, ob andere uns vertrauen oder nicht. Vor allem das Teilen durch die Selbstorientierung macht deutlich, worum es geht. Wenn andere das Gefühl haben, dass wir nur an uns selbst denken, werden sie uns nicht vertrauen und das zurecht.

## Vertraue ich mir?

Bin ich gut genug? Kann ich das wirklich? Bin ich es wert? Fragen, die den meisten von uns bekannt sind. Sie zeigen, dass wir an uns zweifeln. Das geht uns allen manchmal so, vor allem, wenn wir Großes wagen. Viele Menschen beschäftigen diese Gedanken aber öfter, als es gut ist. Dann geht es um ihr grundsätzliches Vertrauen in sich selbst.

Unser Selbstvertrauen ist ein Abbild der Beziehung, die wir mit uns selbst führen. Es sagt aus, was wir von uns halten und wie wir Menschen begegnen und es ist geprägt von unserem Urvertrauen und unserem Menschenbild. Wenn wir unsere Ziele erreichen, Erfolge feiern oder Herausforderungen meistern, steigt der Wert, den wir in uns sehen, und damit auch unser Selbstvertrauen. Wir trauen uns mehr zu und haben Vertrauen in uns. Rückschläge können unser Selbstvertrauen mindern und zu Zweifeln führen. Hin und wieder zu zweifeln, ist völlig okay. Ich finde sogar, dass Selbstzweifel sehr hilfreich sein können, um uns kritisch zu reflektieren und weiterzuentwickeln. Der Zweifel ist wie ein Vorbote dafür, dass wir unsere Komfortzone verlassen. Doch wenn wir ständig an uns zweifeln, steht uns das im Weg und kann sogar unserer Gesundheit schaden, weil wir unter Dauerstress stehen.

## Und täglich grüßt der Imposter

Manchmal können unsere Selbstzweifel sogar so ausgeprägt sein, dass sie uns echte Streiche spielen. Mir passiert das regelmäßig. Ich habe Jahre lang gedacht, dass ich das, was ich tue, eigentlich gar nicht kann. Ich war meist die jüngste und oft die einzige ohne Studium in meinem beruflichen Umfeld. Ich war umgeben von Menschen, die promoviert oder enorm viel Erfahrung im Ausland gesammelt hatten. Doch während andere mit dem Studium oder Work and Travel beschäftigt waren, war ich nun einmal damit beschäftigt, mir zu überlegen, wie ich Geld verdienen konnte, um mir ein Bett leisten zu können.

Ich konnte bei vielen Themen nicht mitreden, weil ich viele der Erfahrungen, die mein Umfeld hatte, nicht hatte. Ich war irgendwie anders. Wie sollte ich also neben den anderen bestehen? Ich konnte nur eine Mogelpackung sein, davon war ich überzeugt. Gutes Feedback konnte ich nur schlecht annehmen und ich war dauergestresst, weil ich immer wieder dachte, dass andere jeden Moment merken müssten, dass ich eine Blenderin war. Je mehr ich leistete, desto größer wurde meine Angst aufzufliegen. Vor allem, wenn ich neue Herausforderungen angenommen hatte oder den Job wechselte. Man könnte meinen, dieses Gefühl lässt mit steigender Reputation nach, doch mit jeder Erfahrung und jeder Referenz, die ich vorweisen konnte, verstärkten sich mein Leistungsdruck und meine Angst sogar noch. Ich war sicher, dass mein Kartenhaus jeden Moment in sich zusammenfallen würde, denn ich selbst glaubte nicht an mich und ich hatte das Gefühl, dass andere sich von mir täuschen ließen.

Lange wusste ich nicht, dass ich mit diesen Gedanken nicht allein bin, bis ich angefangen habe, darüber zu sprechen. Daraufhin habe ich nicht nur gelernt, dass es sehr vielen Menschen so geht, sondern auch, dass dieses psychologische Phänomen sogar einen Namen hat. Es nennt sich Imposter. Eingeführt haben den Begriff Pauline R. Clance und Suzanne A. Imes.[12] Menschen mit Imposter fühlen sich wie Hochstapler:innen, obwohl sie keine sind. Sie leisten viel und machen einen echten Unterschied. Dennoch befürchten sie, dass sie jeden Moment enttarnt werden könnten.

Auch heute verunsichert es mich noch, dass meine Geschichte meist eine andere ist als die meiner Mitmenschen. Auch heute können viele Menschen über Themen wie fehlende Zugehörigkeit oder Chancengleichheit immer noch nicht sprechen. Doch heute stärkt mich, was ich auf meinem Weg gelernt habe. Denn ich habe viele Fähigkeiten dazugewonnen, die ich sonst nicht hätte. Während ich mich früher nach den Privilegien sehnte, die die anderen hatten, empfinde ich heute meine Learnings als großes Privileg. Und dennoch: Wenn ich Erfolge feiere, glaube ich immer noch, dass sie mehr aus Glück als aus meinem Können heraus entstanden sind, aber wenn ich scheitere, dann bin ich mir sicher, dass es natürlich nur an mir und meinem Unvermögen liegt. Magdalena Rogl trifft es in ihrem Buch »Mitgefühl« gut: »Sätze, die wir vermutlich nie zu einer anderen Person sagen würden, sind in unserem eigenen Kopf schon fast Alltag.«[13] Wir können so gemein zu uns selbst sein, wie wir es anderen gegenüber niemals wären. Und so beschimpfen wir uns und machen uns selbst fertig. Sätze wie: »Du kannst das einfach nicht!«, oder »Andere sind besser als du!« sind da noch harmlos.

Inzwischen habe ich das Wissen und das Bewusstsein, um mit meinem Imposter gut umgehen zu können. Er ist aber nichts, was wir einfach ablegen können, wie einen alten Mantel. Mein Imposter ist mein inneres Kind. Er ist meine Angst, nicht dazuzugehören und ausgeschlossen zu werden oder nie gut genug zu sein. Verdrängung hat noch nie gegen Angst geholfen, aber Liebe schon. Statt den Imposter also abzulehnen, nehme ich ihn ganz besonders an und gehe liebevoll mit ihm um.

Als meine Co-Autor:innen mich vor kurzem dazu ermutigt hatten, ihnen einige meiner Kapitel schon einmal als Leseprobe zu schicken, war er ganz schnell wieder da, der Imposter. Mein erster Gedanke war, dass ich das nicht machen kann; alles nicht gut genug. Ich dachte sofort, wenn sie lesen, was ich geschrieben habe, werden sie aussteigen. Aber, wie sollte es mit dem Buch weitergehen, wenn ich es nicht einmal schaffe ihnen zu zeigen, was ich schreibe? Also habe ich meinen Imposter liebevoll umarmt und mein Gefühl von Zweifel und Versagensangst direkt mit den anderen geteilt. Wenn wir etwas von uns preisgeben, dann erhalten wir so viel Wunderschönes zurück. Und so war es auch diesmal. Deshalb ist Offenheit wichtig, wenn uns das Vertrauen in uns selbst fehlt. Wir müssen viel mehr über unsere Verletzlichkeit sprechen, als wir es heute tun. Das fördert nicht nur Vertrauen, weil wir etwas von uns preisgeben, sondern mindert auch unsere Angst.

## Die ungebetene Verunsicherung

»Meinst du wirklich, dass das eine gute Idee ist?« Ein Satz, den wir vielleicht alle schon einmal gehört haben. Andere Menschen hinterfragen unsere Idee oder äußern vielleicht sogar, dass sie sie nicht für gut halten. Menschen mit einem geringen Selbstvertrauen werden von solchen Aussagen hart getroffen. Sie lösen – auch ohne Imposter

– eine Lawine von Zweifeln in uns aus. Oft endet es darin, dass wir die Idee verwerfen. Dabei verschenken wir allerdings auch sehr viel Potenzial. Wir trauen uns nicht, unseren Weg weiter zu verfolgen und unsere Träume zu realisieren, nur weil sie jemand anderem nicht gefallen. Dabei müssen sie das noch nicht mal.

Wir geben anderen Menschen so viel Macht über uns, wenn wir uns nur nach außen orientieren. Als ich einer Bekannten erzählte, dass ich dieses Buch schreiben möchte, sagte sie: »Ein Buch ist aber ganz schön übertrieben.« Und schon begann er, der Verunsicherungsprozess. In solchen Momenten habe ich gelernt mir zu sagen: Jetzt erst recht! Denn meine Idee muss vor allem erstmal mir gefallen. Es macht einen großen Unterschied, ob wir etwas für uns selbst oder für andere tun. So ist es auch mit unserer Arbeit. Arbeiten wir für die Gunst anderer, oder wollen wir uns selbst treu bleiben? Verfolgen wir eine Idee, um anderen zu gefallen oder um es uns selbst zu ermöglichen, unsere Ziele zu erreichen? Außerdem, vielleicht würden wir Kritiker:innen ja auch vom Gegenteil überzeugen, wenn wir unsere Ideen realisieren? Aber das erfahren wir nie, wenn wir uns sofort von allem abringen lassen, woran wir glauben. Wer mehr auf sich selbst hört als auf andere, wird auch mehr Selbstvertrauen entwickeln. Denn genau darum geht es dabei. Auf uns selbst und unsere Ideen zu vertrauen.

### Weil Selbstvertrauen uns stark macht

Die Art von Beziehung, die wir mit uns selbst führen, ist immer der Grundstein für jede Beziehung mit anderen. Wir können andere erst lieben, wenn wir uns selbst lieben und wir sollten andere erst führen, wenn wir uns selbst führen können. Und so können wir anderen auch besser Vertrauen schenken, wenn wir uns selbst vertrauen können. Es lohnt sich also, am Selbstvertrauen zu arbeiten. Dafür gibt es einige Möglichkeiten:

1. **Herausfinden, was da ist**
   Zur Stärkung des Selbstvertrauens ist es gut zu wissen, wie das Selbstvertrauen überhaupt aufgestellt ist. Dabei helfen Gespräche mit vertrauten Personen. Mit ihnen können wir uns darüber austauschen, wie wir normalerweise Herausforderungen angehen und unsere Fähigkeiten einschätzen. Außerdem hilft es, wenn wir unsere innere Stimme einmal genauer unter die Lupe nehmen. Ist sie meist freundlich und liebevoll zu uns oder schimpft sie mit uns und macht uns klein?
2. **Stärken fokussieren**
   Ein wichtiger Schritt zur Stärkung unseres Selbstvertrauens ist es, uns bewusst darüber zu werden, was wir richtig gut können. Es geht darum, diese Dinge auch wirklich anzuerkennen, ohne sie ständig herunterzuspielen. Wir sollten lernen, uns für unsere Stärken und Talente zu schätzen, statt uns für unsere Schwächen zu schämen. Dieser Fokus bringt uns weiter und ist viel gesünder für uns und unser Selbstvertrauen.

3. **Punkte verbinden**
   Viele glauben mir nicht, dass ich oft mit mir selbst hadere. Denn von außen betrachtet wage ich viel, probiere alles Mögliche aus und arbeite aktiv daran, meine Ziele zu erreichen. Doch das muss sich nicht widersprechen. Ich bin einfach gut im Punkte verbinden. Das bedeutet, dass ich gelernt habe Chancen zu nutzen, wenn sie sich zufällig bieten. So verbinde ich verschiedene unvorhergesehene Gegebenheiten und mache etwas daraus. Das hilft mir, mich zu trauen und mich selbst immer wieder herauszufordern und zu wachsen. Dr. Christian Busch beschreibt dieses Prinzip der Serendipität in seinem Buch: »Connect the Dots«.[14] Wir können eine solche Serendipität meiner Erfahrung nach beispielsweise erzeugen, indem wir mit dem einfachen Grundsatz: »ja klar« oder auch »why not« durchs Leben gehen und unerwartete Begegnungen oder Situationen nicht einfach links liegen lassen, sondern damit arbeiten. Tina Müller stand zum Beispiel auf einer Veranstaltung in Hamburg plötzlich vor mir und ich habe mir ein Herz gefasst und ihr erzählt, dass ich in meinem Buch über sie schreibe. Einige Wochen später habe ich sie dann gefragt, ob sie sich vorstellen könnte, das Buch zu lesen und etwas dazu zu sagen. Und ja, ich hatte einen Heidenrespekt davor, ihr mein Manuskript zu schicken. Ich hatte Angst und ich hatte große Zweifel an mir selbst. Aber ich frage mich dann immer: »Was habe ich zu verlieren?« Heute steht ihr Statement auf der Rückseite des Covers.
4. **Klare Ziele setzen**
   Realistische und klare Ziele sind wichtig, damit wir sie auch in einer angemessenen Zeit erreichen können. Erfolge stärken unser Selbstvertrauen. Es hilft, wenn wir uns regelmäßig Ziele setzen und sie verfolgen. Doch oft erkennen wir unsere Erfolge nicht, weil sie uns unwichtig erscheinen. Deshalb kann es helfen, Erfolg zu definieren. Erfolg ist für jeden Menschen etwas anderes und steckt nicht nur in großen Meilensteinen, sondern oft auch in kleinen Schritten. Vor allem geht es aber darum, Etappenziele wahrzunehmen und sie als Erfolge anzuerkennen.
5. **Journaling**
   Es bringt richtig viel, wenn wir uns unsere Erfolge und gutes Feedback vor Augen führen. Journaling ist eine hilfreiche Methode dafür. Es bedeutet, dass wir uns selbst in regelmäßigen Abständen reflektieren und zu bestimmten Fragen unsere Beobachtungen und Erkenntnisse aufschreiben, damit wir sie rückblickend nutzen können. Um das Selbstvertrauen zu stärken, ist es sinnvoll zu notieren, was wir gut gemacht haben, welches gute Feedback uns erreicht hat oder welche konkreten Erfolge wir verzeichnen können. Mit der Zeit entsteht ein Nachschlagewerk mit Beweisen für die eigenen Fähigkeiten. Gerade in den Zeiten, in denen Selbstzweifel stärker durchkommen, ist das ein echter Anker. Journaling lebt von der Kontinuität, weshalb es wichtig ist, dranzubleiben und die Übung wirklich regelmäßig, vielleicht sogar täglich durchzuführen.

Je mehr wir in unsere Fähigkeiten vertrauen können, desto besser können wir auch in die Fähigkeiten anderer vertrauen und deshalb ist unser Selbstvertrauen ein wichtiger Teil unserer generellen Vertrauenskompetenz. Gehen die Zweifel dadurch auf Dauer weg? Eher nicht. Aber sie werden zum guten Begleiter, mit dem man sich auf Dauer verstehen kann. Außerdem schauen sie viel seltener vorbei. Wie alte Freunde, die nur noch ab und zu mal zu Besuch kommen, nachdem sie endlich nicht mehr zur Untermiete wohnen.

## Vertraue ich dir?

Wem vertrauen wir eigentlich und wie kommt das zustande? Tatsächlich stellt sich das Gefühl, jemandem zu vertrauen, bereits innerhalb einer Zehntelsekunde ein – es genügt also der Zeitraum eines Wimpernschlags. Ein Forschungsteam fand nämlich heraus, dass wir Menschen innerhalb einer Zehntelsekunde entscheiden, ob wir jemanden für vertrauenswürdig halten.[15] Hier kommt wieder die Reiz-Reaktion ins Spiel. Früher wussten wir blitzschnell, dass der Säbelzahntiger kein guter Zeitgenosse war und wir lieber flüchten sollten. Die Amygdala in unserem Gehirn scannt äußere Reize und löst daraufhin körperliche Reaktionen aus. Ganz nach dem Motto »fight or flight«, wissen wir sofort, ob wir jemandem vertrauen oder nicht. Warum wir so empfinden, können wir in dem Moment noch gar nicht sagen.

Es wäre naheliegend, dass Menschen ihre Meinung ändern, wenn sie jemanden länger ansehen. Doch allein durch längeres Hinschauen ändern wir unsere Meinung nur selten. Um unser Bild zu hinterfragen, müssten wir jemanden oft erst wirklich kennenlernen. Im Arbeitskontext ist Zeit zum Kennenlernen natürlich vor allem im Teamkontext wichtig. Doch wir können uns nicht immer mit jeder Person tiefgründig unterhalten, bevor wir gemeinsam Entscheidungen treffen müssen.

Interessanterweise gibt es aber auch Menschen, denen wir allein durch ihre anzunehmende Kompetenz eine große Vertrauenswürdigkeit zusprechen. So vertrauen wir Rechtsanwält:innen meist, ohne mehr über sie zu wissen. Wir glauben an ihre Expertise und an ihre Fähigkeiten und wir sind auf sie angewiesen. Wir entscheiden uns einfach dazu, ihnen zu vertrauen. Und das macht den Unterschied. Ob wir also bei unserem ersten Eindruck bleiben wollen oder nicht, liegt in unserer Hand. Ob wir jemandem vertrauen, hängt einzig und allein davon ab, ob wir vertrauen wollen, nicht davon, ob jemand sich im Kennenlerngespräch gut macht, oder davon, ob wir jemanden schon ewig kennen. Vertrauen geht von jetzt auf gleich, wenn wir uns dafür entscheiden. Wir sollten es nicht mit Vertrautheit verwechseln, die sich erst mit der Zeit entwickelt. Wir sind selbst dafür verantwortlich, wem wir vertrauen.

Natürlich gibt es gewisse Merkmale, die uns die Entscheidung erleichtern. Prof. Dr. Yasmin Weiß hat drei Ebenen definiert, die Mitarbeitende benötigen, um ihren Führungskräften Vertrauen schenken zu können. Diese fasst sie im »magischen Dreieck von Vertrauen« zusammen:

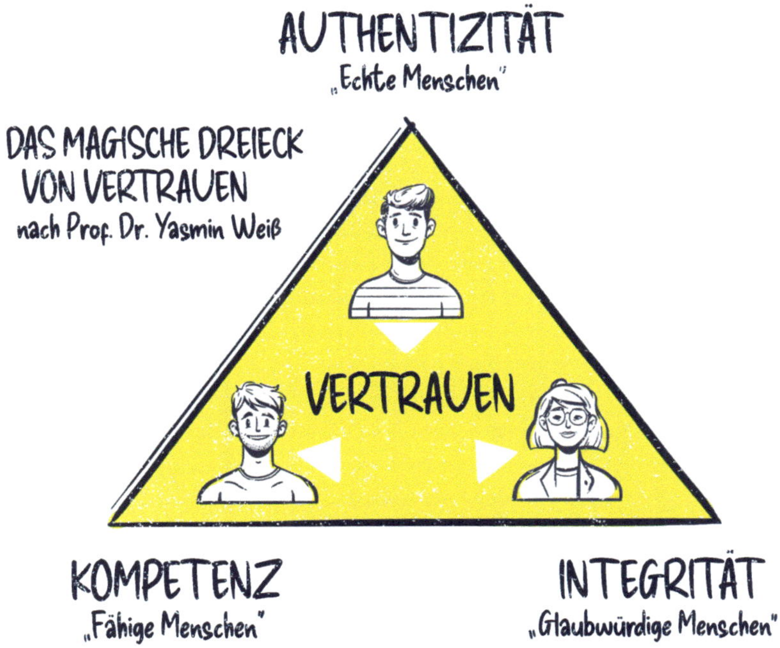


Yasmin Weiß beschreibt die drei Ebenen wie folgt:

1. **Authentizität**: »Echte Menschen, die zugänglich und menschlich agieren und Einblicke in ihre persönlichen Herausforderungen geben. Dabei zeigen sie Emotionalität und Vulnerabilität.«
2. **Integrität**: »Glaubwürdige Menschen, die ehrlich sind, offen kommunizieren und nach ethischen Maßstäben handeln.«
3. **Kompetenz**: »Fähige Menschen, die gute Problemlöser:innen sind, komplexe Zusammenhänge begreifen und sich am Puls der Zeit bewegen.«[16]

Doch es gibt noch weitere vertrauensfördernde Merkmale und diese sind oft sehr individuell. Zwei möchte ich hier ergänzen:

4. **Verlässlichkeit**: Zuverlässige Menschen, die das tun, was sie sagen, und einhalten, was sie versprechen; die uns nicht im Stich lassen, sondern für uns da sind. Verlässlichkeit ist ein wichtiger Faktor für Vertrauen, denn durch sie wird unser Vertrauen bestätigt. Fehlt sie, wird es enttäuscht.

5. **Wohlwollen**: Unterstützende Menschen, die es gut (mit uns) meinen und gute Absichten verfolgen. Wenn wir nicht der Ansicht sind, dass jemand die »richtigen« Absichten hat, können wir auch nicht vertrauen.

Aber es gibt noch mehr, was die Entstehung von Vertrauen beeinflusst. Meist wird nur die eine Seite beleuchtet, nämlich welche Eigenschaften Menschen vorweisen müssten, damit ihnen vertraut wird. Wir sprechen kaum über die andere Seite, nämlich über die Menschen, die das Vertrauen aufbauen sollen. Aber wie wir seit dem ersten Kapitel wissen, sind wir alle unterschiedlich aufgestellt, wenn es darum geht, vertrauen zu können. Selbst wenn andere Menschen vor Integrität, Wohlwollen, Ehrlichkeit, Kompetenz und Co. nur so strotzen, heißt das nicht, dass wir uns deshalb dafür entscheiden, ihnen auch zu vertrauen. Unsere Erfahrungen, unser Urvertrauen und unser Menschenbild entscheiden mit. Beide Seiten haben immer einen wechselseitigen Einfluss aufeinander. Sie bedingen sich gegenseitig.

Zusätzlich spielt auch der Kontext eine wichtige Rolle. Der Kontext sind die begleitenden Umstände oder auch die Rahmenbedingungen. Auch er hat einen Einfluss darauf, inwieweit wir Vertrauen aufbauen können, denn wenn die Umstände im Unternehmen Misstrauen auslösen, dann hilft Authentizität wahrscheinlich wenig dabei, Vertrauen zu fördern. Dazu findet sich mehr in Kapitel 4.

Je förderlicher mein Menschenbild, mein Urvertrauen, meine Erfahrungen und der Kontext sind, um mich für Vertrauen zu entscheiden, desto weniger muss mir eine andere Person beweisen.

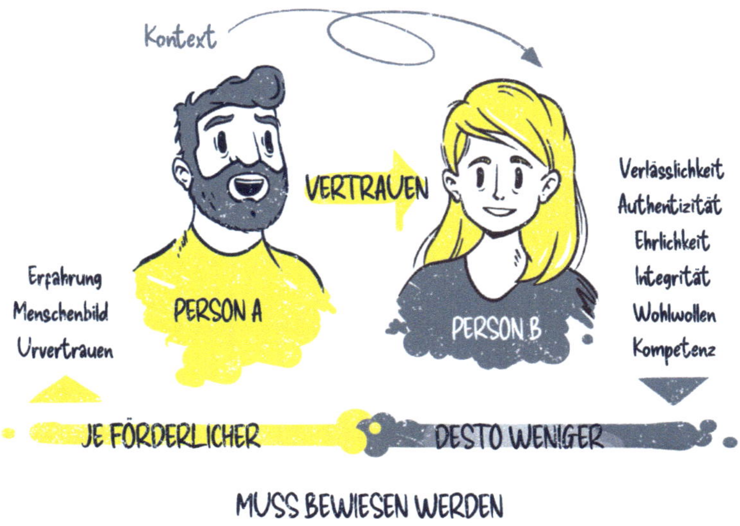

Je hinderlicher ich selbst in Sachen Vertrauensaufbau aufgestellt bin und je hinderlicher der Kontext, desto mehr wird eine andere Person vorweisen müssen, damit ich mich dafür entscheide, mich auf sie einzulassen.

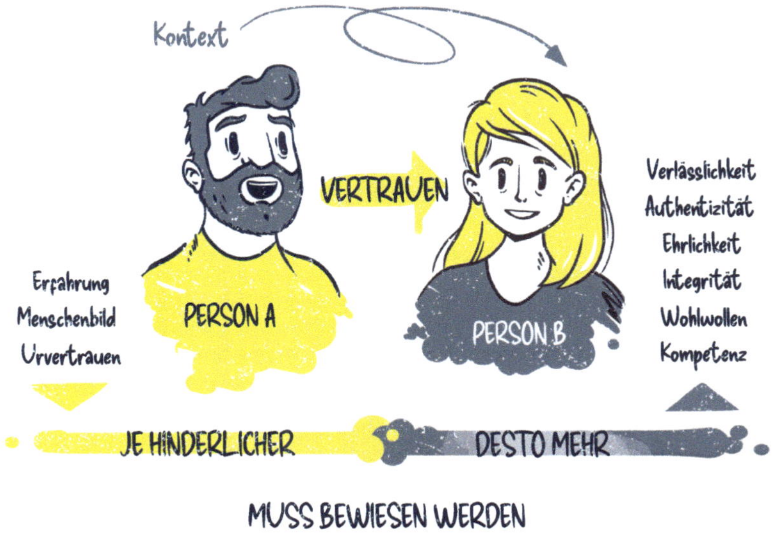


Schaubilder sind allerdings nie die vollumfängliche Antwort darauf, wie etwas so komplexes wie Vertrauen funktioniert. Es lässt sich nicht in ein abschließendes Schema bringen. Philipp Simanek erklärt im intrinsify Podcast, warum das so ist:[17]

1. Was für den einen Menschen integer oder wohlwollend wirkt, wirkt auf den anderen nicht so. Selbst die Definition dessen, was Integrität, Authentizität oder Verlässlichkeit überhaupt ausmacht, weicht von Mensch zu Mensch ab. Die hier genannten vertrauensfördernden Merkmale sind daher nie die korrekte Antwort darauf, was wir brauchen, damit man uns vertraut. Sie sind lediglich individuelle Zuschreibung, die wir jemandem machen oder auch nicht; je nachdem, was für uns Authentizität, Kompetenz oder Integrität bedeuten und woran wir sie festmachen. Die Zuschreibungen, die wir anderen machen, basieren wiederum auf unseren persönlichen Erfahrungen, unserem Urvertrauen und unserem Menschenbild.
2. In einer Sache zu vertrauen heißt nicht gleich in allem zu vertrauen. Wir vertrauen Menschen meist in Bezug auf etwas bestimmtes. Nur, weil ich jemandem ein Geheimnis anvertraue, heißt das nicht, dass ich der gleichen Person auch Verantwortung übertragen würde, und nur, weil ich jemandem zutraue, eine bestimmte Herausforderung zu meistern, heißt das nicht, dass ich dieser Person zutraue, auch andere Dinge zu meistern.

Vertrauen ist ein individuelles Gefühl, für das wir selbst Verantwortung tragen, und Gefühle lassen sich nicht in eine abschließende Wenn-Dann-Logik bringen. Doch wenn Vertrauen bereits besteht, gibt es bestimmte Dinge, durch die es immer wieder spürbar wird. Es sind wichtige Grundlagen und Bestandteile einer funktionierenden Beziehung. Diese beschreibt die Emotionsforscherin Brené Brown in »The Braving Inventory«[18]:

1. **Grenzen**
   Jeder Mensch hat Grenzen. In einem echten Vertrauensverhältnis können wir diese aufzeigen und wissen auch, dass unser Gegenüber das tut. Wir können Nein sagen und es zeigen, wenn wir wütend oder gekränkt sind. Wir müssen nicht über unsere eigenen Grenzen gehen, nur um der anderen Person zu gefallen.
2. **Zuverlässigkeit**
   Wir halten, was wir einander versprechen, und können uns gegenseitig auf unser Wort verlassen.
3. **Verantwortlichkeit**
   Wir übernehmen Verantwortung für unsere Entscheidungen und deren Folgen. Das bedeutet auch, wir können uns Fehler eingestehen und es einander wissen lassen, wenn wir falsch gehandelt haben.
4. **Verschwiegenheit**
   Wir können uns gegenseitig sicher sein, dass wir unsere Geheimnisse nicht mit anderen teilen.
5. **Integrität**
   Wir gehen nicht den einfachsten, sondern den richtigen Weg, und wir verhalten uns in der Beziehung werteorientiert.
6. **Unvoreingenommenheit**
   Wir können uns gegenseitig sagen, was wir brauchen und wie wir uns fühlen, ohne dass wir uns dafür verurteilen oder bewerten.
7. **Großzügigkeit**
   Menschen, denen wir vertrauen, müssen wir auch verzeihen können, wenn sie uns einmal verletzen, denn das werden sie wahrscheinlich irgendwann. Schlechte Dinge beeinflussen uns allerdings immer mehr als gute. Wir unterliegen alle dem Negativitätseffekt.[19] Zum Beispiel überstrahlt eine negative Kritik meist haufenweise geäußertes Lob. In einer vertrauensvollen Beziehung unterstellen wir der anderen Person dennoch die beste Absicht und vergeben.

Vertrauen zeigt sich in einer funktionierenden Beziehung also in unterschiedlichen Facetten. Es sind nicht nur die großen Momente, in denen es zum Tragen kommt, sondern auch die kleinen.

## Die kleinen Gesten

Es gibt im Alltag konkrete Dinge, die wir tun und beachten können, damit das Vertrauen zwischen Menschen wachsen kann. Sie erfordern keine großen Maßnahmen, sondern sind sofort selbstbestimmt umsetzbar. Hier sind einige Beispiele:

**Zuhören**
Wie sollen wir jemandem vertrauen, der nicht einmal mitbekommt, was uns beschäftigt? Zuhören ist eine unglaublich wichtige Kompetenz, die es uns ermöglicht, eine wirkliche Tiefe in unsere Gespräche zu bringen. Und Tiefe schafft Vertrauen. Aber es fällt den meisten Menschen schwer, richtig zuzuhören. Statt uns dem, was wir hören, wirklich hinzugeben, liegen wir auf der Lauer. Wir warten darauf, dass wir etwas hören, wozu wir etwas zu sagen haben. Und kaum haben wir etwas gefunden, hören wir den Rest nicht mehr. Stattdessen wollen wir unsere Antwort loswerden. Wir werden immerhin unser Leben lang darauf trainiert, Antworten zu geben. Gleichzeitig wird uns Neugierde schon als Kind aberzogen. Wir lernen, dass wir es nicht so genau wissen wollen sollten. Deshalb tauchen wir nicht ein, in das Gehörte. Wir sind nicht neugierig genug und wollen nicht alles wissen. Wir bleiben an der Oberfläche und die Menschen, denen wir eigentlich zuhören wollten, fühlen sich ungehört, obwohl wir ihnen nickend gegenübersitzen.

Und es geht noch schlimmer. Gespieltes Zuhören gehört schon fast zum guten Ton. Statt uns wirklich gegenseitig zuzuhören, machen wir andere Dinge. Wir schauen auf unser Smartphone, schreiben eine E-Mail oder gehen unsere To-dos im Kopf durch. Wann sollten wir das auch sonst machen? Wer ständig überfordert ist hat nie Zeit. Aber genau darum geht es. Um ungeteilte Aufmerksamkeit. Und die ist heute so wertvoll wie nie. Uns entgeht zu viel, wenn wir nicht richtig da sind. Vor allem die feinen Nuancen. Die leisen und versteckten Botschaften sind oft genau die, die wir hören müssten, weil sie die wichtigsten Informationen enthalten.

Nach diesem Prinzip prägte die Komponistin und Musikwissenschaftlerin Pauline Oliveros den Begriff des Deep Listenings, also des tiefen Zuhörens. Deep Listening ist ein absolut fokussierter Hörprozess. Statt aber nur akustisch und mit den Ohren zu hören, geht es darum, mit allem zu hören. Genau wie Musik uns in unserem ganzen Körper erreicht und auf emotionaler Ebene bewegt, können das auch Gespräche tun, wenn wir lernen, auf die gleiche Weise dem gesprochenen Wort zuzuhören, wie wir uns der Musik öffnen.[20] Wenn wir unserem Gegenüber unsere volle Aufmerksamkeit schenken und zuhören, um wirklich zu verstehen und zu fühlen, statt um Antworten zu geben, dann ist das nicht nur eine der höchsten Formen der Wertschätzung, sondern auch eine gute Basis für echtes Vertrauen. Denn nur wenn wir wirklich zuhören, fühlt sich unser Gegenüber auch wirklich gehört.

**Fragen stellen**
Früher habe ich viele Trainings zu den Themen Kommunikation und Bedarfsanalyse gegeben, um Menschen für die Gespräche mit ihrer Kundschaft fit zu machen. Die größte Schwierigkeit der Teilnehmenden war es, Fragen zu stellen. Es war ihnen unangenehm. Sie fühlten sich aufdringlich, dabei trainierten wir nur »milde« Wege, wie sie im Gespräch Interesse und Aufmerksamkeit zeigen konnten. Wir grenzten das sehr bewusst von aufdringlichen »Verkaufsgesprächen« ab. Das war noch nie mein Stil. Dennoch war ihnen das Wenige schon zu viel.

So geht es uns auch miteinander. Statt uns einfach zu fragen, was uns bewegt, verbringen wir lieber Zeit damit, zu mutmaßen, damit wir bloß nicht fragen müssen. Schon als Kinder lernen wir, nicht so neugierig zu sein. Das wird meist auch von Sätzen begleitet wie: »Sowas fragt man nicht«. Und so bleibt in uns haften, dass wir lieber nicht zu viel wissen sollten. Wir müssen diese alten Glaubenssätze aus den Köpfen kriegen, denn Fragen zeugen von echtem Interesse und von unserer Intention, einander wirklich zu verstehen. Ehrliches Interesse macht Wohlwollen spürbar und wenn wir Wohlwollen spüren, dann ist das ein guter Anfang für die Entscheidung zu vertrauen. Warum nicht einfach fragen: Was bewegt dich gerade? Wie ist es dir dabei ergangen? Was macht das mit dir? Diese Fragen bringen uns weg von der Oberfläche – und einander näher.

**Klare und eindeutige Kommunikation**
Klarheit in den eigenen Aussagen schafft Orientierung für unsere Mitmenschen. Sie wissen, woran sie sind. Umgekehrt erzeugt eine mehrdeutige Kommunikation Spekulationsspielräume, Unsicherheiten und Orientierungslosigkeit. Es ist wichtig, dass wir sagen, was wir meinen. Schnörkellos und eindeutig.

**Verbindlich agieren**
Verbindlichkeit ist ein wichtiger Teil unserer Zuverlässigkeit. Wenn andere sich darauf verlassen können, was wir sagen, ist das wertvoll und schafft Vertrauen. Leider geht das im Arbeitsalltag zu oft unter. Aussagen werden revidiert, Termine nicht eingehalten und Vorhaben zurückgezogen. Selbst wenn sich ein solches Verhalten manchmal nicht vermeiden lässt, ist es wichtig, klar und verbindlich zu kommunizieren und damit deutlich zu machen, warum das passiert ist. In Kapitel 9 gibt es dazu mehr Informationen.

**Verletzlichkeit zeigen**
Wenn wir etwas von uns preisgeben, dann ist das eine Vorleistung. Meine Erfahrung ist, dass wir dann auch etwas zurückbekommen. Verletzlichkeit öffnet Menschen. Und zwar auf beiden Seiten. Emotionen ansprechen, einen Fehler eingestehen oder die eigene Unsicherheit zugeben; das wirkt Wunder im Gespräch und erzeugt Vertrauen. Klingt einfach, ist aber nicht ohne. Damit wir uns auch im Team verletzlich zeigen können braucht es eine gewisse Sicherheit. Darum geht es im nächsten Kapitel.

# 3 Psychologische Sicherheit

*Warum erleben wir immer wieder Meetings, in denen es nicht möglich ist, über Fehler zu sprechen und aus ihnen zu lernen? Wieso haben wir so oft nicht den Mut, es laut zu sagen, wenn wir nicht einverstanden sind? Und wieso verkneifen wir uns viel zu oft wichtige Fragen? Die Antwort ist: Weil wir Angst vor den zwischenmenschlichen Konsequenzen haben. Wir wissen nicht, was es auslösen könnte, wenn wir uns verletzlich zeigen oder Kritik äußern. Wir fühlen uns nicht sicher.*

## Zwischenmenschliche Angst

Ich habe einmal einen Workshop mit dem Management eines Unternehmens durchgeführt, das gerade eine Krise wegen eines Fehlers in der Software hinter sich hatte, von dem vor allem die Kundschaft betroffen war. In dem Workshop wollten die Teilnehmenden gemeinsam reflektieren, wie sie in dieser Krisensituation zusammengearbeitet hatten und was sie beim nächsten Mal verbessern könnten. Schnell wurde mir allerdings klar, dass wir an diesem Vormittag keine validen Ergebnisse erarbeiten würden. Das Management war nicht in der Lage, gemeinsam zu lernen, weil es damit beschäftigt war, sich unter dem Schleier der Höflichkeit gegenseitig auszuweichen und die eigene Unschuld zu vertreten. Dabei verlor es das Wesentliche aus den Augen: die Zusammenarbeit, die Möglichkeit zu lernen und das Potenzial, sich gemeinsam weiterzuentwickeln.

Angst in Teams ist spürbar. Menschen sind nicht ganz sie selbst, wenn sie auf der Hut sind. Es ist, als würden sie mit angezogener Handbremse fahren. Wir Menschen schlüpfen in Rollen, wenn wir Angst haben. Und wir fangen an, Vermeidungsstrategien zu entwickeln. Aus diesen Vermeidungsstrategien wird ein komplexes Schauspiel. Wir werden still, statt wichtige Fragen zu stellen, rechtfertigen uns, statt Ursachen zu erforschen, und übernehmen die Meinung der Masse, statt unsere eigene mutig zu vertreten. Wir sagen nicht, was wir denken, sondern was akzeptiert ist. Wir wahren Harmonie und Höflichkeit, statt konstruktiv zu streiten, und wir fühlen uns unwohl, aber trauen uns nicht, es den anderen zu zeigen. Unser Selbstschutz ist wichtiger als das gemeinsame Vorankommen. Die Angst lähmt uns und verhindert, dass wir ehrlich, kreativ und mutig zusammenarbeiten können.

So mutieren wir Menschen zu Business-Chamäleons. Wir wechseln unsere Erscheinung, je nach Kontext, weil wir nicht das Gefühl haben, ganz wir selbst sein zu dürfen. Wir passen uns an, um zu überleben.

Wenn wir uns auf Dauer verstellen, wirkt sich das negativ auf unsere Gesundheit, aber auch auf die Innovationskraft und die Leistungsfähigkeit des Unternehmens aus, denn wer nichts wagt, kann auch nicht viel gewinnen. Aus diesem Grund können wir es uns nicht leisten, der zwischenmenschlichen Angst nicht auf den Grund zu gehen.

Aber wie können wir die Angst auflösen? Wie können wir auch im Team eine sichere und vertrauensvolle Umgebung schaffen und woran erkennen wir, dass wir »gut aufgehoben« sind? Die Antwort darauf ist: psychologische Sicherheit. Sie war auch das, was dem Management des Unternehmens fehlte. Psychologische Sicherheit ist dann vorhanden, wenn wir uns untereinander sicher und geschützt fühlen. Wir äußern unsere Meinung, Sorgen und kritischen Gedanken, ohne dass uns innere Bedenken oder Ängste vor negativen zwischenmenschlichen Konsequenzen davon abhalten. Wir stellen Fragen, ohne Angst zu haben, sie könnten als dumm oder zu kritisch empfunden werden. Wir vertrauen darauf, dass wir nicht abgelehnt werden, und sind uns sicher, dass wir Konflikte überwinden können.

Amy Edmondson hat das Konzept der psychologischen Sicherheit erstmalig beschrieben. Mitte der 1990er-Jahre arbeitete sie in einem Forschungsteam, das eine Studie zu medizinischen Fehlern in Krankenhäusern durchführte. Sie sollte herausfinden, welche Auswirkungen die Teamarbeit auf Fehlerquoten hatte. Zunächst ging sie davon aus, »dass das effektivste Team die wenigsten Fehler machen würde«. Überrascht stellte sie allerdings fest, dass es genau andersherum war. Ihre Daten verrieten ihr, dass die besseren Teams mehr Fehler vorwiesen als die schwächeren Teams. Schließlich vermutete sie, dass diese Teams nicht wirklich schlechter arbeiteten, sondern nur offener mit ihren Fehlern umgingen. Diese Vermutung konnte sie in ihrer weiteren Forschung belegen.[21]

In ihrem Buch macht sie deutlich, wie wichtig psychologische Sicherheit für die Zusammenarbeit und auch für die Organisation ist, denn »in einer angstfreien Organisation wird die zwischenmenschliche Angst minimiert, damit in einer Welt, in der Wissen so wichtig ist, die Leistung der Teams und der Organisation maximiert wird.«[22]

## Das Fundament erfolgreicher Teams

Auch Google forschte zwei Jahre lang, was das Geheimnis für Effektivität in Teams ist und sie performant werden lässt. Eine Erkenntnis der Forschung war, »dass es weniger darauf ankam, wer zum Team gehörte, als vielmehr darauf, wie das Team zusammenarbeitete«. Außerdem waren fünf Merkmale besonders relevant:

- Psychologische Sicherheit
- Verlässlichkeit der Teammitglieder
- Klarheit über Strukturen, Rollen und Ziele
- Der Sinn und die höhere Bedeutung der Arbeit
- Das Bewusstsein über den persönlichen Beitrag

Von den fünf Merkmalen war psychologische Sicherheit das Fundament für effektive Teams und damit mit Abstand der wichtigste Faktor von allen.[23]

### Warum Konflikte etwas Gutes sind

Ich bin noch nie einem Menschen begegnet, der Konflikte im Team gut fand. Wir neigen dazu, es harmonisch haben zu wollen. Menschen glauben, dass Konflikte anstrengend seien und dazu führen könnten, dass es ihnen nicht gut geht. Wenn uns psychologische Sicherheit fehlt, dann gehen wir erst recht keine Konflikte ein, sondern krallen uns am sicheren Beckenrand vermeintlicher Harmonie fest. Das Paradoxe ist, dass es durch all die Ausweichmanöver nicht besser wird. Denn Potenzial für Konflikte gibt es genug. Und es wird immer mehr, so lange Teams Konflikte meiden. Genau hier beginnt eine Abwärtsspirale, aus der man immer schwerer wieder herauskommt, denn auch brodelnde Konflikte erkalten irgendwann und die Gräben sind so tief, dass sie nicht mehr überwunden werden können. Geklärte Konflikte verbinden uns, während künstliche Harmonie uns nur etwas vorgaukelt. Außerdem sind Konflikte eine große Chance sich gemeinsam weiterzuentwickeln und Verbesserungspotenziale zu erkennen. Wir müssen lernen konstruktiv zu streiten, damit wir den Status quo infrage stellen können.

Unsere Arbeit ist vollgestopft mit Fake Work, also mit Arbeit, die zwar dem Selbsterhalt und der Systembefriedigung dient, jedoch nicht der Wertschöpfung. Wir bereiten Präsentationen für Meetings vor, die niemanden interessieren, weil irgendwer darauf besteht und wir uns nicht trauen, das kritisch zu äußern. Wie nehmen an Meetings teil, die niemand für sinnvoll hält, doch wenn es darum geht, das ehrlich zu sagen, verstummen alle Stimmen. Wir tun zu viel und schaffen zu wenig, sodass wir unser Ziel aus den Augen verlieren. Wir protokollieren, strukturieren, bürokratisieren und verkomplizieren, weil wir uns nicht trauen, uns ins Gesicht zu sagen, wie wenig sinnvoll das alles ist.

Unser bisheriger Wohlstand hat es uns »ermöglicht« so zu arbeiten. Doch schaut man sich die wirtschaftliche Situation in Deutschland und den akuten Fachkräftemangel an, wird klar, wir können uns die Verschwendung unserer Zeit, unserer Arbeitskraft und unserer finanziellen Mittel (zum Glück) nicht mehr leisten. Fake Work können wir allerdings nur dann reduzieren, wenn wir uns trauen, Konflikte einzugehen und konstruktiv um die beste Lösung zu streiten, denn mit dem Abbau von Fake Work geht auch der Abbau vieler Gewohnheitsrechte einher. Psychologische Sicherheit ist die Grundvoraussetzung dafür, dass das möglich wird. Der beste Weg dahin ist, einen Raum für das Team zu schaffen, in dem alle sagen können, was sie beschäftigt, und in dem alle aktiv die bestehenden Prozesse hinterfragen dürfen, ja sogar sollen. Es geht darum das Team zu bestärken und auch selbst den ersten Schritt zu machen, Kritisches zu äußern. Das fördert nicht nur psychologische Sicherheit, sondern ist auch ein Türöffner, um Verschwendung in Arbeitsprozessen, Konflikte oder Unzufriedenheit anzusprechen. Die vertrauensvollsten Beziehungen sind oft diejenigen, die bereits Konflikte überstanden haben, nicht die, die erfolgreich um sie herumgeschlichen sind.

Den Zusammenhang von fehlender psychologischer Sicherheit und der Angst vor Konflikten zeigt auch Patrick Lencioni. In seinem Buch »The Five Dysfunctions of a Team« beschreibt er die Dysfunktionen, die Teams an effektiver Zusammenarbeit hindern.[24]

1. **Fehlendes Vertrauen**
   Die Teammitglieder sind nicht bereit, einander auch verletzliche Momente einzugestehen. Es gibt keine Offenheit in Bezug auf Fehler und Unzulänglichkeiten.
2. **Angst vor Konflikten**
   Das fehlende Vertrauen sorgt dafür, dass sich Teams nicht auf hitzige Diskussionen und das Ringen um die beste Lösung einlassen können. Entstehende Unstimmigkeiten werden ausgesessen und verschleppt.
3. **Fehlendes Engagement**
   Die Angst vor Konflikten sorgt dafür, dass Teammitglieder ihren Standpunkt nicht transparent machen, auch wenn sie nicht hinter Entscheidungen stehen. Stattdessen »täuschen sie Zustimmung vor« und verhindern damit ein echtes Übereinkommen.
4. **Scheu vor Verantwortung**
   Wenn kein echtes Übereinkommen besteht, dann tun sich Teammitglieder schwer, sich gegenseitig in die Verantwortung zu nehmen. Das führt zu weniger Ownership. Insgesamt bleiben so die Weiterentwicklung und die gemeinsamen Ziele auf der Strecke, weil sie nicht verfolgt und nachgehalten werden.

5. **Fehlende Ergebnisorientierung**
   Wenn die Ziele auf der Strecke bleiben, verfolgen Teammitglieder ihre eigenen Ziele. So werden »die eigenen Bedürfnisse über die Teamziele gestellt«. Das Ergebnis ist Orientierungslosigkeit und Frustration.

Wichtiger als die Dysfunktion ist allerdings das jeweils positive Gegenstück. Kehrt man die Dysfunktionen ins Positive um, entsteht ein Leitfaden für die Entwicklung performanter Teams. Das Fundament dafür ist Vertrauen im Team, also psychologische Sicherheit. Alle weiteren Ebenen basieren aufeinander und werden erst durch sie ermöglicht.

## Vier Stufen zum angstfreien Team

Psychologische Sicherheit ist das Fundament für gute Teams. Allerdings besteht sie selbst nicht nur aus einer Ebene. Sie macht sich in verschiedenen Abstufungen bemerkbar und entwickelt sich Stück für Stück. Sicherheit ist also nicht gleich Sicherheit. Timothy R. Clark hat diese vier Stufen psychologischer Sicherheit definiert:[25]

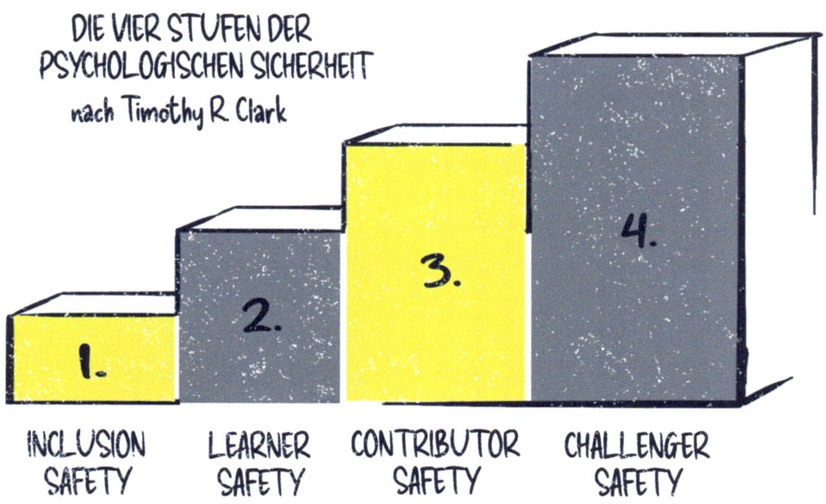

1. **Inclusion Safety – sich zugehörig fühlen**
Alle im Team fühlen sich bedingungslos respektiert und einbezogen. Das klingt erst einmal selbstverständlich, ist es aber nicht. Denn während wir viel über Diversität sprechen und viel tun, um diverser zu werden, hapert es oft an der Inklusion. Das bedeutet Teammitglieder sind unterschiedlich – was allen klar ist –, sie fühlen sich aber nicht gesehen, miteinbezogen und mitgedacht. Menschen, die sich nicht zugehörig fühlen, stehen außen vor, obwohl sie mittendrin sind. Sie sind anwesend, aber können sich nicht einbringen. Die unsichtbaren Barrieren müssen gefunden und abgebaut werden, und zwar von allen. Dafür ist es wichtig, dass alle Beteiligten an ihren unbewussten Vorurteilen und an den nicht befriedigten Bedürfnissen arbeiten. Die erste Stufe psychologischer Sicherheit ist das Gefühl von Zugehörigkeit. In Kapitel 10 gibt es zu diesem Thema einen Beitrag von Nora Dietrich.
2. **Learner Safety – gemeinsam lernen und mutig sein**
Oft arbeiten wir in einem Umfeld, in dem zwar alle gute Antworten haben, aber niemand die wirklich wichtigen Fragen stellt. Doch um unseren Horizont zu erweitern, müssen wir anfangen, gemeinsam zu lernen, statt uns gegenseitig zu belehren. Erst dann ist es möglich, mutige oder auch gefühlt absurde Ideen einzubringen oder zu sagen: »Ich verstehe das nicht«. Teammitglieder müssen keine Angst vor Verurteilung oder Bloßstellung haben. Das ist wichtig, denn oft ist die Idee, die vielleicht erst noch absurd erscheint, genau der Gamechanger, den es braucht. Und in den meisten Fällen lohnt es sich, genau die Frage zu stellen, von der wir denken, dass die Antwort allen anderen klar ist, nur uns selbst nicht. Auf dieser Stufe der psychologischen Sicherheit gibt es echte Bekenntnisse wie: »Ich weiß es nicht« oder »Ich habe einen Fehler gemacht«. Allen ist klar, dass es nichts Schlechtes ist, auch einmal falsch zu liegen.
3. **Contributor Safety – einen gemeinsamen Beitrag leisten**
Jetzt, da alle einbezogen sind und sich einbringen, geht es darum, gemeinsam etwas zu erreichen. Es geht darum, dass alle befähigt sind und sich aufeinander verlassen, die richtigen Dinge auf die richtige Weise zu tun. Das muss sich erst entwickeln. Teams arbeiten zu Beginn meist mit sehr klaren Aufgabenverteilungen und wenig autonom. Mit der Zeit und mit steigendem Vertrauen in die Fähigkeiten aller kommt immer mehr Ownership und Gestaltungsfreiheit ins Spiel. Es werden keine Aufgaben mehr verteilt, sondern Verantwortungsbereiche. Es geht um Ergebnisorientierung. Wie die einzelnen Teammitglieder vorgehen, muss nicht mehr detailliert zusammen geplant werden. Alle fühlen sich so sicher, dass sie ihre Fähigkeiten optimal nutzen. Sie wollen gemeinsam Sinn stiften und einen echten Unterschied machen. Das treibt sie an. Das Team wird performant und liefert Resultate.
4. **Challenger Safety – den Status quo hinterfragen**
Die höchste Form psychologischer Sicherheit ist die Challenger Safety. Ist sie erreicht, können Teammitglieder ohne Bedenken den Status quo hinterfragen. Sie haben keine Angst, das Ist infrage zu stellen. Sie wissen, dass ihr Beitrag wichtig

ist und offen empfangen wird, auch wenn er zunächst eine disruptive Wirkung hat. Diese Stufe ist deshalb so wichtig, weil sie das Überleben sichert. Nur wenn ein Unternehmen auch Entwicklungssprünge machen kann, wird es mit dem stetigen Wandel der äußeren Bedingungen mithalten können. Fördern können Teams diesen Zustand, in dem sie sich nicht nur dazu ermutigen, sondern sogar dazu auffordern, ihr Umfeld und ihre Arbeit konstruktiv zu hinterfragen. Außerdem können sie im Team üben, den eigenen Status quo immer wieder zu überprüfen und zu überlegen, was sie verbessern könnten.

## Alle sind gefragt

Selbst wenn wir wissen, was psychologische Sicherheit ist und wie sie sich zeigt, bleibt immer noch die Frage, wie wir sie entwickeln können, wenn sie fehlt. Dafür reichen kein Aufruf und auch kein Teamevent. Psychologische Sicherheit ist ein Gefühl, dass wir im Team nur dann spüren, wenn alle eine entsprechende Haltung und ein förderliches Verhalten an den Tag legen. Es geht vor allem darum, den Anfang zu machen und die eigene Business-Fassade, die wir mühsam aufgebaut haben, abzulegen. In ihrem TEDx Talk zeigt Amy Edmondson drei Maßnahmen auf, um psychologische Sicherheit im Team zu fördern:[26]

1. »**Betrachte die Arbeit als Lernproblem, nicht als Ausführungsproblem**«
   Wir bewegen uns alle gemeinsam auf unbekanntem Boden. Es ist eine Lernherausforderung für alle, die gemeinsam gelöst werden will. Alle sind gleich wichtig dabei und niemand ist schuld.
2. »**Erkenne deine Fehlbarkeit an**«
   Sprich mit deinem Team darüber, wenn du Fehler gemacht hast. Mache deutlich, wenn du etwas nicht verstehst, und thematisiere deine Herausforderungen.
3. »**Zeige Neugierde und stelle viele Fragen**«
   Es ist okay, mehr Fragen als Antworten zu haben. Das schafft auch Sicherheit für andere, dass ihre Fragen willkommen und wichtig sind.

Und es gibt noch mehr, was wir tun können. Denn auch unsere Organisation hat einen Einfluss darauf, ob wir uns im Team sicher fühlen oder nicht. Sie beeinflusst sogar, ob wir uns verletzlich zeigen können. Die Unternehmen, in denen wir arbeiten und der Kontext, in dem wir uns bewegen, verleiten uns zu einem bestimmten Verhalten oder verhindern ein anderes. So haben Menschen oft gute Gründe für ihr Verhalten. Um psychologische Sicherheit zu fördern, müssen wir die institutionalisierte Unsicherheit im Unternehmen finden und abbauen. Werden Fehler indirekt bestraft, ist es nur logisch, dass niemand offen darüber sprechen möchte. Lässt die Hierarchie keine zweite Meinung zu, ist es klar, dass sich niemand traut, Kritik zu äußern. Wird interner Wettbewerb betrieben, wird sich niemand verletzlich zeigen.

Um institutionalisierte Unsicherheit im Unternehmen zu identifizieren und Potenziale für den Aufbau psychologischer Sicherheit zu erkennen, hilft eine Analyse folgender Bereiche:

**Unterstützendes Umfeld**

Das gute Gefühl, dass wir unterstützt werden, ist wichtig, damit wir vertrauen können und Sicherheit gewinnen. Deshalb gibt es in diesem Buch auch ein ganzes Kapitel zum Thema Unterstützung. Folgende Fragen helfen, um zu reflektieren, wie unterstützend das Arbeitsumfeld ist:

- Was machen Teammitglieder, wenn sie nicht weiterwissen?
- Womit fühlen sie sich alleingelassen?
- Wie kommt man generell an Unterstützung?
- Wie leicht oder wie schwer ist es?
- Was passiert typischerweise, wenn jemand Unterstützung benötigt?

**Strukturen, Regeln und Voraussetzungen**

Um psychologische Sicherheit zu entwickeln, hilft es, ständige Reflexionen im Team zu ritualisieren. Es ist auch hilfreich, gemeinsam an Projekten zu arbeiten, anstatt alleine. Viele Strukturen und Voraussetzungen in Teams geben diese Möglichkeit aber nicht her. Die Frage ist, warum:

- Welche Strukturen hat unser Team?
- Wie organisiert es sich?
- Was machen wir nie, obwohl wir damit anfangen sollten?
- Welche Vermeidungsstrategien haben wir dafür entwickelt?
- Welche Spielregeln haben sich bei uns gefestigt?

**Diskussionskultur und Entscheidungsprozesse**

Die Teamidentität zeigt sich besonders schnell in Diskussions- und Entscheidungsprozessen. Gerade hier ist es schnell spürbar, wenn psychologische Sicherheit fehlt. Sind die Diskussionen kontrovers? Werden alle gehört? Werden die Entscheidungen am Ende von allen getragen? Zur Analyse helfen diese Fragen:

- Wie diskutieren wir im Team in der Regel?
- Was passiert typischerweise und was passiert nicht?
- Wie treffen wir Entscheidungen?
- Was halten wir zurück und wann sagen lieber nichts?
- Wovor haben wir Angst?

**Förderliche Arbeitsumgebung**

Orte der Begegnung sind wichtig, weil sie Raum für das persönliche Miteinander schaffen. Teams, die sich wirklich kennenlernen, entwickeln eher psychologische Sicherheit. Diese Fragen können helfen, die Arbeitsumgebung zu reflektieren:

- Wie bedarfsgerecht sind die (virtuellen) Arbeitsräume? Passen die Möglichkeiten zu den relevanten Aktivitäten?
- Inwieweit haben Teams die Möglichkeit, sich zurückzuziehen und konzentriert miteinander zu arbeiten?
- Welche Angebote können Teams nutzen, um sich besser kennenzulernen?
- Wie groß ist die Motivation sich im Team zu treffen? Woran liegt das?
- Was kann die Motivation steigern?

**Rollen- und Aufgabenklarheit**
Klarheit ist immer wichtig, wenn es um Gefühle wie Vertrauen oder Sicherheit geht. Denn Klarheit gibt uns Orientierung und zeigt uns, woran wir sind. Außerdem beugt sie Rollenkonflikten vor. Wir brauchen deshalb klare Verantwortlichkeiten, um gut zusammenarbeiten zu können. Um mehr Klarheit zu gewinnen, sind diese Fragen hilfreich:

- Wer macht bei uns typischerweise was?
- Wo entsteht die meiste Reibung zwischen den Teammitgliedern?
- Wo gibt es Überschneidungen, wo Lücken?
- Wie wird eine Rolle bei uns in der Regel ausgefüllt?
- Woran erkennen wir Ownership?

**Führungsstil**
Während Micromanagement keine guten Auswirkungen auf psychologische Sicherheit hat, kann sie durch New Leadership klar gefördert werden. Es geht also darum, den Mitarbeitenden selbstständiges und selbstwirksames Arbeiten zu ermöglichen. Und wichtiger als je zuvor ist es, zu verstehen, dass wir alle Menschen sind. Auch wenn wir arbeiten. Wir legen unsere Menschlichkeit nicht ab, nur weil die Stechuhr tickt. Es geht darum den Menschen in den Mittelpunkt der Führungsarbeit zu stellen und die Bedürfnisse der Teammitglieder mit den Teamzielen in Einklang zu bringen. Emotionen sind nicht nur okay, sondern auch willkommen und auch Führungskräfte dürfen sich verletzlich zeigen. Zu den Themen New Leadership und Menschlichkeit gibt es in Kapitel 10 noch viele weitere Informationen. Diese Fragen helfen, um den Führungsstil zu reflektieren:

- Welche Ziele verfolge ich mit meiner Führung?
- Über was spreche ich mit meinen Mitarbeitenden und über was nicht?
- Wie würden meine Mitarbeitenden meinen Führungsstil beschreiben?
- Was sagen sie über meine Art zu führen, wenn ich nicht da bin?
- Mit welchen Themen kommen meine Mitarbeitenden zu mir und womit fühlen sie sich alleingelassen?

**Lernkultur**
Fehler, die passieren, sind die beste Ausbildung für uns. Nichts ist so einprägsam wie selbst gemachte Erfahrungen. Für die Entwicklung psychologischer Sicherheit hilft es,

es zu honorieren, wenn das Team Fehler offen teilt. Wenn Mitarbeitende merken, dass sie mit jeder Erfahrung ein noch wertvollerer Teil des Teams sind, dann ist das ein großer Schritt in die richtige Richtung. Wenn nicht der Fehler, sondern die Möglichkeit zum Lernen im Vordergrund steht, fördert diese Erfahrung Mut und Kreativität und das stärkt die gemeinsame Innovationskraft. Hier sind einige Fragen für die Analyse der Fehlerkultur:

- Wie oft sprechen wir über Fehler?
- Welche Stimmung ist dann wahrnehmbar?
- Was machen wir, nachdem ein Fehler passiert ist, und was nicht?
- Worauf richtet sich unser Fokus, wenn Fehler passieren?
- Wie können wir noch mehr daraus lernen?

Psychologische Sicherheit vertreibt zwischenmenschliche Angst. Deshalb lohnt es sich, sie jeden Tag selbst mitzugestalten. Nur wer sich sicher fühlt, kann mutig und frei entscheiden und wirklich leisten.

## Warum sich beim Thema psychologische Sicherheit ein zweiter Blick lohnt

**Dr. Michael Trautmann**

Es war eine der größten Lektionen, die ich als Co-Founder und Vorstand der Werbeagenturgruppe thjnk von unserem damaligen Leiter Sport-Marketing bekam. Der ehemalige Hockeynationalspieler Moritz Fürste hatte zwischen 2007 und 2010 sein Duales Studium in der Vorgängeragentur kempertrautmann absolviert und wurde im Anschluss unter anderem zweimal Olympiasieger und Welthockeyspieler. 2015 kam er zurück, als Leiter Sport-Marketing. Das Übernahmegespräch, das seine Probezeit beenden sollte, verlief ganz anders, als ich es erwartet hatte. Ich war nach 10 Minuten fertig, denn ich war mehr als zufrieden und war der Überzeugung, dass wir gemeinsam auf dem richtigen Weg waren. Moritz bedankte sich für das positive Feedback und das Vertrauen, das wir in ihn setzten.

Doch für Moritz war das Gespräch keineswegs beendet. Er fragte mich, ob ich auch an einem Feedback interessiert sei, was ich bejahte. In den folgenden 50 Minuten gab mir Moritz einen Blick auf unsere Agentur, den ich so noch nie hatte und der sich gleichzeitig doch so richtig und so schmerzhaft anfühlte. Seiner Beobachtung nach mangelte es uns an einer ausgewogenen Feedbackkultur. Die offizielle Kommunikation fokussiere nur auf die Erfolge und die positiven Dinge und in der Agentur hätte sich ein Kommunikationsstil eingeschlichen, der die Dinge immer nur von der positiven Seite beleuchtete. Das hätte zur Folge, dass sich nur wenige Mitarbeitende trauten, unangenehme Dinge offen anzusprechen. In meiner bisherigen Einschätzung hatte die Agentur eine angstfreie Kultur, denn wir waren doch immer nett zueinander. Ich wusste damals nicht, ob ich heulen oder lachen sollte, aber ich konnte sofort fühlen, dass er recht hatte. Das Konzept der psychologischen Sicherheit kannte ich damals noch nicht.

**Es kommt immer wieder zu Missverständnissen über psychologische Sicherheit**

Amy C. Edmondson spricht in diesem Zusammenhang von vier typischen Missverständnissen, die uns im Weg stehen können, wenn wir das Thema psychologische Sicherheit im Unternehmenskontext als Konzept einsetzen wollen:

1. **Psychologische Sicherheit bedeutet, dass wir immer nett zueinander sind.** Das Gegenteil ist oft der Fall. Unternehmen, in denen die Menschen in Meetings besonders höflich zueinander sind, haben oft ein Problem mit dem offenen Austausch von kritischen Themen und Problemen. Wenn die unangenehmen Themen dann auf dem Flur besprochen werden, wird es besonders schlimm. »Kurz gesagt, Nettigkeit ist nicht das Gleiche wie psychologische Sicherheit.«
2. **Psychologische Sicherheit ist ein Synonym für Extrovertiertheit.** »Psychologische Sicherheit ist kein Persönlichkeitsmerkmal.« Die Forschung beweist, dass Menschen sich nicht deshalb unsicher fühlen, weil sie introvertiert sind. Wenn Menschen sich sicher fühlen, werden sie sich engagieren und zwischenmenschliche Risiken eingehen, egal ob sie extrovertiert oder introvertiert sind.
3. **Psychologische Sicherheit ist nur ein anderes Wort für Vertrauen.** Die beiden Themen sind miteinander verwandt, aber sie sind »keine austauschbaren Konzepte«. Vertrauen entwickelt sich in der Regel zwischen Individuen. Das Gefühl der psychologischen Sicherheit entsteht im Team.
4. **Psychologische Sicherheit senkt die Leistungsbereitschaft und die Leistungsstandards.** Das Konzept der psychologischen Sicherheit bedeutet nicht, die Leistungsstandards zu senken. Es ist daher mit dem Setzen ehrgeiziger Ziele vereinbar. Psychologische Sicherheit fördert sogar Bestleistungen. Nur wenn beide Dimensionen erfüllt sind, kann ein Team in eine »Lernzone« gelangen.[27]

Insbesondere dem ersten und dem vierten Missverständnis gilt es, unsere Aufmerksamkeit zu schenken. Auf der einen Seite liegen hier die Argumente vieler älterer Führungskräfte, die das Thema psychologische Sicherheit oft mit dem Hinweis, dass so keine Leistungsbereitschaft erzielt werden könne, ablehnen. Auf der anderen Seite springen insbesondere diejenigen »New Worker« zu kurz, die sich in vordergründigen Harmoniediskussionen oder der grundsätzlichen Ablehnung von Konflikten und Leistungsanforderungen verheddern. Ein Unternehmen, das in der heutigen Zeit überleben will, braucht beides, Leistungsbereitschaft und psychologische Sicherheit und ein gesunder Umgang mit Konflikten gehört ebenfalls dazu.

**Ein Mangel an psychologischer Sicherheit ist häufig die Ursache von Katastrophen und Unfällen**

Es führt nicht immer zu Katstrophen, wenn in Arbeitsumfeldern Teams keine psychologische Sicherheit empfinden. Aber es ist wichtig festzuhalten, dass viele Unfälle genau hier ihren Ursprung haben. Amy Edmondson beschreibt einige Tragödien und führt sie auf einen Mangel an psychologischer Sicherheit zurück.

- **Der Flugzeugabsturz auf Teneriffa**
  Am 27. März 1977 kommt es auf dem Flughafen Los Rodeos auf Teneriffa zwischen zwei Flugzeugen vom Typ Boeing 747 zu einem der schlimmsten Flugzeugunfälle der Geschichte. Der Pilot der beteiligten KLM-Maschine galt als sehr erfahrener Kapitän. Obwohl sein erster Offizier irritiert war, als er die Boeing trotz fehlender Freigabe durch den Tower startete, erhob er keine weiteren Einwände. Er fragte zwar noch einmal nach, ob der Pilot sich sicher sei, dass die Landebahn frei war, aber als dieser mit »natürlich« antwortete und den Start fortsetzte, fehlte dem Ersten Offizier offensichtlich der Mut, einzugreifen. Die KLM-Maschine stieß mit einer Maschine der Pan Am zusammen. Beide Flugzeuge gingen in Flammen auf und 583 Menschen starben.
- **Raumfähre Columbia**
  Der Unfall der Raumfähre Columbia, die am 1. Februar 2003 beim Wiedereintritt aus dem All auseinanderbrach, hätte wahrscheinlich ebenfalls verhindert werden können. Einer der Ingenieure hatte zuvor etwas Verdächtiges bemerkt, aber sein Vorgesetzter sagte, es sei nichts. Der Ingenieur schwieg und kommentierte hinterher sinngemäß: »Ich konnte einfach nichts sagen, ich war in der Hierarchie zu weit unten.«
- **Fukushima**
  Wiederholte Warnungen von Katsushiko Ishibashi, einem Professor am Forschungszentrum für urbane Sicherheit an der Universität Kobe, wurden ebenfalls überhört. Er wies darauf hin, dass es sehr gefährlich sei, das Atomkraftwerk Fukushima »in Gebieten mit dem Potenzial für hohe seismische Aktivität« zu bauen und forderte wiederholt bessere Sicherheitsvorkehrungen. Die Kraftwerksbetreiber lehnten seine Vorschläge ab. Eine Kraftwerksinspektorin sagte der japanischen Regierung, sie solle sich »keine Sorgen machen«, denn der Professor sei ein »Niemand«. Schätzungsweise 15.000 Menschen starben bei dem Reaktorunfall vom 11. März. 2011, der durch ein starkes Erdbeben und den darauffolgenden Tsunami ausgelöst wurde.[28]

**Diverse Teams haben die Chance, bessere Ergebnisse zu erzielen, aber nur, wenn sie psychologisch sicher sind**

Diversität wird oft als ein wichtiger Faktor für erfolgreiche Teams genannt. Zahlreiche Studien zeigen, dass Teams, die in ihrer Zusammensetzung vielfältig sind, klüger sind und bessere Leistungen erbringen. Das liegt oft daran, dass sie mehr Alternativen in Betracht ziehen und weniger schnell das Bedürfnis haben, eine Einheit zu bilden. Auch wenn sich Gemeinsamkeiten anziehen und Teams mit Mitgliedern, die viele Gemeinsamkeiten haben, sich zunächst besser verstehen, sind Teams mit mehr Vielfalt auf lange Sicht die erfolgreicheren – sie achten auf unterschiedliche Dinge, reiben sich konstruktiv aneinander und bringen die besseren Ideen hervor. Die ehemalige Lufthansa-Chefin Simone Menne, die als erste Frau Finanzvorstand eines DAX-Unternehmens in Deutschland wurde, bestätigt das: »Vielfältige Teams können mehr Perspektiven einnehmen und deshalb bessere Entscheidungen treffen.«[29]

Katherine Phillips schreibt in ihrem 2014 erschienenen Artikel »How Diversity Makes Us Smarter«, dass Vielfalt uns auch fleißiger macht: »Der Umgang mit Menschen, die anders sind als wir, macht uns kreativer, fleißiger und lässt uns härter arbeiten.«[30] Jüngste Studien zeigen jedoch, dass gerade vielfältige Teams ein besonders hohes Maß an psychologischer Sicherheit brauchen. Wenn es daran fehlt, erzielen sie unterdurchschnittliche Ergebnisse. Zu diesem Ergebnis kommen Amy Edmondson und Henrik Bresman in einer Studie aus dem Jahr 2022.[31]

Insgesamt trägt psychologische Sicherheit dazu bei, ein positives Arbeitsklima zu schaffen, in dem Mitarbeiterinnen und Mitarbeiter ihr volles Potenzial entfalten können. Sie fördert die Zufriedenheit der Mitarbeitenden, erhöht die Leistungsbereitschaft und trägt langfristig zum Erfolg des Unternehmens bei. Die Herausforderung: Es hört sich leichter an als es ist, sie dauerhaft in Teams und Organisationen zu verankern.

# 4 TRUST ME – die sieben Dimensionen für mehr Vertrauen

*Kann ein Unternehmen eigentlich Vertrauen haben? Ja, das geht, doch damit das passiert und damit auch Mitarbeitende Vertrauen in das Unternehmen entwickeln können, müssen wir etwas tun. Dabei reicht es nicht, lediglich schöne Werte auf schicke Plakate zu drucken, denn sonst bleibt der Wert nur ein Wort. Vertrauen ist Arbeit. Auch das übergeordnete.*

Bisher ging es um unser individuelles und zwischenmenschliches Vertrauen und um die psychologische Sicherheit im Team. Doch Organisationen bestehen nicht nur aus zwei Menschen. Auch meist nicht nur aus einem Team. Im Unternehmen sind wir viele. Dort prasseln unterschiedliche Erfahrungen, Werte und Menschenbilder aufeinander und das oft, wenn wir unter Zeitdruck stehen oder uns in einer herausfordernden Situation befinden. Ständig müssen Menschen übergreifend und in neuen Konstellationen zusammenarbeiten und gemeinsam Entscheidungen treffen. Dabei haben sie nicht selten widersprüchliche Interessen und Arbeitsweisen. Es braucht etwas Übergeordnetes, damit das funktionieren kann.

## Mensch oder System?

Die Pandemie hat die Arbeitsmöglichkeiten in vielen Berufen flexibilisiert, weil wir überall, wo es möglich war, von jetzt auf gleich nicht mehr gemeinsam an einem Ort waren, sondern zu Hause. Damit richtete sie ein großes Brennglas auf das fehlende Vertrauen von Organisationen in ihre Mitarbeitenden. Denn zeitgleich glaubten 45 Prozent der befragten Arbeitgeber:innen gemäß einer Studie von Randstadt, dass sich die Arbeit im Homeoffice negativ auf die Produktivität ihrer Mitarbeitenden auswirkte.[32] Heute können es sich viele Mitarbeitende aussuchen, ob sie im Büro, von zu Hause aus oder auf Workation arbeiten wollen. Andere wiederum wurden zu 100 Prozent zurück ins Büro beordert. Viele Unternehmen, fördern zwar hybrides Arbeiten, geben allerdings gleichzeitig ausführliche Regeln, Anwesenheitsquoten und Bedingungen vor. So wird den Mitarbeitenden die Karotte der Flexibilität zwar ständig vor die Nase gehalten, doch sie bleibt unerreichbar.

Dabei ist die Intention meist nur, die Mitarbeitenden regelmäßig ins Büro zu bekommen, um das Teamgefühl und die Bindung zum Unternehmen langfristig zu stärken. Eigentlich eine sinnvolle Absicht, wie sich zeigt. Der Work Trend Index 2022 von Microsoft ergab, dass Mitarbeitende in hybriden Arbeitsverhältnissen ihre Arbeitsbeziehungen innerhalb und außerhalb des Teams besser pflegten als Mitarbeitende, die ausschließlich remote arbeiteten.[33]

Diese Pflege und der Erhalt von stabilen Beziehungen sind wichtig für unser Wohlbefinden und unsere Leistungsfähigkeit und damit auch für die Produktivität und Innovationskraft eines Unternehmens. Doch durch die komplette Kontrolle steigern Organisationen nicht das Bedürfnis der Mitarbeitenden, ins Büro zu kommen. Sie erreichen das Gegenteil. Mitarbeitende regen sich auf und entwickeln eine ablehnende Haltung gegen das Büro. Kontrolle wird immer seltener hingenommen. Nach Jahren des Homeoffice und der Flexibilität wollen viele bei ihrer frisch gewonnenen Freiheit bleiben. Kontrolle führt lediglich dazu, dass Mitarbeitende irgendwann das Weite suchen. Statt mit der Gießkanne flächendeckende Vorgaben zu beschließen, müssen Entscheidungen dort getroffen werden können, wo sie hingehören. Menschen haben meist ein natürliches Bedürfnis nach Nähe zu ihrem Team. Sie kommen in der Regel von allein zusammen. Aber jedes Team ist anders. Die Entscheidungen, wann, wie lange und wie oft ein Team sich persönlich sehen muss und will, sollte deshalb immer das jeweilige Team gemeinsam treffen.

Das ist nur ein Beispiel von vielen, an dem sich zeigt: Auch wenn wir uns im eigenen Team und untereinander vertrauen, gibt es in Organisationen noch viel mehr, was wir beachten müssen, damit Vertrauen auch übergeordnet funktioniert. Wir führen eine eigene Beziehung mit unserer Arbeit und unserem Unternehmen. Sie ist das übergeordnete Gefühl, das wir haben, wenn uns jemand fragt, ob wir zufrieden und glücklich mit unserem Job sind oder ob wir hinter unserem Unternehmen stehen. Sie ist auch das, was oft den Ausschlag dafür gibt, ob wir bleiben oder gehen. Sie beeinflusst, ob wir Dienst nach Vorschrift machen oder unser Herzblut investieren. Und wie jede andere Beziehung auch, braucht sie Vertrauen. Ohne Vertrauen ist sie zum Scheitern verurteilt, denn wer würde schon gerne in einer Beziehung bleiben, in der einem nicht vertraut wird? Im Rahmen einer Studie von mmhmm, gaben deshalb auch 77 Prozent der Befragten an, sie hätten schon einmal einen Job gekündigt, weil sie das Gefühl hatten, ihnen wurde nicht vertraut, oder sie würden ihn aus diesem Grund kündigen. 95 Prozent fanden es außerdem wichtig, Vertrauen zu erhalten und selbstbestimmt und eigenständig arbeiten zu können.[34]

Organisationen sind lebendig. Sie sind lebende Organismen, die eine Persönlichkeit haben. Sie sind gekennzeichnet durch ihre Geschichten und Erfahrungen und angetrieben durch ihre Ziele und Visionen. Organisationen entwickeln unterschiedliche Dynamiken, Verhaltensmuster und nicht selten auch Psychosen. Sie sind Systeme, die darauf ausgelegt sind, sich selbst zu erhalten. Eine Organisation will überleben, wie jedes andere Lebewesen auch. Und manchmal ist sie wie ein trotziges Kind, das auf seinem Recht beharrt, obwohl es dafür keine logische Grundlage gibt. Sie will einfach, dass alles so bleibt wie es ist, oder wieder so wird, wie es einmal war. Deshalb fordert die Organisation uns auf, uns anzupassen und so zu verhalten, wie es ihr gefällt.

Spürbar wird all das durch die individuelle Unternehmenskultur. Sie zeigt uns, was erwünscht und unerwünscht ist. Neue Impulse werden schnell abgestoßen, wenn sie zu disruptiv sind. Alles, was das System gefährden könnte, wird abgelehnt. Und das, was geht, oder eben nicht, wird meist durch den Kontext geprägt. Der Kontext fasst die begleitenden Umstände zusammen. Auf Unternehmensebene sind das zum Beispiel die Branche oder die wirtschaftliche Situation. Die Unternehmenskultur in der Logistik ist eine andere als im Finanzsektor. In der Gastronomie herrscht ein anderer Ton als in der Kinderbetreuung.

Doch auch auf Teamebene umgibt uns der Kontext in Gestalt unserer Themen, unserer Struktur oder unserer Meetinganlässe. Er ist überall, wo Rahmenbedingungen spürbar werden. Je nach Situation verhalten wir uns unterschiedlich und damit kontextabhängig. Wer sich das jetzt noch nicht vorstellen kann: In der Sauna ist es normal, nichts anzuhaben. Im Meeting nicht. Der Kontext ist ein anderer. So beeinflusst der Kontext die Kultur und die Kultur zeigt uns, was anschlussfähig ist, also welche neuen Impulse gerade noch erträglich genug für das System sind, um nicht abgestoßen zu werden.

Wenn wir uns in einer neuen Umgebung befinden, lernen wir Strukturen und Prozesse, aber auch die Art der Kommunikation und des Miteinanders kennen und realisieren, wo wir gelandet sind. Das Erste, was Menschen tun, wenn sie irgendwo neu anfangen, ist zu analysieren, was für ein Verhalten erwünscht und was unerwünscht ist. Sie beobachten die Gepflogenheiten, die Prozesse oder den Führungsstil. Daraus entstehen Annahmen. So passen wir uns an und werden zu Business-Chamäleons, noch bevor wir es merken. Wir verhalten uns so, wie wir glauben, dass es von uns erwartet wird. Selbst Menschen, die dagegen ankämpfen, geben einen Teil ihrer Persönlichkeit an der Stechuhr ab und verhalten sich systemintelligent, um zu »überleben«, und manche, die sich damit überhaupt nicht arrangieren können, gehen wieder. Die Unternehmenskultur ist oft stärker als der Mensch allein. Wenn Sie Vertrauen nicht zulässt, dann hat Vertrauen keine Chance.

**Wie Veränderung entsteht**

*»Menschen verlassen keine schlechten Jobs, sie verlassen schlechte Führungskräfte«.* Dieser Satz hält sich hartnäckig. Führungskräfte sind ja generell für alles verantwortlich, warum nicht auch dafür? Aber wer nur der Führungskraft die Schuld gibt, ohne sich das Gesamtbild anzusehen, dem entgeht die Hälfte.

Es gibt zwei Lager, wenn es darum geht, wie Menschen und Unternehmen sich weiterentwickeln und verändern. Die einen sagen: »Der Mensch ist für alles verantwortlich.« Die anderen sagen: »Lasst den Menschen in Ruhe und ändert das System.« Aber was ist denn nun richtig? Die schlechte Nachricht: Auch hier funktioniert die Welt nicht einfach. Es sind weder nur die Menschen noch nur die Strukturen verantwortlich. Die gute Nachricht ist, beide sind verantwortlich. Es gibt also jede Menge Potenzial, um etwas zu verändern.

So gibt es Führungskräfte, die tatsächlich der Grund für Kündigungen sind. Aber es gibt auch noch sehr viele andere Gründe. In manchen Unternehmen werden Führungskräfte ausgetauscht wie Fußballtrainer:innen: Sobald das Team nicht performt, geht es ihnen schnell an den Kragen. Doch meist bestehen die Probleme in diesen Unternehmen fort. Neue Führungskräfte haben und verursachen alte Probleme, denn auch sie verhalten sich systemintelligent und passen sich an. Ich kenne viele Führungskräfte, die zum Beispiel keine Zeit für ihre Mitarbeitenden haben, weil sie damit beschäftigt sind, das System zu befriedigen. Sie sitzen in Projekten, nehmen an Meetings teil oder müssen administrative Aufgaben erledigen. Auch gibt es viele Führungskräfte, die versuchen, sich vor den institutionalisierten Konsequenzen des Systems zu schützen. Sie kontrollieren ihre Mitarbeitenden, statt ihnen zu vertrauen. Sie wollen Fehlern vorbeugen, weil sie sich ständig rechtfertigen oder Bestrafung fürchten müssen. Natürlich können wir jetzt erwarten, dass diese Führungskräfte einfach anders handeln, sich durchsetzen und es besser machen. Aber so funktioniert das nun mal nicht, denn dann würde das System sie abstoßen und wer will schon abgestoßen werden?

## Die sieben Dimensionen

Es bringt nichts, lediglich am Menschen herumzucoachen, damit sich etwas verändert. Nicht, wenn die Problematik strukturell bedingt ist. Es führt nur dazu, dass den Gecoachten die schmerzlichen Muster ihres Systems noch bewusster werden. Ihnen wird jeden Tag vor Augen geführt, was sie eigentlich gerne anders hätten. Zusätzlich erhöht sich der Druck auf sie, weil sich nichts verändert, obwohl sie doch für viel Geld gecoacht werden. Eine solche Situation bringt Menschen an ihre Grenzen, weswegen sie leiden, krank werden oder kündigen, um sich ein System zu suchen, das besser zu ihnen passt.

Wenn sich wirklich etwas verändern soll und wir unsere Unternehmenskultur in eine Vertrauenskultur verwandeln wollen, dann müssen wir das ganzheitlich tun. Wir müssen die Menschen mitdenken, mit ihrer Haltung und ihrem Verhalten, aber auch Prozesse, Strukturen und die Kommunikation. Hierfür habe ich TRUST ME entwickelt. Es ist ein Akronym, dessen Buchstaben für die jeweiligen Anfangsbuchstaben von sieben Dimensionen stehen. Diese Dimensionen haben einen übergeordneten Einfluss darauf, Vertrauen zum festen Bestandteil der Unternehmenskultur werden zu lassen. Sie lauten:

- **T**ransparenz
- **R**eflexion
- **U**nterstützung
- **S**inn
- **T**ermintreue
- **M**enschlichkeit
- **E**hrlichkeit

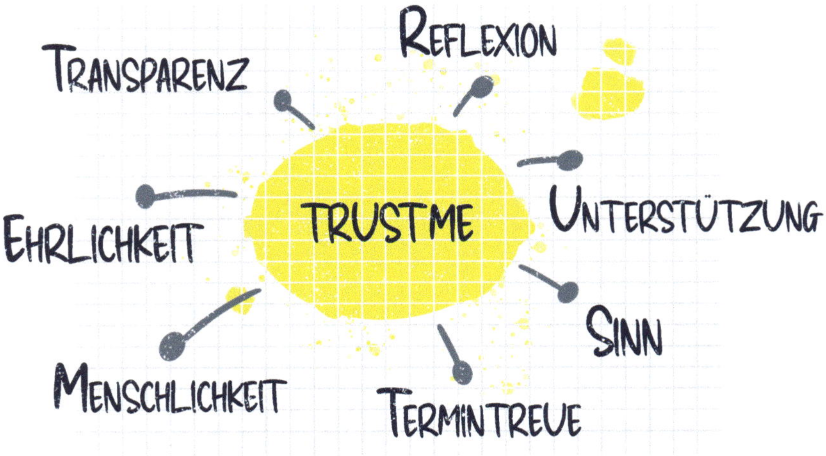


In den folgenden Kapiteln gehen wir den Dimensionen auf den Grund. Es geht um das Vertrauen der Mitarbeitenden in die Führungskräfte und das Vertrauen von Führungskräften in die Mitarbeitenden. Es geht um das Vertrauen im Team und um das Vertrauen des Managements in alle. Es geht um das Vertrauen der Kundschaft und um eine vertrauensvolle Beziehung zu Talenten. TRUST ME ist die Gegenbewegung zu unserer derzeitig vorherrschenden Misstrauens- und Fakekultur. Es steht für mehr Vertrauen in der Arbeitswelt.

OFFENHEITOFFENHEIT
VERTRAUEN
RESPEKTRESPEKTRESPEKTRESPEKT
FAIR
KOL
LEG
IAL
ANERKENNUNG
AUTHENTISCH
MUT
MUT
MUT
SICHERHEIT
KLARHEIT
BINDUNG
WAHRHEITWAHRHEITWAHRHEITWAHRHEIT
LOYALITÄT

# TRANSPARENZ

# 5 Transparenz

*Die Art, wie wir Entscheidungen treffen, verändert sich. Wir müssen zukünftig in der Lage sein, noch schnellere Entscheidungsprozesse zu gestalten, die voll und ganz auf Mensch und Wertschöpfung ausgerichtet sind. Das geht nur, wenn Entscheidungen dort getroffen werden, wo das Wissen dafür vorhanden ist. Informationen gehen deshalb jetzt alle etwas an.*

Wenn ich von Transparenz spreche, dann meine ich den freien Zugang zu Informationen und die Offenheit, Informationen zu teilen. Transparenz ist allerdings umstritten. Viele sagen, sie führe zu Vertrauen, viele sagen aber auch, sie hemme Vertrauen. Was ist denn nun richtig? Beides. Wie das sein kann und wo Transparenz besonders relevant ist, steht hier.

## Das Thema mit der Transparenz

Wenn ich mit Führungskräften über mehr Transparenz spreche, kommt oft die gleiche Aussage. »Wir können unseren Mitarbeitenden nicht alles zumuten. Es gibt vieles, was sie nicht wissen sollen.« Viele glauben, ihre Mitarbeitenden könnten nicht mit allem umgehen oder würden an Produktivität verlieren, weil sie nur noch mit Flurfunken beschäftigt wären. Doch das Bild der Führungskraft, die die Wahrheit ganz allein auf den Schultern tragen musste, weil es ja sonst vermeintlich niemand konnte, hat ausgedient.

Wir Menschen sind doch auch mündig genug, in unserem Privatleben täglich weitreichende Entscheidungen zu treffen. Wir kaufen Immobilien, erziehen unsere Kinder oder bereisen allein die ganze Welt. Außerdem müssen wir auch dort mit schlechten Nachrichten umgehen. Warum sollten wir bei der Arbeit plötzlich nicht mehr in der Lage dazu sein? Wir müssen uns von den alten Glaubenssätzen der Führung lösen. Transparenz ist einer der wichtigsten Faktoren, wenn es um effektives und effizientes Arbeiten geht. Aber noch viel wichtiger: Transparenz schafft Vertrauen. Nur wenn wir Informationen haben, können wir die Motive anderer verstehen. Sonst werden wir misstrauisch. Auch Great Place to Work benennt den Faktor Transparenz als einen von »vier Best-Practice-Beispielen zertifizierter Betriebe«, zur Vertrauensförderung.[35]

Simon Sinek sagte in einem Interview einmal, dass »Transparenz nicht heiße, alles zu teilen. Vielmehr würde es bedeuten, Kontext für unsere Entscheidungen zu liefern«.[36] Allerdings: Wer anfängt zu filtern, filtert schnell zu viel. Müssen wir uns also fragen, wie viel Transparenz richtig ist? In einem unsicheren Umfeld kann vollkommene Transparenz auf Dauer Angst machen, weil der Mensch nun einmal nicht alles teilen will, wenn er sich nicht sicher fühlt. Und wenn wir nicht teilen wollen, tun wir alles dafür, dass unsere Informationen geheim bleiben. Je transparenter das Umfeld, desto intransparenter handeln wir. Die Frage ist also nicht, wieviel Transparenz richtig ist, sondern wie wir ein sicheres Umfeld schaffen können. Denn in einem psychologisch sicheren Umfeld macht Transparenz keine Angst. Alles zum Thema psychologische Sicherheit gibt es in Kapitel 3.

Wir brauchen völlige Transparenz, damit wir nicht mehr darüber nachdenken müssen, was geteilt werden darf und was nicht. Die Welt dreht sich heute so schnell, dass wir keine Zeit mehr haben, uns zu überlegen, wem was wie gesagt wurde und was wir selbst überhaupt offiziell wissen dürfen. Intransparenz verschwendet unserer Zeit und macht uns mürbe. Doch Transparenz ist eine Frage der Einstellung und des Menschenbilds. Wer nicht viel von anderen hält, glaubt grundsätzlich, sie könnten nicht mit Informationen umgehen. Das Vertrauen in andere fehlt. Dabei wollen wir doch Intrapreneurship entwickeln und Menschen befähigen, Entscheidungen zu treffen, unternehmerisch zu handeln und Verantwortung zu übernehmen? Aber wie sollen sie sich mit dem Unternehmen identifizieren und dafür eintreten, wenn sie nicht partizipieren dürfen?

## Kommunikation ohne Grenzen

Es gibt viel zu kommunizieren: die Strategie, wichtige Entscheidungen, Erfolge oder auch Misserfolge. Das Ziel der Unternehmenskommunikation soll sein, dass alle auf dem Laufenden sind und wissen, was in der Organisation oder im Umfeld los ist. Dieses Wissen zu haben ist wichtig, damit wir gute Entscheidungen treffen können. Kommunikation soll zeigen, was wirklich ist. Aber genau hier kommen wir zum eigentlichen Knackpunkt. Denn das ist oft nicht der Fall. Wir kommunizieren vorsichtig und filtern, was wir teilen. Ständig steht die Frage im Raum, was veröffentlicht und was lieber verschwiegen werden soll. Das Problem: Bei dem Versuch, das richtige Maß zu finden, wird man niemandem gerecht und verspielt Vertrauenswürdigkeit. Zwei Haltungen sind besonders verbreitet:

- Weniger ist mehr
- Gut ist besser als echt

### Weniger ist mehr

Viele Unternehmen haben Probleme, ihre Strategie in die Köpfe und Herzen ihrer Mitarbeitenden zu transportieren. Sie wird nicht verstanden oder verinnerlicht und schon gar nicht wirklich verfolgt. Doch die Schwierigkeiten sind nicht selten hausgemacht. Denn die Strategie wird entwickelt, schon lange bevor irgendjemand etwas davon mitbekommt. Der Vorhang fällt erst, wenn alles fertig ist. Bis auf die bunte Präsentation bleibt wenig hängen. Diese Art der Kommunikation holt Menschen nicht ab, weil sie nichts mit ihnen zu tun hat.

Mit schwierigen Phasen oder Krisen verhält es sich ähnlich. Kommuniziert wird gar nicht oder erst, wenn die Tatsachen vollendet sind. Das Ziel das Managements ist es, auf dem Weg möglichst wenig Reibung zu erzeugen, um die Produktivität zu erhalten. Doch wer diese Haltung einnimmt, entscheidet sich auch dafür, auf hilfreiches Feedback von den Menschen, die es oft am besten wissen, zu verzichten. Die Ergebnisse, die so entstehen, werden daher nie so gut, wie sie hätten werden können, wenn ein frühzeitiger Dialog mit den Mitarbeitenden geführt worden wäre. Und wer nichts mit der Entstehung der Ergebnisse am Hut hat, identifiziert sich auch nicht mit den Ergebnissen. Wer nicht beteiligt wird, beteiligt sich auch nicht. Das Vertrauen ins Management leidet, denn Ergebnisse, die mit dieser Haltung kommuniziert werden, wirken auf Mitarbeitende lediglich wie die »nächste Sau, die durchs Dorf getrieben wird«.

## Gut ist besser als echt

Auch dieser Haltung liegt der Gedanke zugrunde, dass schlechte Nachrichten die Produktivität der Mitarbeitenden mindern könnten, weil sie ihre Kapazitäten und ihre Energie in das Verarbeiten dieser Nachrichten investieren. Viele Unternehmen kommunizieren deshalb lieber nur Gutes. Und was nicht gut ist, wird gut gemacht. Selbst wenn Projekte nicht laufen und darüber diskutiert wird, sie einzustampfen, wird ausschließlich positiv über sie berichtet. Da wird jede Herausforderung zur Heldenreise mit Happy End. Das Problem: Die Organisation kann uns nichts vormachen. Was wirklich los ist, spricht sich schnell herum. Der Fokus auf ausschließlich Gutes schürt Misstrauen, weil alle wissen, dass die Realität anders aussieht. Diese Variante zensierter Kommunikation ist noch problematischer als die vorherige, denn während es an Transparenz in der »Weniger ist mehr«-Variante schlichtweg fehlt, werden hier alternative Fakten geschaffen.

Beide Beispiele zeigen, dass aus einer gut gemeinten Intention schnell eine unwirksame Kommunikation wird. Wer Transparenz vermeidet, um die Produktivität zu erhalten oder Flurfunk zu verhindern, wird genau das Gegenteil erreichen. Denn nicht Transparenz verursacht Flurfunk, sondern Intransparenz. Wir Menschen wissen es meist, wenn etwas »im Busch ist«. Kommen keine Informationen, löst das ein dringliches Bedürfnis nach Wissen aus und beflügelt uns dazu, uns unsere eigenen Gedanken zu machen. Und die eigenen Gedanken treffen auf die Gedanken anderer und potenzieren sich, sodass Gerüchte entstehen. Der Hunger nach echtem Wissen treibt alle im Unternehmen an, sich auf das Thema zu stürzen, statt auf die Arbeit. Der Flurfunk ist im vollen Gange. So leidet die Produktivität garantiert und es entsteht eine akute Unsicherheit, die jedes Vertrauensverhältnis belastet. Doch nicht nur das, auch unsere Entscheidungsfähigkeit leidet darunter. Denn wenn wir schwierige Entscheidungen auf allen Ebenen treffen müssen, weil die Komplexität sich nicht anders händeln lässt, müssen wir auch die Umstände kennen. Ohne Transparenz, treffen wir schlechtere Entscheidungen und schlechte Entscheidungen sind eine echte Gefahr für die Zukunftsfähigkeit des Unternehmens. Allein dafür lohnt es sich, den transparenten Weg zu gehen.

Natürlich lösen bestimmte Informationen Unsicherheiten und Angst aus. Aber ist das so schlimm? Nur weil wir fühlen, heißt das nicht gleich, wir könnten nicht mit den Informationen umgehen. Es heißt aber, dass wir manchmal Unterstützung benötigen. Kommunikation ist niemals eine Einbahnstraße, auch nicht, wenn sie transparent ist. Es ist Teil der Führungsaufgabe, mit Teammitgliedern in einem kontinuierlichen Dialog über aktuelle Informationen zu stehen. Mehr dazu gibt es in Kapitel 7.

### Wenn alles da, aber nichts zu finden ist

Selbst wenn alles transparent zur Verfügung gestellt wird, heißt das noch nicht, dass es auch auffindbar ist und dass wir wissen, was davon wir wirklich brauchen. Die (Nicht-) Auffindbarkeit und die Suche nach Informationen im Arbeitskontext beschäftigen uns zunehmend. Die meisten Unternehmen nutzen Social-Intranet-Lösungen. Kommuniziert werden kann also in alle Richtungen. Zusätzlich gibt es Chats, E-Mails, Gruppen und Kanäle. Informationen sind überall. Mit der Folge, dass sich vor lauter Daten viele nicht mehr zurechtfinden. Gleichzeitig fehlt uns die Zeit, lange zu suchen. Und weil uns die Informationsflut auf allen Kanälen überschwemmt, entsteht Intransparenz bei völliger Transparenz. Informationen sind nicht verfügbar, obwohl sie es sind. Für eine gute Transparenz bedeutet das: Es reicht nicht, die Informationen nur zur Verfügung zu stellen, sondern es bedarf eines guten Informationsflusses, einer schnellen Auffindbarkeit und einer klaren Struktur. Dabei helfen zusätzliche digitale Tools und Plattformen weiter, die Informationen und Lerninhalte customizen, strukturieren und schnell auffindbar machen.

## Social Media macht's möglich

Für die Vertrauenswürdigkeit von Unternehmen ist nicht nur unsere interne Kommunikation enorm wichtig, sondern auch die externe. Vor allem, wenn es um Kooperationen, unsere Kund:innen oder Talente geht. In den letzten Jahren verändert sich die Art, wie wir im Unternehmenskontext nach außen kommunizieren, stark. Nichts geht mehr ohne Social Media.

## Wenn der Mensch zur Marke wird

Während sich Menschen bisher sehr damit identifiziert haben, in welchem Unternehmen sie arbeiteten, werden sich in den nächsten Jahren Unternehmen zunehmend dadurch positionieren, welche Menschen bei ihnen arbeiten. Für lediglich 5 Prozent der Befragten einer Studie von StepStone aus dem Jahr 2022 war die »hohe Bekanntheit« eines Unternehmens noch ein echter Attraktivitätsfaktor. Dieses Kriterium lag damit weit abgeschlagen auf dem letzten Platz. Ganz vorne waren dagegen: »flexible Arbeitszeiten«, eine »sinnhafte Tätigkeit«, oder eine »hohe Familienfreundlichkeit«.[37] Und weil das alles menschliche Themen sind, bilden wir uns unsere Meinung über ein Unternehmen nicht mehr erst im Bewerbungsgespräch mit HR-Mitarbeitenden, sondern indem wir den Menschen aus einem Unternehmen folgen.

Auch potenzielle Kund:innen interessieren sich nicht mehr für den Firmennamen, sondern wollen vor allem wissen, welche Werte ein Unternehmen vertritt, bevor sie etwas kaufen. Immerhin ist unser Vertrauen in vermeintlich »gute Unternehmen« schon zu oft missbraucht worden.

Ein Mensch ist vertrauenswürdiger als ein Firmenlogo und so vertrauen Menschen vor allem Menschen. Wir wollen Gesichter, Emotionen und echte Geschichten, statt die vorgefertigten News auf der Unternehmenswebsite. Social Media ermöglicht es uns, Menschen an sich und auch die Mitarbeitenden eines Unternehmens näher kennenzulernen oder selbst sichtbar zu werden. Wir können unsere Expertise, unsere Themen und unsere Persönlichkeit zeigen und damit andere Menschen erreichen. Über die Zeit baut sich so ein qualitatives Netzwerk, aber auch ein Image auf.

Ich selbst bin im Juni 2022 von der stillen Mitleserin zur aktiven Impulsgeberin geworden. Ich hatte zwar schon viele Artikel geschrieben, aber ich war bis dahin keine Content Creatorin. Das änderte sich schnell. Im Juni 2023 folgten mir bereits über 19.000 Menschen. Dabei war alles, was ich tat, das aufzuschreiben, was ich dachte und meine Expertise einzubringen. Und genau das kommt an. Ich habe mir eine Personal Brand aufgebaut. Früher wäre es niemals denkbar gewesen, dass ich so sichtbar werde. Doch das Schreiben hat mich dazu gebracht, es zu versuchen. Durch die Sichtbarkeit habe ich nicht nur meine Wirksamkeit erhöht, ich habe auch eine starke Community aufgebaut, mit der ich absolut transparent kommuniziere. Personenmarken haben heute eine stärkere Wirkung auf die Außenwelt als Unternehmensmarken, denn sie machen Menschen, mit denen wir uns identifizieren können, transparent.

## Die Macht von Corporate Influencing

Unternehmen, die ihren Mitarbeitenden heute keinen Raum lassen, sich Personenmarken aufzubauen, haben zukünftig klare Nachteile. Viele scheuen sich dennoch davor, die Chancen, die durch Social Media entstehen, auch für ein gutes Marketing und eine effektive Talentgewinnung zu nutzen. Dabei sind die positiven Auswirkungen enorm. Erst einige haben erkannt, dass die Potenziale größer sind als die Risiken. Sie nutzen den Aufbau von Personenmarken und unterstützen ihre Mitarbeitenden dabei, als Corporate Influencer:innen sichtbar zu werden. So entwickeln sich Mitarbeitende zu Markenbotschafter:innen. Sie kommunizieren auf ihren eigenen Accounts und repräsentieren dabei auch ihr Unternehmen.

Es gibt viele aktuelle Beispiele für sehr erfolgreiches Corporate Influencing, das sowohl Talente als auch potenzielle Kund:innen anspricht. Vor allem Tina Müller, ehemalige CEO von Douglas, ist eine große Vorreiterin. Douglas war für mich lange nur ein Anlaufpunkt, wenn mir mein Parfüm ausgegangen war. 2017 übernahm dann Tina Müller den Vorsitz der Geschäftsführung und in kurzer Zeit war Douglas für mich präsenter und angesagter denn je. Nicht nur, weil sie dort die Digitalisierung und das E-Commerce vorantrieb, sondern vor allem, weil sie darüber sprach. Auf Social Media war sie so aktiv wie kaum eine andere deutsche CEO, und das mit Erfolg. Im Oktober 2022 folgten ihr bereits um die 200.000 Menschen. Heute ist Tina Müller Mitglied des Aufsichtsrats. Douglas bekam durch ihre Persönlichkeit und ihre Personenmarke einen kompletten Rebrush und ist für mich heute einer der größten, vertrauenswürdigsten und angesagtesten Player auf dem Markt, wenn es um Beautyprodukte geht. Die Effekte von Corporate Influencing sind enorm. Die Transparenz darüber, welche Persönlichkeiten im Unternehmen arbeiten, und das authentische Bild, das sie vermitteln, schaffen Vertrauen in das Unternehmen und machen in der Präsenz und attraktiven Außenwirkung einen echten Unterschied. Zukünftig wird Corporate Influencing einer der stärksten Kanäle für eine transparente externe Unternehmenskommunikation sein.

Dennoch ist Corporate Influencing in der Praxis noch eine verkrampfte Angelegenheit, weil viele Unternehmen kein Vertrauen in ihre Mitarbeitenden haben. Oft besteht die Sorge, dass jemand öffentlich etwas kommunizieren könnte, was nicht gut ankommt, und dass ein Shitstorm über die Person und damit auch über das Unternehmen hereinbrechen könnte. Um das Risiko zu minimieren, wird zensiert. Inhalte müssen intern abgestimmt und bei Bedarf auch geändert werden. Doch wenn Inhalte gefiltert und umformuliert werden, dann bleibt meist wenig Ecke und Kante übrig. Dabei wollen Menschen genau diese kennenlernen. Ohne die echte und spürbare Persönlichkeit, verlieren die Botschaften den Reiz oder schlichtweg an Relevanz. Corporate Influencing funktioniert nur mit transparenter Kommunikation. Unternehmen sollten die Chancen nutzen, aber dann richtig, denn sonst bleiben die Vorteile aus. Das Ziel muss sein, dass sich Mitarbeitende zeigen und ehrlich kommunizieren können. Nur das erzeugt ein authentisches Bild in der Außenwirkung. Hier einige Tipps für den Start:

- **Die richtige Besetzung**
  Corporate Influencer:innen sollten nicht ausgesucht werden, sondern selbst wollen. Die Rolle braucht intrinsische Motivation und kann nicht einfach delegiert werden. Vielmehr geht es darum, es Menschen zu ermöglichen, sich mit dem Thema auseinanderzusetzen und es auszuprobieren. Dabei werden sich in der Regel die richtigen finden.
- **Nutzen, was schon da ist**
  Die meisten Mitarbeitenden tummeln sich sowieso schon auf den sozialen Kanälen. Wir können also das Risiko niemals ganz aufschließen, dass sie etwas posten, was nicht gut ankommt, und etwas auf das Unternehmen zurückfällt. Statt das Risiko zu fürchten, sollten wir lieber die Vorteile nutzen. Unternehmen, die sich verschließen, haben später das Nachsehen, wenn ihre Mitarbeitenden auch ohne sie sichtbar werden.
- **Rahmen definieren**
  Es schadet der Authentizität und der Relevanz des Contents, wenn zensiert wird. Besser ist es, gemeinsam lediglich die wichtigsten Dos und Don'ts zu definieren. Alles andere muss im Ermessen der Influencenden liegen. Dabei gilt wirklich: Je weniger Beschränkung, desto besser. Eine gute Vertrauensübung fürs Unternehmen.
- **Themenvielfalt zulassen**
  Viele Corporate Influencer:innen berichten hauptsächlich über News aus dem Unternehmen. Das ist nicht das, was Menschen lesen wollen. Influencende sollten nur wenig darüber veröffentlichen, was schon auf den gängigen Unternehmensseiten steht. Es geht mehr darum, die Person selbst Themen finden zu lassen und diese dann, wenn überhaupt, dezent mit dem Unternehmen zu verknüpfen. Aber je mehr Freiheit und Persönlichkeit die Influencenden einbringen können, desto wirksamer und vertrauenswürdiger können sie nach außen werden. Wo die Person arbeitet, ist ja schon für alle sichtbar. Hier geht es darum, den Menschen und die Expertise in den Vordergrund zu stellen.
- **Mut zur Meinung**
  Vertrauen entwickeln wir dann, wenn wir ein gutes Bild von Menschen erhalten, weil sie offen und ehrlich sind und damit in Vorleistung gehen. Sie dürfen nicht nur, sie sollen sogar Meinung zeigen und Stellung beziehen. Viele Unternehmen scheuen sich davor. Doch erst unsere persönlichen Ansichten machen uns interessant. Wer keine Meinung hat, wird also auch nicht gelesen.[38]
- **Die Unternehmenskultur ist entscheidend**
  Mitarbeitende werden nur dann öffentlich gerne für ihr Unternehmen sichtbar, wenn sie sich dort auch wirklich wohlfühlen und ihre Werte mit den Unternehmenswerten übereinstimmen. Alles, was Organisationen in eine moderne und

menschliche Unternehmenskultur investieren, ist somit auch eine Investition in ihre Außenwirkung.

- **Corporate Influencing ist Arbeit(szeit)**
  Der strategische Aufbau einer Personenmarke ist nicht mal eben so gemacht. Es braucht Zeit, Ideenreichtum, Übung und das iterative Umsetzen des Gelernten. Je größer und aufwendiger die Tätigkeit wird, desto mehr Zeit muss investiert werden. Es ist sinnvoll und motiviert, einen Anteil dieser Zeit auch als Arbeitszeit anzuerkennen.

Transparente Kommunikation ist ein wichtiges Element für mehr Vertrauen in der Organisation. Wie eine sehr moderne und transparente Unternehmenskommunikation seitens des Managements aussehen kann, berichtet Dr. Anna Weber.

## Vertrauen nicht ohne Transparenz

**Dr. Anna Weber**

**Wie wir bei BabyOne mit offener und bidirektionaler Kommunikation Vertrauen schaffen**
Drei wilde Jahre liegen hinter uns. Drei Jahre, die uns bei BabyOne gleich mehrfach gefordert haben. Denn mal abgesehen von dem von außen hereinbrechenden Wahnsinn einer Pandemie und eines Kriegs in Europa, standen bei uns noch ein Generationswechsel und die Transformation unseres Unternehmens hin zu einem agilen Omnichannel-Händler auf dem Programm. Dass wir diese Zeit sehr erfolgreich und mit nur wenigen Blessuren gemeistert haben, hat ganz viel mit Vertrauen zu tun. Und mit einer transparenten und radikal offenen Kommunikation – sowohl innerhalb unseres Unternehmens als auch gegenüber unserer Kundschaft und unseren Geschäftspartner:innen.

Vertrauen und Transparenz sind wesentliche Elemente einer funktionierenden Gesellschaft und eng miteinander verbunden: Ohne Transparenz kein Vertrauen. Das große Bild betrachtend, ist Transparenz sogar DIE essenzielle Zutat für unsere Demokratie: Nur wenn Regierungen transparent handeln, Wahlprozesse transparent und nachvollziehbar stattfinden, kann Vertrauen in die Institutionen und die Demokratie entstehen. Im »Kleinen« funktioniert das bei Unternehmen genauso: Nur wenn wir transparent handeln, sind unsere Absichten und Motive für unsere Mitarbeitenden sowie Geschäftspartner:innen ersichtlich. Sie sehen, dass wir durch die Offenlegung von Informationen und Prozessen Verantwortung für unser Handeln übernehmen, können uns verstehen und Vertrauen aufbauen. Wenn wir hingegen verschlossen und undurchsichtig handeln, wird es für andere schwierig.

**Vertrauen in schwierigen Zeiten**

Gerade in herausfordernden Zeiten, in denen niemand auf gelernte und erprobte Handlungsmuster zurückgreifen kann, ist Vertrauen das stärkste Bindeglied in einer Beziehung. Unsere Mitarbeitenden hatten in den letzten Jahren gleich mehrfach Anlass, ihr Vertrauen in unser Unternehmen oder in dessen Führung zu hinterfragen: Ende 2020 haben unsere Eltern nach 30 Jahren BabyOne die Geschäftsleitung in die alleinige Verantwortung von meinem Bruder Jan und mir gelegt. Zu einem Zeitpunkt, als wir – wohlgemerkt – noch mitten in der Pandemie steckten und ein turbulentes Jahr mit Lockdown, Homeoffice und Online-Boom hinter uns hatten. Auch die von hoher Dynamik geprägte Marktsituation im Handel war herausfordernd und erforderte neue Strategien. BabyOne, als ein bis dato vor allem stationär geprägtes Handelsunternehmen, stand am Anfang eines umfangreichen Transformationsprozesses und neue Konzepte mussten erarbeitet und umgesetzt werden. Zwar war es für meinen Bruder und mich schon das dritte Jahr bei BabyOne und wir hatten in dieser Zeit bereits viel Verantwortung übernommen und waren längst im Unternehmen angekommen, doch für unsere Mitarbeitenden und Franchisepartner:innen war das eine von Unsicherheiten geprägte Zeit, die aus ihrer Sicht bestimmt mit einem gewissen »Restrisiko« behaftet war. Sie fragten sich verständlicherweise, ob wir »Rookies« diese anstehenden Mega-Herausforderungen meistern würden.

**Man kann nie genug kommunizieren**

Um dieser Unsicherheit von Anfang an den Wind aus den Segeln zu nehmen, entschieden wir uns, unsere Ziele, Motive und Sichtweisen proaktiv so transparent wie möglich zu kommunizieren. Wir sind überzeugt, dass Menschen mit Wahrheit und Offenheit umgehen können, und wollen unsere Mitarbeitenden als mündige Menschen behandeln. Ingeborg Bachmann hat einmal gesagt: »Die Wahrheit ist dem Menschen zumutbar«[39]. Diese Aussage fand ich ganz großartig. Aber: Bei rund 1.400 Mitarbeitenden – ca. 160 in unserer Zentrale in Münster und 1.200 in den Fachmärkten – ist Offenheit keine ganz leichte Aufgabe. Wir haben dafür inzwischen einen ganzen Blumenstrauß an Kommunikationsformaten entwickelt, getestet und zum Teil auch wieder verworfen. Viele sind bis heute zentraler Bestandteil unserer Unternehmenskommunikation und hoch geschätzte Informationsquelle und Austauschplattform. Während die Formate in Zeiten der Pandemie aber alle digital waren, machen wir heute so viele Formate wie möglich in persona und übertragen sie auch nicht digital. Es geht einfach nie nur um die reine Informationsweitergabe, sondern auch immer um Gemeinschaft und Kultur.

Sowohl für die Kommunikation in unserer Zentrale als auch für den Austausch mit unseren Franchisepartner:innen haben wir unterschiedliche Formate etabliert:

- *Company Update*
  Dieses Format findet auf Wunsch unserer Teams einmal im Quartal statt und ist als Informations-Meeting »von Mitarbeitenden für Mitarbeitende« in unserer Zentrale konzipiert. Hier bekommen alle die Möglichkeit, ihre Themen aus ihrer Sicht zu erzählen. Dazu bekommt jedes Team fünf Minuten Zeit, um z. B. über seine aktuellen Projekte, Erfolge, Highlights oder Herausforderungen zu berichten. Auch neue Kolleg:innen werden bei dieser Gelegenheit vorgestellt. Das Format findet nur in persona statt, denn wir möchten sehr bewusst den persönlichen Austausch und die Gemeinschaft fördern. Ziel ist hier nämlich nicht nur die Kommunikation untereinander, sondern auch, dass die Hürden zwischen den einzelnen Abteilungen und Teams abgebaut werden. Nur so entsteht und wächst ein Miteinander, das wiederum wichtig für die Vertrauensbildung ist – vor allem, da viele unserer Mitarbeitenden auch im Homeoffice arbeiten. Zum Ende eines jeden Company Updates haben mein Bruder und ich noch einen Zeitslot, in dem wir z. B. darüber berichten, wie das vergangene Quartal gelaufen ist, wie sich unsere Zahlen entwickelt haben oder was die OKR-Highlights für das anstehende Quartal sind. Um am Ende des Company Updates gezielt in den Austausch mit unseren Teams zu gehen, haben wir Mentimeter als Fragetool etabliert. Darüber kann jede:r während des Company Updates anonym Fragen stellen, die dann vor allen im Company Update beantwortet werden. Das klappt super gut und wird rege genutzt.
- *Coffee Talk*
  Der Coffee Talk ist unser themen- und anlassspezifisches Kommunikationsformat, das primär zur Information dient – weniger zur Diskussion, denn dafür ist die Gruppe zu groß. Es richtet sich an alle Mitarbeitenden der Zentrale. Wir berufen es ganz nach Bedarf ein, z. B. am Jahresanfang, wenn Jan und ich einen Rückblick auf das vergangene Jahr geben oder einen Ausblick auf das neue. Dieses Format ist eher strategisch ausgerichtet. Ein besonderer Anlass war z. B. die Einführung von «Work-from-anywhere«. Auch hier haben wir gelernt, dass Interaktion in einer so großen Gruppe schwierig ist. Fragen wurden bei diesen Anlässen kaum gestellt – obwohl es sie natürlich gab! Daher nutzen wir auch hier am Ende eines jeden Talks Mentimeter zum Sammeln von Fragen, die wir direkt beantworten. So entsteht dann doch Interaktion, die solch einen Talk immer lebendiger und werthaltiger macht.
- *Sounding Board*
  Unsere Sounding Boards sind temporäre Test- oder Arbeitsgruppen zu einem spezifischen Thema. Meist geht es darum, neue Themen ins Unternehmen zu tragen. Zehn Personen aus allen Bereichen und Hierarchien können sich für unsere Sounding Boards melden und teilnehmen. Gemeinsam mit Jan und

mir diskutieren diese Personen ganz offen: Wir erläutern unsere Argumente und Beweggründe, die Teilnehmenden geben Feedback, zeigen ggf. Hindernisse auf und wir überlegen gemeinsam, was die beste Vorgehensweise ist.

- *Tag der vollen Bude*
  Ein- bis zweimal im Monat gibt es in der BabyOne Zentrale den »Tag der vollen Bude«. Das ist ein ganz besonderer Tag für unsere Unternehmenskultur und wir rufen dazu auf, dass so viele Leute wie möglich in die Zentrale kommen. Wir haben diesen Tag ins Leben gerufen, weil wir gemerkt haben, dass die Menschen nach Corona eher zögerlich ins Office zurückgekommen sind. Vor allem teamübergreifende Kontakte waren kompliziert, weil man nie wusste, wann jemand vor Ort sein wird. Mit diesem Format möchten wir daher sicherstellen, dass unsere Mitarbeitenden sich regelmäßig sehen, austauschen und eine Beziehung aufbauen und pflegen können – natürlich auch mit uns.
- *Internes Social Media*
  Neben diesen oben genannten eher eventartigen Kommunikationsformaten gibt es bei BabyOne auch eine Art internes »Facebook« oder »schwarzes Brett«. Neben fachlichen Updates aus den Teams und von Jan und mir, bietet die Plattform für uns auch Raum für Privates und Organisatorisches. Wie in Social Media Tools üblich, können dort Texte, Videos oder Fotos gepostet, geliked und kommentiert werden. Mitarbeitende posten hier, wenn sie Nachwuchs bekommen haben oder wenn jemand eine Wohnung sucht. Auch organisatorische Updates teilen wir darüber – und manchmal werden auch Fotos aus dem Urlaub gepostet. Als Jan beispielsweise im Winter mehrere Wochen in Neuseeland war, hat er darüber Kontakt zu unseren Teams gehalten. Insgesamt posten hier ca. 10-15 Prozent unserer Mitarbeitenden aktiv. Das ist sicherlich noch ausbaufähig – genau wie die inhaltliche Ausrichtung. Denn natürlich wird lieber über Erfolge und wenn es etwas zu feiern gibt, gepostet. Wirklich kritisch in Themen reinzugehen, Niederlagen zu teilen und die Learnings daraus zu kommunizieren, machen wir noch zu wenig.
- *E-Learning-Plattform*
  Mit unseren Franchisepartner:innen haben wir gemeinsam eine interne Kommunikationsplattform entwickelt, über die wir uns und unsere Mitarbeitenden auf der Fläche und in der Zentrale sowie untereinander besser vernetzen können. Dadurch sind unsere Fachmärkte näher an unsere Zentrale herangerückt und ein Austausch kann einfacher stattfinden. Heute nutzen wir diesen Kanal in verschiedenen Richtungen: Zum einen stellen Jan und ich regelmäßig Videos mit Informationen z. B. über das Unternehmen auf die Plattform oder unsere Fachabteilungen, wie z. B. die Marketingabteilung, informieren unsere Filialen, welche Aktionen sie gerade auf Social Media planen. Fachberater:innen aus den Fachmärkten informieren sich untereinander über neue Trends oder Produkte und unterstützen sich gegenseitig in verschiedensten Bereichen. Diese Transparenz hilft, ein Zusammengehörigkeitsgefühl über

unsere mehr als hundert Fachmärkte hinweg aufzubauen, das Vertrauen schafft.

- *LinkedIn*
  Auch Social-Media-Kanäle wie LinkedIn nutzen wir als Kommunikations-Tool und damit zur Vertrauensbildung – insbesondere, um externe Zielgruppen zu erreichen. Über LinkedIn teilen wir heute sehr gezielt und offen unsere Haltung zu bestimmten Themen, berichten über Erfolge aber auch über Fails und sprechen ganz allgemein über Themen, die uns im beruflichen Umfeld wichtig erscheinen. Es geht dabei nicht um Eitelkeit, sondern wir möchten Austausch, wollen gechallenged werden, suchen Impulse und wollen aus den Erfahrungen anderer lernen. Dieser Kanal funktioniert aber nur, wenn wir authentisch kommunizieren und bereit sind, uns auf verschiedene Meinungen einzulassen. Besonders auf unser Recruiting hat sich diese Art der Kommunikation sehr positiv ausgewirkt. Wir können damit eine Art »Vorschuss-Vertrauen« aufbauen, denn unsere LinkedIn-Followerschaft erfährt sehr viel über uns, unsere Ziele und Werte. Sie kann abschätzen, ob wir zu ihr passen und sie zu uns. Wir erhalten dadurch eine ganz andere »Qualität« von Bewerbungen, denn das Matching ist um ein Vielfaches besser – ganz abgesehen davon, dass wir über die erhöhte Sichtbarkeit plötzlich auf der Wishlist von Talenten stehen, die unsere Branche vorher nicht auf dem Schirm hatten.

**Agiles Arbeiten – auch ein Puzzleteil für mehr Transparenz**

Warum wir uns so viel Mühe mit der Kommunikation geben? Weil die Vergangenheit gezeigt hat, dass Veränderungsfähigkeit die wahre Superpower ist, wenn Unvorhergesehenes mal wieder die Welt und unser Marktumfeld auf den Kopf stellt. Dann braucht es Vertrauen in die Führung, in die Mitarbeitenden und Partner:innen, wofür wiederum Transparenz die grundlegendste Kernzutat ist. Wenn wir als Unternehmen wettbewerbsfähig bleiben und uns von der Konkurrenz differenzieren möchten, müssen wir zum First Mover werden. Dafür müssen wir Dinge ausprobieren, daraus lernen, Ziele und Methoden anpassen und manchmal verwerfen.

Dazu brauchen wir Menschen, die eigene Entscheidungen treffen können und dürfen, eigenverantwortliche Teams und Austausch zwischen Abteilungen, damit alle Stakeholder wissen, welche Ziele wir gemeinsam verfolgen. Transparenz ist dabei essenziell: Ziele müssen klar kommuniziert, Aufgaben verteilt und Ressourcen sichtbar werden. Auch wir als Führung benötigen diese Transparenz, damit wir erkennen können, ob die Richtung weiterhin stimmt. Auf dieser Basis wächst Vertrauen. Aus diesem Grund haben wir bei BabyOne die agile Organisationsmethode »OKR – Objectives and Key Results« eingeführt. Das ist zunächst aufwendig, hilft aber enorm, diese Transparenz dauerhaft aufrechtzuerhalten und den Fokus zu bewahren. Im Grunde geht es darum, der Organisation eine gemeinsame Ausrichtung zu geben und gleichzeitig maximale Autonomie der handelnden Teams zu ermöglichen. In kurzen Zyklen werden Themen und Handlungen hinterfragt und justiert.

Damit Menschen gerne Verantwortung für ihr Handeln übernehmen, müssen sie Fehler machen dürfen. Fehler müssen auf Augenhöhe angesprochen und thematisiert werden. Feedback – in alle Richtungen – muss tiefer Bestandteil der Kultur werden, um gemeinsam als Individuen und als Organisation zu wachsen. Der Umgang mit Fehlern ist wichtig, um Vertrauen aufzubauen.

**Fit für die Zukunft: Aus Vertrauen erwächst Resilienz**
Es gibt viele Puzzleteile, die Vertrauen zwischen beruflich verbundenen Menschen schaffen. Transparente Kommunikation ist ein ganz Wesentliches. Meine persönliche Sicht auf die vergangenen Jahre ist, dass wir als Unternehmen gestärkt aus der eingangs beschriebenen Multikrise hervorgehen, denn sie hat uns resilienter gemacht und ein Schlaglicht auf Bereiche unserer Organisation geworfen, die wir ohne Krise wohl nicht so weit oben auf unserer To-do-Liste platziert hätten.

Aber natürlich waren und sind wir nicht perfekt. Es kommt weiterhin vor, dass wir als Führung überrascht sind, weil ein Thema anders im Team ankommt, als wir beabsichtigt hatten. Trotz all unserer Bemühungen sind Missverständnisse weiterhin nicht ausgeschlossen – und kommen vor. Aber: Sie werden seltener und vor allem bekommen wir sehr viel schneller mit, wenn etwas in die falsche Richtung läuft. Und natürlich ist es nach wie vor kein Pappenstiel, wenn wir schwierige und schwere Entscheidungen und Dinge zu kommunizieren haben.

Unser gegenseitiges Vertrauen über alle Hierarchieebenen hinweg, unser sicheres Netz an Erfahrungen, unser optimistischer Blick auf die Zukunft, aber insbesondere auch unser Mut zur Veränderung schenkt uns Vertrauen in unser Können und in die Zukunft. Wir sind bereit, Risiken einzugehen und Innovation voranzutreiben, wollen Gestalter einer Welt sein, in der unsere Werte gesehen und geschätzt werden – und dabei gerne Impulse für andere Unternehmen liefern, Offenheit und Kommunikation als einen zentralen und vertrauensbildenden Bestandteil ihrer Organisation zu etablieren.

## Spielerisch das Meeting retten

Auch wenn wir aufeinandertreffen, spielt Transparenz eine große Rolle. Seit der Pandemie haben sich unsere Meetings in vielen Arbeitsbereichen verändert. Wir kommen jetzt nicht mehr nur vor Ort zusammen, sondern auch hybrid und remote. Das bedeutet allerdings, dass wir jetzt während des Meetings noch viel besser andere Dinge tun können als vorher. Während es schon früher nervig war, wenn Teilnehmende in gemeinsamen Runden das Handy zückten oder E-Mails schrieben, ist es heute kaum noch auszuhalten. Außerdem ist da nun auch noch der Chat. Und der wird rege genutzt. Während des Meetings kommunizieren einzelne Teilnehmende miteinander und tauschen sich über das Meeting oder andere Teilnehmende aus, während der Rest davon nichts mitbekommt.

Der Drang, sich auszutauschen, ist dann besonders hoch, wenn Meetings schwierig sind. Und das sind sie oft, denn wir haben zu viele von ihnen. So durchleben wir mehrmals täglich echte Krisen. Meetings sind die Bühne für unsere Unternehmenskultur. Diese zeigt sich genau da, wo wir alle zusammenkommen, um miteinander zu arbeiten. Wenn uns etwas beschäftigt, wollen wir uns mitteilen. Das ist ein natürliches Bedürfnis. Wir suchen uns im besten Fall Gleichgesinnte, die unsere Gefühle verstehen. Das Gefühl der Gemeinschaft stärkt uns und hilft uns, schwierige Situationen besser auszuhalten. Also kommunizieren wir verdeckt im Meeting mit anderen Teilnehmenden, von denen wir glauben, dass sie uns verstehen. Doch das hat Folgen. Informationen werden nicht mehr mit allen geteilt. Es entsteht eine Schattenkommunikation und die ist das Gegenteil von Transparenz.

Natürlich merken auch andere Meetingteilnehmende sehr wohl, dass etwas los ist. Auch wenn sie es nicht benennen können. Das ist Gift für eine vertrauensvolle Zusammenarbeit. Unser Bedürfnis, uns auszutauschen, hat allerdings gute Gründe. Wir müssen nur einen Weg finden, es konstruktiv zu nutzen. Statt verdeckt über andere zu sprechen sollten wir offen mit allen teilen, was los ist. Wenn wir transparent machen würden, dass wir uns gerade fragen, ob das Meeting in die richtige Richtung geht, oder warum wir ständig den Fokus verlieren, dann wäre das eine wichtige Intervention für die ganze Gruppe. Sie würde es uns ermöglichen, gemeinsam zu wachsen und unsere Zusammenarbeit weiterzuentwickeln. Das geht nur, wenn alle die Verantwortung dafür tragen, gemeinsam zu einem guten Ergebnis zu kommen. Schattenkommunikation hat dabei noch nie geholfen.

Viele glauben, Meetings würden zu einem einzigen Schauplatz von Befindlichkeiten und Diskussionen, wenn Teilnehmende erst anfangen, transparent zu machen, was sie stört. Doch das ist nicht der Fall. Wir haben in den meisten Fällen sehr gute Gründe für unsere Zweifel. Außerdem: Die Zusammenarbeit trägt deutlich mehr Früchte, wenn Störungen ausgeräumt sind. Denn würden während des Meetings alle nur damit beschäftigt sein, sich still und heimlich in sich hineinzuärgern, wäre das Meeting nicht mehr als reine Zeitverschwendung.

Wir haben oft Bedenken oder sogar Angst, unsere Störgefühle transparent zu machen, weil wir befürchten, dass es negative Konsequenzen für uns haben könnte. Wir haben Sorge, dass andere uns ablehnen oder nachtragend sein könnten. Ohne psychologische Sicherheit müssen wir heimlich nach Verbündeten suchen, weil wir uns nicht trauen, Kritik zu üben. Doch oft sagen nicht nur die Dinge, die passieren, viel über unserer Kultur aus, sondern vor allem die Dinge, die nicht passieren. Psychologische Sicherheit entsteht oft erst dann, wenn wir die ersten Schritte machen und das müssen ja nicht immer gleich die ganz großen sein. Ich integriere deshalb gerne individuelle und spielerische Möglichkeiten zur Intervention in die Meetingkultur von Teams, mit denen ich arbeite. Sie helfen, auf leichte und positive Art Kritik zu äußern oder zu hinterfragen, ob das Vorgehen gerade sinnvoll ist. In vielen Teams haben wir Sprechblasen oder Spielkarten erstellt, die Aussagen enthielten, wie: »Mehr davon!«, »Fokus Leute!« oder »Ticktack!« Die Statements funktionieren allerdings genauso gut im virtuellen Meeting, auf einem digitalen Board oder über den gemeinsamen Chat. Hauptsache, die Formulierungen und das Medium werden gemeinsam vom Team entwickelt. Von allen getragene und vereinbarte spielerische Zeichen machen es leichter eine Störung oder unser Bedürfnis mit allen zu teilen. Die Methode hat eine hohe Akzeptanz und kann auf verschiedene Bedarfe zugeschnitten werden. So eine Intervention verhindert Schattenkommunikation, macht es leichter, Anliegen im Meeting direkt und transparent mit allen zu teilen, und trägt auch noch zu psychologischer Sicherheit bei. Egal, ob vor Ort oder virtuell, alle wissen, woran sie sind.

## Warum wir alle in Verhandlungen den Kürzeren ziehen

Nicht nur Meetings müssen transparenter werden, sondern auch Verhandlungen. Sie prägen unser Arbeitsleben, denn wir verhandeln neue Tarifverträge, Budgets oder wie viele neue Stellen wir schaffen können. Wir alle haben außerdem sicher mindestens schon einmal unser Gehalt verhandelt. Aber wir verhandeln auch in Situationen, in denen uns das nicht so bewusst ist. Wir verhandeln im Meeting um die beste Idee für das weitere Vorgehen oder um die Richtung unserer Entscheidung. In Manchen Berufen verhandeln wir miteinander, wer welche Schicht übernehmen soll, oder wir verhandeln, wer über Weihnachten in den Urlaub kann.

Wenn ich interne Verhandlungssituationen in Unternehmen begleite, dann ist es oft, als würden Konkurrierende am Tisch sitzen, die sich gegenseitig ausspielen möchten. Statt konstruktiv zusammenzuarbeiten, wird gelauert und taktiert. Alle halten sich bedeckt, von Vertrauen keine Spur. Dabei ist es fast egal, um welche Art von Verhandlung es geht. Niemand gibt etwas von sich Preis oder nur so viel wie unbedingt nötig. Niemand möchte sich angreifbar machen. Und niemand benennt die wahren Gründe für die eigene Verhandlungsposition. Stattdessen werden Gründe vorgeschoben. So laufen Verhandlungen nun mal, wenn wir das Gefühl haben, wir müssten wachsam sein und gut aufpassen, dass uns niemand über den Tisch zieht. Wir versuchen so gut wie möglich durch die Verhandlung zu kommen, vermuten viel und wissen wenig.

Gleichzeitig entsteht bei allen Beteiligten das Gefühl, dass die jeweils andere Seite nicht offen spielt. Das trennt, statt zu verbinden und macht uns misstrauisch.

Es scheint in Verhandlungssituationen oft das Gefühl zu bestehen, dass es nicht möglich sei eine Lösung zu finden, mit der beide Seiten zufrieden sein könnten. So wappnen wir uns so gut es geht, um das für uns beste Ergebnis rauszuholen. Wir vergessen, dass wir keine Feinde sind oder zumindest nicht sein sollten, und dass wir die beste Lösung in aller Sinne finden könnten.

Ich muss dabei immer an ein Buch denken, dass mir vor vielen Jahren einmal in die Hände fiel, als ich das Konzept für ein Verhandlungstraining erarbeitete. Darin stand eine Geschichte von zwei Schwestern, die sich um die letzte Orange im Haus stritten. Sie einigten sich schließlich, die Orange in zwei Hälften zu teilen. Eine Schwester nutzte nur das Fruchtfleisch und »warf die Schale weg«. Die andere Schwester benötigte die Schale und warf das Fruchtfleisch weg. Hätten beide Schwestern ihre Interessen transparent gemacht und offengelegt, hätten sie gewusst, dass die eine das Fruchtfleisch essen wollte, während die andere die Schale zum Backen brauchte. Statt das ganze Fruchtfleisch und die ganze Schale nutzen zu können, hatten beide einen schlechteren Deal gemacht.

Genau das passiert auch bei der Arbeit. Verhandlungsergebnisse könnten meist für beide Seiten besser aussehen, wenn wir unsere Interessen offenlegen würden. Transparenz an dieser Stelle hilft ungemein, um zu verstehen, welche Intention und welche Ziele beide Seiten haben. Viele vermuten, dass sie ihren Verhandlungsspielraum verkleinern würden, wenn sie offen mit ihren Interessen umgingen. In Wirklichkeit ist das Gegenteil der Fall. Unsere Interessen miteinander zu teilen, vergrößert den Verhandlungsspielraum, weil wir kooperativer verhandeln, uns besser verstehen und auf mehr Ideen für die Verhandlungsmasse kommen. Wir vergrößern den Kuchen also erst, bevor wir ihn teilen. Statt nur das halbe Fruchtfleisch und die halbe Schale zu bekommen, hätten beide Schwestern alles haben können.[40]

Für die Praxis im Arbeitsalltag bedeutet das, wir müssen unsere Haltung in Verhandlungen ändern. Wir haben nichts davon, wenn eine Seite den Kürzeren zieht. Das Ziel ist es, auch nach der Verhandlung langfristig weiterhin gut zusammenarbeiten zu können. Wir müssen gemeinsam trainieren, unsere Interessen offenzulegen, um wirklich die beste Lösung finden zu können. Dafür sollten wir uns erst einmal fragen, was unsere genauen Interessen sind, denn manchmal sind sie uns selbst noch gar nicht so klar. Je sicherer wir uns selbst darüber sind, was uns antreibt, desto besser können wir diese Informationen auch teilen. Dabei helfen folgende Fragen:

- Was möchte ich mit der Verhandlung erreichen?
- Warum ist das für mich wichtig?
- Welche Argumente habe ich dafür?

- Welchen Verhandlungsspielraum habe ich?
- Was ist mein Minimalziel?
- Was ist mein Maximalziel?

Auch wenn wir uns über alle Antworten zu den Fragen im Klaren sind, kann es dennoch sein, dass wir uns immer noch unwohl damit fühlen, unsere Interessen zu teilen. Wenn bisher noch kein Vertrauen in die Verhandlungsparteien bestand, ist das auch nicht verwunderlich. Es wird uns nichts anderes übrigbleiben, als die Spielregeln zu ändern, indem wir es einfach tun, denn irgendwer muss irgendwann mal den Anfang machen und den Kreislauf ewigen Misstrauens durchbrechen. Was in solchen Situationen enorm hilft, ist genau dieses Gefühl zu äußern. Bevor ich meine Interessen transparent mache, teile ich offen mit, dass ich mich frage, ob wirklich alle trotz unterschiedlicher Verhandlungspositionen gemeinsam ein gutes Ziel erreichen wollen. Transparenz über unsere Gefühle, Ängste und Sorgen bewirkt etwas. Sie ist das, was die Spielregeln ändert. Sie ist immer eine unerwartete Intervention und in den meisten Fällen ein Öffner für ein ehrliches Gespräch und eine gute und transparente Verhandlung.

## Der Fachkräftemangel

Der Fachkräftemangel wird uns in Zukunft noch deutlich intensiver beschäftigen, als es momentan schon der Fall ist. Es fehlt uns schlichtweg an Nachwuchs. Unsere Bevölkerung schrumpft. Die Babyboomer verabschieden sich in den Ruhestand und es kommen nicht genug Menschen nach, die in den Arbeitsmarkt eintreten. Und anders als erwartet, erhöhen neue Technologien unsere Produktivität nicht wie gewünscht.[41] Arbeitskraft wird zum raren Gut. Ein echtes Vertrauensverhältnis und eine emotionale Bindung zum Unternehmen sind deshalb zukünftig wichtiger denn je. Denn an jeder Ecke wartet ein neuer Job. In einer Zeit, in der Arbeitsverhältnisse austauschbar werden und wir mit nur einem Klick sofort woanders anfangen können, wird Vertrauen zur harten Währung, die den Unterschied macht. Transparenz ist ein wichtiger Faktor, um das Vertrauen von Talenten zu gewinnen und Mitarbeitende zu halten.

### Wie Transparenz uns halten kann

Die Coronapandemie hat dazu geführt, dass viele Menschen ihre Arbeit grundlegend infrage stellten. Trotz Krise, sind mehr Menschen als zuvor bereit, ihre Arbeitgeber:innen zu wechseln. Und sie haben Möglichkeiten. In ihrer Studie, »The Silent Resignation« schreibt die StepStone GmbH: »In Deutschland erreichte die Nachfrage nach neuen Mitarbeiter:innen im Jahr 2021 Rekordwerte.« Die Anzahl der Stellenanzeigen auf unserer Plattform überstieg den Wert von vor der Pandemie um mehr als 40 Prozent – ein enormer Anstieg.«[42] Die Sorge, nicht so schnell einen neuen Job finden zu können, schwindet zunehmend. Kündigen war noch nie so einfach. Daher dachten 35 Prozent der Menschen häufiger pro Woche daran, den Job zu wechseln, und lediglich 15 Prozent beschäftigten sich innerlich gar nicht damit.[43] Und es gibt noch mehr Zahlen dazu: 81 Prozent der Befragten des Gallup Engagement Index 2022 glaubten, es sei momentan eine günstige Zeit, um einen neuen Job zu bekommen. Das ist der höchste Wert, der in der Befragung seit 2009 je erreicht wurde. Nur 55 Prozent der Befragten sahen sich in einem Jahr noch im selben Unternehmen. 2019 waren es noch fast 20 Prozent mehr.[44]

Transparenz spielt eine große Rolle bei der Frage, ob Mitarbeitende letztendlich bleiben oder gehen. Nur da, wo vertrauensvolle Beziehungen bestehen, wird es rechtzeitig auffallen, wenn sie nicht mehr glücklich sind. Denn nur dort werden sie transparent mit ihrem Befinden umgehen. Allerdings herrscht dramatisch wenig Transparenz, wenn es um die Zufriedenheit im eigenen Job geht. Zwar werden regelmäßig Befragungen zur Zufriedenheit der Mitarbeitenden durchgeführt, doch diese sind alles andere als transparent, wenn es um den individuellen Menschen geht. Außerdem, wie ehrlich werden sie wirklich beantwortet? Solche Befragungen schüren eher Zynismus bei Mitarbeitenden, weil sie schlichtweg nicht darauf ausgelegt sind, einen echten Dialog zu öffnen. Sie sind weder aussagekräftig noch kommen sie zur rechten Zeit, wenn sie, wie üblich, gerade mal einmal jährlich oder alle paar Monate stattfinden. Führungskräfte erfahren durch sie nicht wirklich, wer sich innerlich gerade trennt.

Mitarbeitende, die kein Vertrauen haben, kündigen erst leise und dann laut und unwiderruflich. Es heißt nicht umsonst »Quiet Quitting«. Wir Menschen teilen unser Befinden über unseren Job meist nur im privaten Kreis oder mit wenigen uns sehr nahestehenden Kolleg:innen. Quit Quitting bedeutet, wir machen nur noch Dienst nach Vorschrift und versuchen, nicht aufzufallen. Wir haben kein Vertrauen darin, dass wir unsere Gefühle auch in der Firma mit den Personen besprechen können, die es wirklich etwas angeht. Wir sprechen erst dann miteinander, wenn es zu spät ist und die Kündigung schon gedruckt und unterschrieben in unserer Tasche wartet. So führt fehlendes Vertrauen zu fehlenden Mitarbeitenden. Das muss sich ändern, denn wir suchen nicht laut und aufwendig die besten Talente, um sie dann still und heimlich wieder zu verlieren.

Als ich in einem Unternehmen intern die Stelle gewechselt hatte, stellte ich schnell fest, dass ich nicht am richtigen Ort war. Plötzlich stärkte meine Arbeit mich nicht mehr, sie schwächte mich. Das war interessant, weil New Work mein Herzensthema ist und ich mich täglich dafür einsetze. Aber vor allem war es furchtbar. Ich erkannte keinen Sinn in meiner Arbeit und quälte mich jeden Tag. Ich fühlte mich von meinem Team nicht verstanden und war nicht mehr wirksam. Meine Energielosigkeit erstreckte sich schnell über den gesamten Tag. Wenn die Arbeit uns keine Freude macht,

macht schnell auch der Rest keine Freude mehr, denn unsere Arbeit hat einen großen Einfluss auf unser gesamtes Wohlbefinden. Nach kurzer Zeit fühlte ich mich, als hätte mir jemand den Stecker gezogen. Nichts machte mehr Freude. Ich war allerdings in einem offenen Austausch mit meinem Team, mit dem ich teilte, wie es mir ging, und dass ich nicht lange bleiben würde. Es gab Überlegungen, was sich ändern müsste, damit ich blieb, aber wir kamen zu dem Schluss, dass es unrealistisch war, diese Veränderungen zeitnah umzusetzen.

Und so ist es eben manchmal. Auch mit viel gutem Willen und kreativen Ideen, können wir nicht jedes System von jetzt auf gleich umkrempeln. Das darf aber nicht bedeuten, dass Unternehmen gute Mitarbeitende verlieren. Ich entschied, dass ich im Unternehmen eine andere Aufgabe finden würde. Also gab ich meine Stelle offiziell frei, damit zeitnah jemand Neues gefunden werden konnte. Eigentlich sehr risikobereit für meine Verhältnisse, aber es nicht zu tun schien mir bedrohlicher zu sein.

Die Reaktionen der Menschen um mich herum haben mir gezeigt, warum so wenige von uns in so einem Prozess transparent mit ihrem Befinden umgehen. Teammitglieder haben versucht, mich zu überreden, doch noch zu bleiben, oder waren persönlich gekränkt. Und das ist erst einmal nicht verwunderlich. Wenn wir sagen: »Das ist nicht der passende Job für mich«, dann verstehen andere: »Euer Job ist nicht gut genug für mich«. Also rechtfertigen sie, was sie tun und warum sie es gerne tun. Aber es geht eben nicht um »gut« oder »schlecht«, sondern um »passend« oder »nicht passend«. Eine Aufgabe, die für einen Menschen der Traumjob ist, kann für einen anderen der Alptraum sein. Ich verstand, dass ich ein Fass aufgemacht hatte, indem ich schon wieder ging, obwohl ich gerade erst gekommen war. Und das sollte so nicht sein. Wenn wir merken, dass wir nicht am richtigen Ort sind, dann müssen wir das transparent machen können, ohne stigmatisiert zu werden. Umorientierung im Unternehmen muss genau so normal werden, wie Urlaub zu nehmen oder sich zum Lunch zu verabreden. Vor allem, weil sich Jobprofile künftig viel schneller verändern werden als heute. Durch die exponentielle Entwicklung von KI und aufgrund vieler anderer disruptiver Einflüsse, werden wir uns ständig neu erfinden müssen.

Erst wenn es akzeptiert und toleriert wird, dass jemand im Job nicht glücklich ist, haben Unternehmen eine Möglichkeit, zu reagieren, bevor ihre Mitarbeitenden das Weite suchen. Erst dann können wir wirklich davon sprechen, dass alle Menschen die Chance haben, einen Job zu finden, den sie wirklich wollen, und erst dann sind wir sensibilisiert für Themen der mentalen Gesundheit. Ein offener und transparenter Umgang damit, sich bewusst umzuentscheiden, zeugt von innerer Klarheit, weil wir wissen, was wir wollen und was wir nicht wollen. Das ist eine wichtige Basis für gesundes Arbeiten. Für uns war es damals eine wichtige Erkenntnis, dass es dieses Stigma gab, und wir haben durch die transparente Kommunikation einen guten Schritt in die richtige Richtung getan, damit es abgebaut werden konnte.

## Warum Transparenz attraktiv ist

So sehr wir es auch schaffen, unsere Mitarbeitenden zu binden, so sind wir doch gleichzeitig auch immer auf der Suche nach neuen Talenten. Die meisten Bewerbungsprozesse passen allerdings nicht zum aktuellen Arbeitsmarkt. Sie sind weder schnell noch transparent. Nicht absichtlich, aber dennoch zuverlässig. Eigentlich wollen wir alle das Gleiche. Unternehmen und Talente:

1. wollen möglichst viel voneinander erfahren, um herauszufinden, ob sie zueinander passen,
2. wollen sich voneinander überzeugen und sich von ihrer besten Seite zeigen, wenn sie glauben, dass sie zueinander passen.

Der ganze Prozess ist deshalb darauf ausgelegt, gut abzuschneiden. Dabei verlieren wir das, was wirklich wichtig ist, aus den Augen. Den Vertrauensaufbau. Nur wenige Organisationen betrachten sich und ihre Bewerbungsprozesse einmal aus der Perspektive der Talente. Besonders für sie ist der Bewerbungsprozess maximal intransparent. Denn Stellenausschreibungen verraten meist nicht viel über den wirklichen Job, sondern beschreiben eine Position, die Organisationen gerne hätten. Vieles ist dann in der Realität allerdings nicht abbildbar und es fehlt an dem im Bewerbungsverfahren versprochenen Gestaltungsspielraum.

Ist die Bewerbung versendet, wissen Bewerber:innen meist nicht, ob und wann sich jemand bei ihnen melden wird. Das kann einen Tag, aber auch mehrere Monate dauern. Darüber herrscht oft völlige Intransparenz. Aber, statt ihre Unsicherheit deutlich zu machen und nachzufragen, um verbindliche Antworten zu bekommen, finden sie sich mit der Unklarheit ab und ärgern sich still und leise. Unzufriedenheit macht sich breit, noch bevor ein richtiger Austausch stattgefunden hat. Wenn es dann endlich so weit ist und es kommt zum ersten Bewerbungsgespräch, berichten Unternehmen lieber davon, wie sie gerne wären, als darüber, wie sie wirklich sind. Und auch Talente neigen dazu, sich ins beste Licht zu rücken. So haben wir kaum Möglichkeiten für einen wirklichen Reality-Check. Wir können uns danach nicht einmal spontan Feedback geben. Oft vergeht mindestens ein Tag nach dem Gespräch, bevor es eine Rückmeldung und Klarheit zum weiteren Vorgehen gibt. Dabei würde uns weniger Filter und mehr direkte Kommunikation enorm guttun.

Auch das Gehaltsniveau ist intransparent. Unternehmen lüften dieses Geheimnis gerne erst in der letzten Auswahlrunde, während Talente schon mit dem Absenden ihrer Bewerbung ein Gehalt nennen müssen. Und als wäre das alles nicht schon genug, müssen Bewerber:innen auch noch Persönlichkeitstests oder Assessments durchlaufen, deren Ablauf, Funktionsweise und Aussagekraft für sie meist völlig unklar sind, bis sie mittendrin stecken. Wenn es nach diesem ganzen Aufwand und der Zeit, die alle Beteiligten investiert haben, dann nicht klappt, gibt es eine Absage in Form einer standardisierten E-Mail. Woran es lag, was gefehlt hat und was beide Seiten aus dem Prozess lernen können, bleibt unausgesprochen.

Solche Bewerbungsprozesse sind kein guter Start in eine vertrauensvolle (Arbeits-) Beziehung. Die Intransparenz verhindert, dass sich eine emotionale Bindung zwischen dem Unternehmen und dem Talent aufbauen kann. Infolgedessen sind wir auf der Hut und passen wachsam auf, dass wir nicht »übers Ohr gehauen« werden, wenn es um das Gehalt oder andere Modalitäten geht. Wir zweifeln so lange am Zustandekommen des Vertrags, bis die Tinte trocken ist. Wenn Talente den Vertrag dann plötzlich doch nicht unterschreiben wollen und wieder abspringen, wird ihnen nachgesagt, sie seien sprunghaft, egoistisch oder würden das Ganze nicht ernst nehmen. Dabei haben wir es einfach nicht geschafft, sie an uns zu binden. Zukünftig können wir uns so aufwendige, teure, langwierige und intransparente Prozesse nicht mehr leisten.

Meine Erfahrung ist, dass sich Unehrlichkeit und Intransparenz im Bewerbungsprozess auf beiden Seiten proportional zueinander entwickeln. Ist eine Seite intransparent und nicht authentisch, gleicht sich die andere an. Im Umkehrschluss bedeutet das aber auch: Ist eine Seite besonders klar, transparent und authentisch, gleicht sich die andere Seite ebenfalls an. Wir bekommen, was wir geben. Wir könnten das Business-Theater beenden und den gesamten Bewerbungsprozess offen und transparent gestalten, um wirklich herauszufinden, ob wir zueinander passen. Das könnte so aussehen:

1. Die Basis für jedes Bewerbungsgespräch ist radikale Transparenz.
2. Statt den Prozess durch viele künstliche und aufwendige Bewerbungsrunden und Fallstudien aufzublähen, gibt es einen echten Arbeitstag miteinander. Mit echten Themen, echten Meetings und echten Herausforderungen. Wer reale Situationen gemeinsam erlebt muss keine Hypothesen mehr aufstellen. Bewerber:innen bekommen so viel mehr Transparenz darüber, wie es im Unternehmen läuft, und alle Beteiligten können sich wirklich kennenlernen.
3. Die Gehaltsspannen werden direkt mit der Ausschreibung offengelegt. Die tatsächliche Höhe des konkreten Gehalts sollte sich dann nach klaren und transparenten Kriterien richten, die im Gespräch frühzeitig gemeinsam besprochen werden.
4. Es ist immer klar, was der nächste Schritt ist und wann sich wieder jemand meldet. Wichtig: nicht **bis** wann, sondern wann **genau**. Dabei sind Termine und Aussagen immer verbindlich und unbedingt einzuhalten. Wenn das mal absolut nicht klappt, dann wird gemeinsam darüber gesprochen und das neue Timing geklärt.
5. Nichts ist so alt wie die Zeitung von gestern? Doch, das Feedback. Es sollte immer direkt und unmittelbar erfolgen. Zumindest als erste Resonanz. Es ist okay, auch eine unterschiedliche Wahrnehmung zurückzumelden. Alles ist besser als nichts.
6. Tests oder Assessment-Center sollten nur genutzt werden, wenn es wirklich nicht anders geht. Besser ist es, mehr Zeit für ein persönliches Kennenlernen mit dem gesamten Team einzuplanen und in echten Terminen zusammenzuarbeiten.

7. Absagen können morgen schon zu einer Zusage werden. Das heißt, der Aufbau einer positiven und von Vertrauen geprägten Beziehung ist auch dann wichtig, wenn wir uns entscheiden, nicht miteinander zu arbeiten. Deshalb sollten Absagen immer möglichst transparent und persönlich sein. Also lieber ein gemeinsames Gespräch als eine standardisierte E-Mail.

# REFLEXION

# 6 Reflexion

*Wer in der Lage ist, sich selbst zu hinterfragen, kann lernen. Diese Fähigkeit ist wichtig, damit andere uns vertrauen können. Gemeinsame Reflexionsprozesse stärken außerdem unsere emotionale Bindung und damit auch unsere psychologische Widerstandfähigkeit. Wenn wir uns reflektieren, bringt uns also weniger aus dem Lot.*

Wie oft führen wir uns bewusst vor Augen, wie wir uns verhalten oder was unsere Gedanken mit uns machen? Wie oft hinterfragen wir eingespielte Muster im Team oder im ganzen Unternehmen? Die bisherigen Kapitel erzählen bereits viel darüber, wie wichtig Reflexion ist. Dennoch möchte ich ihr ein eigenes Kapitel widmen, denn sie ist ein wesentlicher Faktor für Vertrauen. Wer nicht zurückschaut, kann sich nicht vorwärtsbewegen. Und Reflexion meint genau das. Wir hinterfragen und analysieren uns selbst und unsere Muster. Wichtig ist, dass wir daraus lernen und Verbesserungspotenziale für die Zukunft ableiten. Unsere Fähigkeit, zu reflektieren, zeigt uns und anderen, dass wir es ernst meinen, und das schafft Vertrauen.

## Nichts geht ohne Selbstreflexion

Der Schlüssel zur Entwicklung und Veränderung ist Wissen und Bewusstsein. Beides entwickeln wir, indem wir uns reflektieren. Selbstreflexion ist eine der wichtigsten Elemente für ein gesundes Leben und damit auch für zukunftsfähiges Arbeiten. Wer sich selbst kennt und das eigene Tun hinterfragt, kann wachsen. Dieses Vorgehen hilft uns, auch in schwierigen Phasen herauszufinden, wie es uns geht und was wir brauchen. Außerdem bekommen wir Hinweise darauf, warum wir im Leben vielleicht immer einmal wieder in ähnliche Situationen geraten, und können das langfristig verändern.

Damit wir uns selbst reflektieren können, brauchen wir Zeit für uns. Sich diese Zeit zu nehmen, ist aber leider einfacher gesagt als getan. Gerade in einer Welt, die immer schneller und digitaler wird und in der immer mehr Reize auf uns einprasseln, sind die Momente, die wir mit uns selbst verbringen, selten. Selbst wer sie einmal hat, neigt schnell dazu, sie mit einem Blick auf das Smartphone zu füllen oder To-dos abzuarbeiten. Das Leben ist zum Dauerrauschen geworden. Stille ist rar und nur wer beschäftigt ist, strahlt vermeintlich Erfolg aus. Und während wir aus unserer institutionalisierten Übereifrigkeit nicht herauskommen, leiden wir unter Dauererschöpfung. In der Folge haben wir verlernt, im Moment zu sein. Wir müssen erst wieder üben, nichts zu tun, und auch mal den eigenen Gedanken zu lauschen, statt immer nur dem nächsten Podcast.

Bei aller Liebe zur Flexibilität, wenn es darum geht, sich kontinuierlich zu reflektieren, helfen feste Routinen tatsächlich mehr als Beweglichkeit und Spontanität. Wenn wir in einen sich wiederholenden Rhythmus kommen, dann schrumpft die Gefahr, dass unsere Reflexion sofort ausfällt, wenn es mal turbulent wird, oder dass wir uns nur wieder dem Dauerrauschen hingeben. Auch hier ist die in Kapitel 2 beschriebene Methode des Journalings sehr hilfreich. Sie bringt uns in einen Rhythmus der Reflexion. Oft empfehle ich Menschen, mit denen ich arbeite, die besten Momente des Tages aufzuschreiben. Nach einigen Wochen lässt sich daraus gut ableiten, warum gerade diese Momente besonders gut waren und was sie gemeinsam haben. So kommen wir auf die Bedürfnisse, die diese Momente erfüllt haben. Das ist deshalb wichtig, weil es uns besser geht, wenn unsere Bedürfnisse gedeckt sind.[45] Wenn wir Klarheit darüber haben, was wir brauchen, können wir besser für uns sorgen. Aber Journaling können wir auch in Bezug auf viele andere Reflexionsfragen nutzen, wie zum Beispiel:

- Was war heute mein größter Erfolg?
- Wo habe ich mich heute etwas getraut oder meine Komfortzone verlassen?
- Wie habe ich mich heute gefühlt?
- Was war heute herausfordernd für mich?

Neben Journaling gibt es natürlich noch viele weitere Möglichkeiten für eine gezielte Selbstreflexion. Ein gutes Gespräch mit einer vertrauten Person bringt oft schon viel. Wenn es dann noch ein Mensch ist, der gute Fragen stellen kann, ist das Gold wert. Gute Fragen sind wichtig, denn sie öffnen unseren Kopf und lassen uns über Dinge nachdenken, die vorher nicht in unserem Fokus waren. Alles, was unseren Fokus schärft und unseren Blick auf neue Aspekte richtet, hilft dabei, uns selbst noch besser zu verstehen. Es gibt viel Material darüber, was gute Fragen auszeichnet. Die Kunst, richtige Fragen zu stellen, ist eine Kompetenz, die wir erlernen können. Ich arbeite seit 15 Jahren mit verschiedenen Fragetechniken und habe sie in Trainings schon oft weitergegeben. Dennoch lerne und entdecke ich immer wieder etwas Neues. Um jetzt aber nicht abzuschweifen, kommen hier die zwei wichtigsten Kriterien für gute Reflexionsfragen, die sofort angewendet werden können.

- **Wer, Wie, Was?**
  Fragen, die mit einem W-Wort beginnen, sind immer gut für eine Selbstreflexion. Sie sind offen gestellt und statt sie mit »ja« oder »nein« zu beantworten, müssen wir unsere Antworten mit echtem Inhalt füllen und deshalb auch intensiv über die Fragen nachdenken. Sie machen einen Raum auf, der vorher nicht da war. W-Wörter sind zum Beispiel: wer, wie, was, wann, woher, weshalb, womit.
- **Überrasch' mich!**
  Gute Fragen kommen unerwartet. Sie beleuchten einen Blickwinkel, den wir noch nicht eingenommen haben. Wir alle kennen das Gefühl der Sprachlosigkeit, wenn wir gefragt werden: »Was wünscht du dir zum Geburtstag?«. Diese Frage ist ein gutes Beispiel, weil wir tatsächlich erst nachdenken müssen, bis uns eine Antwort einfällt. Ob wir eine gute Frage gestellt haben, erkennen wir also an der Pause, die

danach entsteht. Wichtig ist, diese zuzulassen und nicht aus Unsicherheit weiterzusprechen. Nachdenken braucht Zeit. Wer dazwischen redet, vertreibt die neuen Gedanken, die gerade auf dem Weg waren.[46]

Auch mit der simplen Frage »Und dann?« können wir sehr viel erreichen und tief in die (Selbst-)reflexion gehen. Sie kann mehrfach hintereinander genutzt werden und zwingt uns, immer weiter zu denken. Damit löst sie gedankliche Knoten und diffuse Ängste oft auf. Es kann auch sinnvoll sein, die eigene Reflexion für eine gewisse Zeit mit einem Coach durchzuführen. Coaches sind besonders erfahren darin, gute und relevante Fragen zu stellen, und können methodisch besonders wirksam bei der Reflexion unterstützen.

## Warum Feedback kein Geschenk ist

Auch Feedback trägt dazu bei, dass wir uns reflektieren können. Doch nicht nur wenn wir Feedback bekommen, ist das möglich. Vor allem wenn wir anderen Feedback geben wollen, ist das eine gute Gelegenheit, erst einmal selbst in den Spiegel zu schauen.

Viele sagen, Feedback sei ein Geschenk, aber stimmt das wirklich? Wenn wir richtig mit Feedback umgehen, kann es ein gutes Mittel sein, um sich gemeinsam weiterzuentwickeln. Geht man damit allerdings falsch um, kann es Vertrauen zerstören. Es gibt wenig Praktiken, über die wir im Arbeitskontext so gut Bescheid wissen, wie Feedback. Wir haben die Regeln rauf und runter gebetet, waren in Trainings und haben geübt. Die Theorie ist uns oft bekannt. Doch in der Praxis bekommen wir es trotzdem nicht hin. Und das ist kein Wunder, denn Feedback ist so viel schwerer als die Regeln, die es zu befolgen gilt. Unser Feedback ist die Reaktion auf einen Reiz, den wir wahrgenommen haben. Vielleicht auch wiederholt. Aber das hat im ersten Moment viel mehr mit uns selbst zu tun als mit der anderen Person. Deshalb ist unser Impuls, ein Feedback zu geben, erst einmal nur unsere persönliche Reaktion, die durch unsere Erfahrungen und Werte geprägt ist.

Wenn wir uns nicht reflektieren, bevor wir das Feedback geben, dann schaffen wir es auch nicht, all die Feedbackregeln zu beachten. Wir haben Scheuklappen auf, bedienen uns unserer Vorurteile und bewerten schneller, als uns lieb ist. Statt unsere Wahrnehmung einer Situation zurückzumelden, urteilen wir über die Person, der wir eigentlich Feedback geben wollten. So entsteht »Feedback« wie: »Du bist zu laut, zu still, zu kritisch, zu emotional.« Immer, wenn mich so ein Feedback erreicht, frage ich: »Für wen?« Schnell wird klar, dass mich die andere Person zwar gerne anders hätte, aber dass ich persönlich mit dem Feedback wenig anfangen kann. So ein Feedback ist sicher kein Geschenk. Es bleibt ein Knacks in der Beziehung zurück, wenn wir derart bewertet werden und das nicht miteinander klären. Unser Vertrauen leidet.

Je genauer wir hinterfragen warum andere etwas in uns auslösen und warum wir ihnen eine Rückmeldung geben wollen, desto besser wird die Qualität unserer Feedbacks sein. Bevor wir mit dem Feedback loslegen, helfen deshalb Fragen wie diese, um sich selbst zu sortieren:

- Welches Gefühl hat die Person/die Situation in mir ausgelöst?
- Was genau hat das Gefühl ausgelöst?
- Wann habe ich das schon einmal erlebt?
- Was ist mein Thema damit?
- Was ist gut an dem Verhalten der anderen Person/an der Situation?
- Was genau möchte ich mit meinem Feedback bewirken?

Feedback ist nicht einfach nur ein Geschenk, dass andere hinnehmen müssen und für das sie sich bedanken sollten. Feedback ist harte Beziehungsarbeit. Sowohl mit sich selbst als auch miteinander.

## Ein geschützter Raum fürs Team

Wenn wir kein Vertrauen mehr darin hätten, dass Dinge sich zum Positiven verändern können, warum sollten wir uns dann überhaupt noch bemühen? Wieso sollten wir Energie ins Unternehmen oder ins Team investieren? Menschen, die diesen Glauben verloren haben, kündigen. Damit das nicht passiert, ist es wichtig, die Fähigkeit zu lernen und sich zu entwickeln kontinuierlich zu nutzen und auszubauen. Aber wir finden nur dann heraus, was sich verändern muss, wenn wir reflektieren, wie es gelaufen ist. Ein kontinuierlicher Reflexionsprozess und eine entsprechende Lernkultur, in der wir daran arbeiten, uns in allen Bereichen zu verbessern, fördert unser Vertrauen.

Es gibt gemeinsam jede Menge zu reflektieren. Hier sind einige Beispiele:

- Die Zusammenarbeit im Team
- Die Prozesse
- Die Kommunikation
- Die übergreifende Zusammenarbeit
- Das Erreichen gemeinsamer Ziele

Um der Reflexion einen geschützten Rahmen zu geben, gibt es die Retrospektive, kurz Retro. »Retrospektiv« heißt so viel wie rückblickend. Das Konzept der Retro hat sich im Rahmen agiler Vorgehensweisen entwickelt und ist insbesondere durch Scrum bekannt geworden. Um es zu nutzen, müssen Teams aber nicht agil arbeiten. Viele glauben, dass sie nur dann sinnvoll sei, aber ich empfehle sogar jedem Unternehmen, Retros als festen Bestandteil der Zusammenarbeit einzuführen, egal, welche Arbeitsweisen genutzt werden. Doch fangen wir ganz vorne an. Was genau ist eine Retrospektive eigentlich?

### Die Retro als Teamreflexion

In einer Retrospektive reflektieren die Beteiligten ihre Zusammenarbeit in einem abgeschlossenen Beobachtungszeitraum. Das kann das letzte Quartal, der letzte Monat oder ein bestimmter Arbeitsabschnitt sein. In Scrum wird immer die letzte Iteration reflektiert. Viele Teams, die ich begleite und die nicht agil arbeiten, haben für sich einen Rhythmus von vier bis sechs Wochen gefunden, um eine Retrospektive durchzuführen. Welche Abstände sinnvoll sind, ist aber von Team zu Team völlig unterschiedlich und kristallisiert sich mit der Zeit heraus. So ist es auch mit der Dauer einer Retro. Im Scrum Guide wird für Beobachtungszeiträume von einem Monat eine Retrospektive von »maximal drei Stunden« empfohlen.[47] Das ist eine gute Richtgröße. Ist der Beobachtungszeitraum länger, sollte auch mehr Zeit angesetzt werden. Ich empfehle aber, lieber in regelmäßigen und kleinen Abständen eine Retro durchzuführen, denn sonst ist es schwierig, die Themen an konkreten Beispielen fest zu machen, und es wird schnell oberflächlich. Mit etwas Übung finden Teams schnell heraus, wie viel Zeit sie für eine Retro wirklich benötigen. Wenn die Retro zur Routine wird, sorgt das dafür, dass wir in einer kontinuierlichen Feedbackschleife miteinander arbeiten. So können wir uns stetig gemeinsam verbessern. Esther Derby und Diana Larsen verdeutlichen den Zusammenhang zwischen der Arbeit im Beobachtungszeitraum und der Retrospektive im iterativen Lebenszyklus. Auch wenn es in der Darstellung der beiden um Produktentwicklungsteams geht, ist die Retro wie gesagt für alle Teams ein Gewinn[48]:

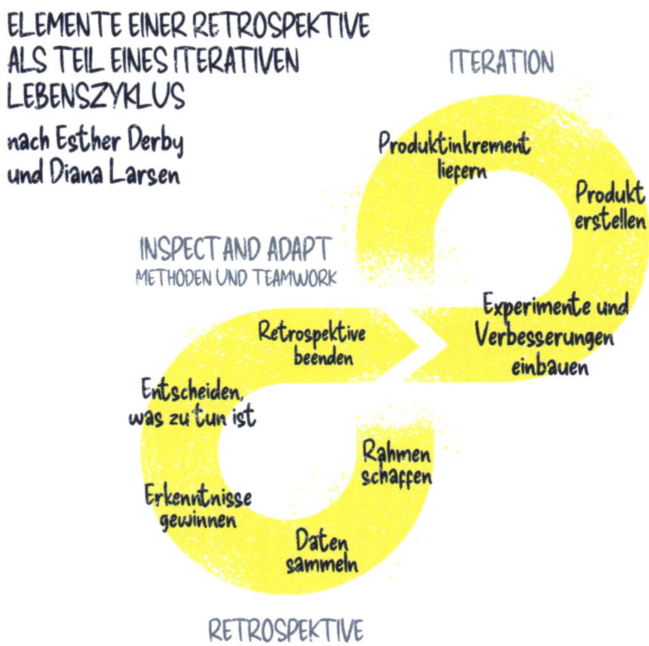

Die Retrospektive kann nur dann funktionieren, wenn sich alle sicher genug fühlen, um sich zu öffnen und auch kritische Dinge ansprechen zu können. Deshalb braucht es psychologische Sicherheit für eine gute Retrospektive. Gleichzeitig trägt aber auch jede Retro zur psychologischen Sicherheit im Team bei.[49] Damit die Sicherheit wächst, gibt es zwei wichtige Leitgedanken, die in jeder Retro gleich zu Beginn immer wieder ins Gedächtnis gerufen werden sollten. Sie sollen dazu beitragen, dass die Retro ein Safe Space ist und bleibt.

**Die Oberste Direktive**

Die Oberste Direktive stammt von Norman Kerth. Sie soll eine Haltung fördern, in der es nicht um Schuld, sondern um das gemeinsame Lernen und Wachsen geht:

> *Unabhängig davon, was wir entdecken werden, verstehen und glauben wir aufrichtig, dass in der gegebenen Situation, mit dem verfügbaren Wissen und den verfügbaren Ressourcen und unseren individuellen Fähigkeiten, jede:r das Beste getan hat.*[50]

**Die Vegas-Regel**

»Was in Vegas passiert, bleibt in Vegas.« Diesen Spruch kennen wir wahrscheinlich alle. Er macht in diesem Kontext kurz und klar deutlich, dass das, was in der Retro passiert, auch in der Retro bleibt. Informationen über Themen, Vorfälle oder Vereinbarungen bleiben bei den Teilnehmenden. Das ist sehr wichtig für den Aufbau, aber auch für die kontinuierliche Bestätigung der psychologischen Sicherheit im Team.

## So geht's

Wichtig für eine gute Retrospektive ist ihre Struktur, weshalb sie von einer Person moderiert werden sollte. Am besten ist eine Person, die nicht zum Team gehört. So können sich alle Teammitglieder auf die Retro konzentrieren und sich einbringen. Wenn es aber nicht anders geht, funktioniert es mit etwas Übung meist auch, sie selbst zu moderieren. Die Moderationsrolle sorgt dafür, dass die Struktur, das Timing und der Fokus gehalten werden und dass alle zu Wort kommen können. Außerdem sorgt sie für die methodisch richtige Umsetzung. Diana Larsen und Esther Derby haben die Struktur der Retro geprägt. Sie lautet wie folgt:

1. **Den Rahmen schaffen**
2. **Daten sammeln**
3. **Erkenntnisse gewinnen**
4. **Entscheiden, was zu tun ist**
5. **Die Retrospektive abschließen**[51]

So könnten die einzelnen Phasen aussehen:

**1. Den Rahmen schaffen**
Los geht es mit etwas Zeit, um gedanklich anzukommen. Deshalb ist ein Check-in wichtig. Nach der Begrüßung hilft dazu eine erste Interaktion. Das können eine Stimmungsabfrage oder andere Fragen sein. Sie eröffnen die Runde, in der eine erste Reflexion darüber stattfinden kann, wie die Beteiligten sich fühlen. Hier finden auch die oberste Direktive und die Vegas-Regel ihren Platz. Das Ziel der Phase ist, dass die Weichen für den Rest gestellt sind.

**2. Daten sammeln**
Was erst einmal technisch klingt, bedeutet einfach nur, dass alle wichtigen Themen aus dem Beobachtungszeitraum gesammelt werden. Das passiert mittels gezielter Fragen oder methodischer Übungen und kann richtig Spaß machen. Am besten funktioniert das mit Karten oder Sticky Notes, vor Ort oder virtuell. Wobei immer nur ein Thema auf eine Karte geschrieben wird. Das Sammeln funktioniert in kleinen Gruppen oder allein. Die Ergebnisse werden gemeinsam angesehen und sortiert. Wichtig ist, dass die angesprochenen Themen für alle verständlich sind, damit alle wissen, worum es geht. Falls das nicht der Fall ist, werden Verständnisfragen geklärt. Für Einsteigende reichen ganz einfache Fragen und Methoden aus. Je geübter Teams sind, desto mehr können sie auch mit Methoden und Fragen variieren. Ein einfaches Sammeln funktioniert zum Beispiel schon mit diesen Fragen:
- Was ist gut gelaufen?/Was wollen wir verbessern?
- Wo haben wir gut zusammengearbeitet?/Wo haben wir uns schwergetan?
- Womit wollen wir aufhören?/Womit anfangen?
- Was waren unsere emotionalen Hochs?/Was waren Tiefpunkte?

Wenn das Gesamtbild steht, lassen sich oft schon Auffälligkeiten oder Schwerpunkte erkennen. Auch wenn es schön wäre, in der Retro finden nie alle gesammelten Themen den Raum, um detailliert besprochen zu werden. Das ist aber meist auch nicht nötig. Es geht um die Punkte, die für die Zusammenarbeit besonders relevant sind. Deshalb ist es sinnvoll, an dieser Stelle die wichtigsten Themen zu voten, die an diesem Tag unbedingt besprochen werden sollten. Mit den priorisierten Themen geht es weiter.

**3. Erkenntnisse gewinnen**
Wenn es ein Problem gibt, meinen wir schnell zu wissen, welche Ursache das Problem hat. Noch bevor wir das Problem richtig verstanden haben, sind alle im Lösungsmodus. Wir sind inzwischen so trainiert darauf, Antworten zu finden, dass uns dabei manchmal die Frage abhandenkommt und es ist eine Herausforderung, konkret zu benennen, was schiefläuft. So kennen zwar alle die Lösung, aber niemand das Problem. Die Folge: Wir lösen an dem vorbei, was eigentlich wichtig ist, und kümmern uns um Symptome, statt um Ursachen. Um ein Problem aber wirklich zu lösen, müssen

wir seine echte Ursache finden. Eine meiner liebsten Methoden dafür sind die »Five Why«[52]. Statt einmal zu fragen »warum«, können wir das mindestens fünfmal tun. So lange, bis sich die wahre Ursache zeigt. Dabei bezieht sich das erneute Warum immer auf die Antwort des vorherigen Warums. Es wird auf diese Weise deutlich leichter, das Thema hinter dem Thema zu finden. Hier ein Beispiel:

- **Warum verliert ihr euch in Diskussionen?**
  - Weil uns nicht klar ist wo wir hinwollen.
- **Warum ist euch nicht klar wo ihr hinwollt?**
  - Weil wir keinen Fokus haben.
- **Warum habt ihr keinen Fokus?**
  - Weil wir noch keine neuen Ziele abgeleitet haben.
- **Warum habt ihr noch keine neuen Ziele abgeleitet?**
  - Weil wir dazu eine neue Methode ausprobieren wollten und das noch nicht geschafft haben.
- **Warum habt ihr das noch nicht geschafft?**
  - Weil unser letzter Teamworkshop ersatzlos ausgefallen ist.

Die letztendliche Ursache ist hier noch nicht gefunden und wir könnten nahtlos weiterfragen. Außerdem gibt es auf jedes »Warum« sicherlich auch unterschiedliche Perspektiven, die es zu diskutieren gilt.

**4. Entscheiden, was zu tun ist**

In dieser Phase geht es darum, konkrete Handlungsfelder abzuleiten und zu entscheiden, was anders werden soll. Die Ergebnisse basieren auf den Informationen, die bis hierhin entstanden sind. Wichtig ist, folgende Punkte gemeinsam festzulegen:

- Was wollen wir konkret verändern?
- Bis wann testen wir das neue Vorgehen und reflektieren es dann?
- Wer kümmert sich um was?

**5. Die Retrospektive abschließen**

Das Ende der Retro eignet sich für eine kleine Retro zur Retro. Das ist nur konsequent. Was war gut an der Retro? Was soll beim nächsten Mal anders werden? Mit der Zeit wird die Retro damit immer besser und wirksamer.

## Alles eine Frage der Haltung

Richtig durchgeführt ist eine Retrospektive ein echter Vertrauensbooster fürs Team. Deshalb gibt es zusätzlich noch einige Tipps, die dabei helfen, dass sie unsere psychologische Sicherheit stärkt. Hier geht es vor allem um die richtige Haltung.

**Retros finden immer statt**

Es gibt viele Unternehmen, in denen es sich eingespielt hat, die Retro nur durchzuführen, wenn es der Kalender zulässt. So bald viel los ist, fällt die Retro aus. Viele Teams verzichten auch auf die Retro, wenn sie vorweg das Gefühl haben, es gäbe nichts zu besprechen. Sie machen Retros nur dann, wenn sie Konflikte haben. So ein Vorgehen mindert das Vertrauen ins Team und in die Retro, denn auf ein solches Ritual müssen sich alle verlassen können. Zum Thema Zuverlässigkeit gibt es noch mehr in Kapitel 9. Außerdem wird es schnell oberflächlich, wenn vorher abgefragt wird, ob es Themen für die Retro gibt. Die Antwort lautet meist »nein«, aber eigentlich ist sie immer »ja«. Nur, wer sagt das schon in so einem Moment? Wer will dafür verantwortlich sein, dass die Retro doch stattfindet, obwohl alle anderen vielleicht mit »nein« geantwortet haben? Niemand möchte die eigenen Befindlichkeiten zwischen Tür und Angel äußern. Genau dafür gibt es ja den geschützten Raum der Retro. Im Team passieren immer Dinge, über die es sich zu sprechen lohnt. Kontinuierliche Verbesserung funktioniert nur mit kontinuierlicher Reflexion. Deshalb ist die Retro gesetzt und fällt nicht aus. Sie hat sogar höchste Priorität. Das schafft Vertrauen.

**Was in der Retro besprochen wird, ist verbindlich**

Vereinbarungen werden wie besprochen umgesetzt. Inhalte sollten nicht verloren gehen und auch nicht in Vergessenheit geraten. Die Maßnahmen, die zum Ende hin abgeleitet werden, haben Bestand. Wenn das nicht klappt, verliert das Team an Vertrauen und die Retro an Wirksamkeit.

**Störungen haben Vorrang**

Die Retro hat das Ziel, das gegenseitige Vertrauen zu stärken und psychologische Sicherheit zu fördern, um die Zusammenarbeit zu verbessern. Deshalb ist es wichtig, nicht nur ein fixes Programm abzuspulen. Es kann immer etwas Unvorhergesehenes passieren. Teammitglieder könnten emotional werden oder ein Störgefühl haben. Vielleicht entsteht ein Konflikt. Diese Themen haben Vorrang. So lernen alle, dass das sein darf und dass Probleme gemeinsam gelöst werden können. Das stärkt die psychologische Sicherheit und bringt Tiefe in die Retro. Außerdem kommen wir mit unseren Plänen sowieso nicht weiter, solange Störungen bestehen und ungeklärt bleiben.

**Emotionen gehören dazu**

Vor kurzem habe ich ein Team das erste Mal in einer Retro begleitet. Es hieß, es wäre schon sehr erfahren mit dem Vorgehen, weil es regelmäßig Retros mache. Statt eines Methodenfeuerwerks, wählte ich ein einfaches Vorgehen. Ich zeichnete eine Teamsituation, in der alle vor Freude in die Luft sprangen, und eine konfliktäre Teamsituation. Ich zeigte dem Team die Bilder und fragte, was es sah und welche Emotionen es mit den Bildern verband. Dann bat ich die Teammitglieder darum, mit Punkten zu voten, wie ihr Gefühl zur Zusammenarbeit des Teams im Beobachtungszeitraum war. Sie konnten sich entweder auf dem einen oder auf dem anderen Bild verorten. Nicht dazwischen. Unser Hang zur Mitte verwässert zu oft das Gesamtbild.

Nachdem sie ihren Punkt geklebt hatten, bat ich sie für sich allein auf Karten zu schreiben, was dazu geführt hatte, dass ihr Punkt dort klebte. Die Idee war, dass die Teammitglieder sich nicht nur auf die Inhalte der relevanten Punkte konzentrierten, sondern vor allem auf ihre Emotionen. Sie sollten daran denken, was eine bestimmte Situation mit ihnen gemacht hatte. Im gemeinsamen Gespräch ging es plötzlich um ihre Bedürfnisse, die nicht gedeckt waren, und es entstand ein sehr verletzlicher und wirksamer Austausch. Das Team hat durch diese Retro einen wichtigen Schritt aufeinander zu und nach vorne gemacht. Im Nachhinein meldete es mir zurück, dass es so eine Retro noch nie erlebt hatte. Sie hatten sich stets auf inhaltliche Themen fokussiert und ihre Gefühle nie thematisiert. Dabei geht es niemals nur um die Sache, wenn wir zusammenarbeiten, sondern immer auch um unsere Gefühle und Bedürfnisse. Vertrauen entsteht vor allem dann, wenn wir uns verletzlich zeigen.

## Echte Entschuldigungen

Wenn wir uns reflektieren, dann wird uns hoffentlich irgendwann auffallen, dass wir einen Fehler gemacht haben. Sollte das nie passieren, reflektieren wir uns noch nicht gut genug. Kleine Missgeschicke oder große Böcke – wenn es so weit ist, ist es an der Zeit, sich zu entschuldigen, und das ist nicht so leicht. Viele Menschen haben Schwierigkeiten damit, sich zu entschuldigen. Dabei sind sowohl eine ernst gemeinte Entschuldigung als auch eine Vergebung richtig heilsam für unser Vertrauensverhältnis und unsere Beziehung. Wer eine Entschuldigung also nie über die Lippen bringt, sollte genauer hinsehen, woran das liegen könnte. Es könnte sein, dass es dann tatsächlich an psychologischer Sicherheit oder an Selbstreflexion fehlt. Vielleicht hindert uns aber auch die Unternehmenskultur daran, unsere Fehler einzugestehen und um Verzeihung zu bitten.

Eine Führungskraft sagte mir einmal, dass sie sich niemals entschuldigen würde. Das würde ihre Autorität untergraben. Obwohl wir im Arbeitskontext nicht Autorität, sondern Beziehungen auf Augenhöhe anstreben sollten, denken viele, dass sie sich ein fehlerfreies Image bei der Arbeit erhalten müssten, um in ihrer Rolle akzeptiert zu werden. So sind wir lange sozialisiert worden. Doch heute ist es genau andersherum. Wer es nicht schafft, Fehler einzugestehen, erntet weniger Respekt und Wertschätzung. Wer sich hingegen entschuldigen kann, zeigt Größe und die Fähigkeit, aus Fehlern zu lernen. Was die Entschuldigung selbst angeht, gibt es einiges zu beachten, damit sie auch richtig ankommt:

- **Der richtige Zeitpunkt**
  Selbst wenn alle Regeln der Kunst befolgt werden, wenn das Timing nicht stimmt, bringen sie nichts. Eine Entschuldigung braucht Ruhe, Zeit und Offenheit. Das Gespür für den richtigen Moment zahlt sich aus.

- **Erklären ja, rechtfertigen nein**
  Der Grat zwischen einer Erklärung und einer Rechtfertigung ist schmal. Wenn die Erklärung zur Rechtfertigung wird, kann eine Entschuldigung mehr kaputtmachen als reparieren. Also Finger weg von Begründungen, die unser Verhalten stützen. Es geht nur darum, für Transparenz zu sorgen.
- **Verantwortung übernehmen**
  Wer Mist baut, sollte dafür auch die Verantwortung übernehmen. Es ist wichtig für andere zu spüren, dass wir bereit sind, die Konsequenzen unseres Fehlers zu tragen.
- **Mitgefühl**
  Es braucht eine gute Portion Mitgefühl für eine Entschuldigung. Ohne spürbares Mitgefühl, kommt einfach nicht an, dass Menschen sich in ihr Gegenüber hineinversetzt haben. Erst Mitgefühl macht es ihnen möglich, zu fühlen und dadurch wirklich zu verstehen, was ihr Verhalten verursacht hat.
- **Nach der Entschuldigung**
  Die beste Entschuldigung kommt nach der Entschuldigung. Erst durch eine Verhaltensänderung wird deutlich, dass wir verstanden haben, worum es geht. Wenn wir unseren Fehler eingesehen haben, lernen wir daraus und verändern etwas. Die Verhaltensänderung ist maßgeblich dafür, dass das Vertrauen fortbesteht. Wenn sie aber nicht eintritt und wir wiederholen unseren Fehler, dann ist das Vertrauen garantiert verspielt.

## Wofür Misstrauen eine Lösung ist

Misstrauen bedeutet nicht nur, dass wir jemandem kein Vertrauen schenken, sondern sogar, dass wir jemandem aktiv böse Absichten oder mangelnde Kompetenz unterstellen. Ein guter Grund, das zu reflektieren. Im Arbeitskontext spielt vor allem institutionalisiertes Misstrauen an vielen Stellen eine Rolle und ist zu einer Art Schutzmechanismus geworden.

In meiner Ausbildung zur systemischen Organisationsberaterin habe ich einen Satz ganz besonders verinnerlicht: »Jedes Problem ist für ein anderes Problem die Lösung«. Das hat meinen Blick auf Organisationen und Menschen bei der Arbeit nochmals ganz neu geschärft. Und es stimmt. Kein Mensch möchte sich abgrenzen. Kein Mensch will schlechte Arbeit leisten und kein Mensch möchte Konflikte provozieren. Das, was wir tun, tun wir aus gutem Grund, nämlich weil der Kontext, in dem wir uns bewegen, uns dazu bringt. So ist es auch mit Misstrauen. Natürlich gibt es einzelne Menschen, die einfach misstrauisch sind. Ihr fehlendes Urvertrauen und ihr Menschenbild lassen Vertrauen nicht zu und sie haben noch keine Strategien gefunden, um das zu ändern.

Es kann aber auch ein Teil der Unternehmenskultur sein, anderen zu misstrauen. Das ist immer dann sinnvoll, wenn wir in einer Kultur arbeiten, in der Absicherung wichtig ist. Misstrauen kann sogar eine Strategie zur Bewältigung von Komplexität sein. Denn wenn Vertrauen Komplexität reduziert, tut Misstrauen das auch. Wenn wir immer sicher sein können, dass andere sowieso nichts Gutes im Schilde führen oder ihre Arbeit nicht gut machen werden, reduziert das die Möglichkeiten für das, was als nächstes passieren könnte, enorm und wir wissen, worauf wir uns einstellen können. Es ist eine Orientierungshilfe für uns, wenn wir alle Möglichkeiten, in denen jemand etwas Gutes tun oder leisten könnte, kategorisch ausschließen.

Vor allem dort, wo Menschen Angst vor Bestrafung haben, vieles keinen Sinn ergibt oder das Gefühl vorherrscht, dass Fehler nicht passieren dürfen, entsteht Misstrauen. Das hat zur Folge, dass Risiken unbedingt vermieden werden. Der beste Weg, auf Nummer sicher zu gehen, ist es, alles anzuzweifeln. Arbeitsergebnisse, Aussagen oder der Mensch im Ganzen werden konsequent infrage gestellt. Aber auch in Silostrukturen etabliert sich Misstrauen gerne. Wenn jeder Bereich eines Unternehmens agiert wie eine eigenständige Firma und Zielwerte die Konkurrenz zueinander verschärfen, dann wird jeder Person misstraut, die aus einem anderen Silo kommt. Wenn Selbsterhalt wichtiger ist als Wertschöpfung, machen alle ihr eigenes Ding. Eine echte Zusammenarbeit wird vermieden, denn wer sich auf andere einlässt ist angreifbar. Misstrauen heißt Überleben.

Vertrauen ist in so einem Umfeld kaum möglich, denn die Risiken sind zu hoch, etwas aus der Hand zu geben. Unternehmen, die sich hier wiedererkennen, sollten handeln. Aber es hilft eben nicht, Mitarbeitenden einzutrichtern, sie könnten Vertrauen haben. Das habe ich tatsächlich einmal erlebt. Ein Manager hatte seine Führungskräfte zusammengerufen und sie dazu aufgefordert, ihm zu vertrauen. Sie sollten ihre Sorgen und Bedenken offen mit ihm teilen und ihn aufsuchen, wenn sie Fehler machten. Allerdings war er dafür bekannt, eben genau dafür kein offenes Ohr zu haben und mit Belohnung und Bestrafung zu arbeiten. Das Ergebnis war noch mehr Misstrauen, weil die Mitarbeitenden nicht glaubten, was er sagte. Sein Verhalten war widersprüchlich, denn sie waren es ja ganz anders von ihm gelehrt worden.

Es hilft auch nichts, Führungskräfte und Mitarbeitende »ins Vertrauen zu coachen«. Es liegt ja nicht nur an den Menschen, wenn Misstrauen im Unternehmen ein Teil der Kultur ist, sondern auch am Kontext und an den geltenden Spielregeln. Hier hilft vor allem die Arbeit am System. Wir müssen uns fragen, wo es institutionalisiertes Misstrauen gibt. Denn bevor sich die Spielregeln nicht ändern, wird sich auch das Verhalten nicht ändern. Wir müssen auf die Suche danach gehen, welche Umstände das Misstrauen verursachen und fördern. Wofür ist das vorhandene Misstrauen die Lösung? Was wird belohnt und was bestraft? Welche Historie hat das Unternehmen? Gab es herrische Führungskräfte? Selbst wenn sie nicht mehr da sein sollten, so überleben die Geschichten und Mythen um diese Menschen mindestens so lange wie wir Euro in DM umgerechnet haben. Das bedeutet, dass Menschen noch eine sehr lange Zeit Angst vor Bestrafung und negativen Konsequenzen haben, auch wenn es dafür faktisch keinen Grund mehr gibt.

**Gesundes Vertrauen**

Viele Menschen sprechen von gesundem Misstrauen. Es sei gut, mit einer gewissen Skepsis durchs Leben zu gehen. Im Beziehungskontext und somit auch im Arbeitsleben gibt es aus meiner Sicht kein gesundes Misstrauen. Überall da, wo wir Beziehungen aufbauen und pflegen wollen, ist Misstrauen ungesund. Es bedeutet, grundsätzlich davon auszugehen, dass Menschen schlechte Intentionen haben, bis sie das Gegenteil beweisen. Aber so funktionieren Beziehungen nicht. Sie kommen gar nicht erst zustande, weil das Misstrauen sofort jede Art der Verbundenheit vergiftet. Gesundes Misstrauen benötigen wir in uns suspekten Situationen. Wenn wir zum Beispiel unseren Kindern beibringen, dass sie nicht mit Fremden sprechen sollen, dann ist das gesundes Misstrauen. Es schützt uns vor Gefahren. In unseren Beziehungen sollten wir uns nicht schützen müssen, solange es dafür keinen Grund gibt. Dort brauchen wir eine andere Grundhaltung. Ich spreche deshalb lieber von gesundem Vertrauen. Dazu mehr in Kapitel 8.

## Wer alles besser kann, hat ein Vertrauensproblem

Auch Eingriffe in die Arbeit anderer bedürfen einer guten Reflexion. Immer wieder berichten mir Führungskräfte, dass sie fürs Loslassen schnell die Quittung bekommen würden. Die Qualität der Arbeit ihrer Mitarbeitenden würde nicht stimmen und sie müssten die Ergebnisse »retten«. Führungskräfte greifen ein und übernehmen selbst oder steuern alles durch und verteilen lediglich Aufgaben mit bis ins letzte Detail von ihnen vorgegebenen Ausführungswegen. Sie haben wegen dieser Erfahrungen kein Vertrauen darin, dass ihre Mitarbeitenden verantwortungsvolle Aufgaben allein lösen können. Gleichzeitig beteuern sie, Verantwortung abgeben zu wollen und wünschen sich, dass ihre Mitarbeitenden ein echtes Gefühl von Ownership entwickeln. Aber so entstehen Problemmuster. Es ist nicht klar, ob die Führungskraft eingreift, weil die Qualität der Arbeit schlecht ist, oder ob die Qualität der Arbeit schlecht ist, weil die Mitarbeitenden es gewohnt sind, dass die Führungskraft ständig eingreift. Wir können nicht mehr sagen, welches Verhalten das andere auslöst. Sie bedingen sich irgendwann gegenseitig. Fakt ist, dass die gleichen Führungskräfte hochqualifizierte Mitarbeitende beschäftigen. Aber wer es gewohnt ist, dass die eigene Arbeit nie ausreicht, dessen Arbeit wird auch künftig nicht ausreichen. Und wer es gewohnt ist, dass die Führungskraft ständig eingreift und die Verantwortung übernimmt, wird auch nur so viel tun wie eben nötig. Es entsteht eine sich wiederholende selbsterfüllende Prophezeiung.

Außerdem ist nicht klar, ob die Ergebnisse der Arbeit wirklich nicht gut genug sind oder ob sie lediglich dem Anspruch der Führungskraft nicht entsprechen. Wer glaubt »ich bin o. k. – du bist nicht o. k.« wird immer die »beste« Lösung parat haben. Nicht selten steht dem Team sogar ein ausgeprägter Wunsch der Führungskraft nach Perfektion im Weg und demotiviert es. Oder die Führungskraft war selbst einmal die beste Fachkraft und wurde deshalb zur Führungskraft ernannt. Sie vergisst, dass es bei Führung nicht darum geht, Beste:r zu sein, sondern es anderen Menschen zu ermöglichen, zu wachsen.

Eingreifen ist niemals eine gute Lösung. Schon bei Kindern nicht. Sie lernen durch das Selbermachen am meisten. Das ist für Eltern oft schwer auszuhalten, weil alles länger dauert und die Zeit meist drängt. Aber den Kindern ist es enorm wichtig. Sie können extreme Emotionen entwickeln, wenn Eltern eingreifen und für sie übernehmen. Mein Sohn wird jetzt drei Jahre alt und er will alles selbst machen. Dieser Wille ist bei ihm noch ausgeprägter als früher bei seiner Schwester. Aber er sieht natürlich auch den ganzen Tag, was sie tut, und möchte mindestens schon genau so groß sein. Also versuchen wir, ihn so gut es geht machen zu lassen. Ich bin wirklich kein geduldiger Mensch und muss mir in solchen Situationen oft innerlich in die Hand beißen. Aber es ist nicht nur ein Lernprozess für meinen Sohn, der neue Fähigkeiten erlangt, sondern auch jedes Mal für mich.

Wer eingreift stoppt den Lernprozess. Sowohl den eigenen als auch den der anderen Person. Es bleibt einfach kein Platz für Wachstum, denn erst dort, wo sich jemand zurücknimmt und uns Raum gibt, können wir uns entfalten. Viele Menschen glauben jedoch wirklich, die Ergebnisse von anderen könnten nie so gut sein wie die eigenen. Ganz nach dem Motto: »Ich bin o. k. – du bist nicht o. k.« reißen sie alles an sich. Eingreifen heißt dann so viel wie: »Ich habe kein Vertrauen in dich. Du kannst das nicht.« Diese Botschaft ist Gift für jede Beziehung. Nicht nur, dass wir uns nicht weiterentwickeln und unsere Hürden nicht bewältigen können, wir geraten auch noch in Rollen, die wir eigentlich nicht haben wollen. Eltern, die ihre Kinder nicht machen lassen, ziehen Jugendliche heran, die zuhause keinen Finger rühren. Wer es nicht gewohnt ist, Verantwortung zu bekommen, übernimmt sie auch nicht. So ist es auch im Arbeitskontext. Mitarbeitende, die nichts zu Ende bringen können, keine Erfolgserlebnisse haben und keine Selbstwirksamkeit spüren, identifizieren sich auch nicht mit ihrer Aufgabe.

Aber wir brauchen Menschen, die Verantwortung übernehmen wollen und selbstwirksam handeln. Deshalb müssen wir unsere Muster reflektieren und die Menschen begleiten, statt in ihr Handeln einzugreifen. Statt anderen in die Parade zu fahren, sollten wir sie lediglich dabei unterstützen, Herausforderungen selbst zu bewältigen. Wenn die Qualität nicht stimmt, lautet die Frage, was Mitarbeitende brauchen, um die Qualität zu erreichen. Dabei sind sie immer selbst in der Verantwortung und damit auch am

Steuer. Führungskräfte können mit Sparring, Coaching und Unterstützung zur Seite stehen und die Rahmenbedingungen schaffen, die es braucht, aber sie übernehmen nicht. So können sie ihren Mitarbeitenden eine nachhaltige Entwicklung ermöglichen und selbst noch eine Menge lernen. Herausforderungen auf diese Weise miteinander zu meistern, stärkt das gegenseitige Vertrauen immens.

## Warum es gut ist, wenn es nicht perfekt ist

Ein weiterer häufiger Grund fürs Eingreifen ist ein sehr hoher Qualitätsanspruch. Gegen gute Leistung und Qualität ist nichts einzuwenden. Es ist wichtig, dass wir exzellente Ergebnisse erreichen wollen und uns Ziele stecken, um richtig gute Arbeit zu leisten. Ein übertriebener Anspruch an sich selbst oder andere ist allerdings nicht förderlich, sondern toxisch. Bei einer sehr hohen Ausprägung spricht man von dysfunktionalem Perfektionismus. Generell galt Perfektionismus lange als erstrebenswert. Noch heute nennen Talente im Bewerbungsgespräch Perfektionismus als vermeintliche Schwäche. Der Plan: Sie wollen damit eigentliche eine Stärke vermitteln.[53] Doch wir kommen immer mehr dahinter, dass Perfektionismus keine Stärke ist, sondern seine Tücken hat. Und manchmal ist er ein echter Vertrauenskiller.

Menschen mit dysfunktionalem Perfektionsstreben tendieren häufig zu der Anschauung »Ich bin nicht o. k. – du bist o. k.« Durch Leistung in höchster Vollendung wollen sie einen Ausgleich schaffen. Sie wollen sich o. k. fühlen. Gleichzeitig ist das Ziel nicht erreichbar, weil kein Ergebnis dafür als gut genug empfunden wird. Das ergibt einen Teufelskreis und ein echtes Problemmuster. Erst arbeiten wir hart und lange an jedem Detail, um unser Ziel zu erreichen, und dann geißeln wir uns oder andere, weil wir es nicht geschafft haben. Wenn Perfektion wichtiger wird als Wertschöpfung oder Wohlergehen, kann unsere mentale Gesundheit leiden. Dysfunktionaler Perfektionismus begünstigt deshalb psychische Krankheiten wie Depressionen, Burn-out oder Angststörungen.

### Perfektionismus im Tausch gegen Liebe

Tatsächlich ist Perfektionismus nur einer von fünf so genannten inneren Antreibern, die sich in den ersten Jahren unserer Kindheit ausbilden. Das Modell der inneren Antreiber basiert auf der Transaktionsanalyse von Eric Berne und Thomas Harris und wurde später von Taibi Kahler entwickelt.[54] Innere Antreiber sind Lebensskripte, die aus den gesammelten Glaubenssätzen unserer Kindheit geschrieben und dann abgespeichert werden. Sie sind unsere grundsätzlichen Überzeugungen und bilden den roten Faden zwischen allem, was wir tun. In unserem Verhalten legen wir, je nach Skript, Wert auf bestimmte Dinge. Immer mit dem Ziel unsere Bedürfnisse zu befriedigen. Das Modell der inneren Antreiber erklärt diese Zusammenhänge ganz vereinfacht, damit wir sie besser verstehen können. Es ist eine Art Typologie, um die verschiedenen Verhaltensmuster deutlich zu machen. Wir alle haben jeden Antreiber in uns. Einige sind kaum wahrnehmbar und andere sehr ausgeprägt. Natürlich ist jede:r anders und die Intensität der Verhaltensmuster ist ganz unterschiedlich. Die folgenden Abschnitte sollen lediglich eine Hilfe sein, um zu verstehen, was Merkmale der Antreiber sein können, wenn sie besonders ausgeprägt sind. Hier sind alle Fünf mit einer kurzen Beschreibung, die das positive und negative Spektrum abbildet:

**Sei perfekt!**
Menschen mit diesem Antreiber haben einen sehr guten Blick fürs Detail und leisten eine hohe Arbeitsqualität. Sie planen viel und gerne, können allerdings nicht gut mit Spontanität umgehen. Grundsätzlich heißt es: Erst die Arbeit, dann das Vergnügen. Sie sind strebsam und ehrgeizig. Sie wollen 100 Prozent leisten, nur dass diese Hundert dem eigenen Standard entsprechen und viel höher sind als die Hundert des Umfelds. Frustrierend ist, dass das Ziel niemals erreicht werden kann. Perfektionist:innen verlieren sich in Details und das Ziel aus den Augen. Sie kontrollieren Ergebnisse mehrfach und verzetteln sich. Sie können unheimlich hart zu sich selbst sein, wenn sie aus ihrer Sicht nicht perfekt performen.

**Mach' es allen recht!**
Wer es allen recht machen möchte, ist meist sehr empathisch und hört gut zu. Menschen mit diesem Antreiber fühlen sich wohl im Team und brauchen Harmonie in ihrem Umfeld. Daher fühlen sie sich meist verantwortlich dafür, sie herzustellen. Bei dem Versuch, allen gerecht zu werden, nehmen sie in Kauf, dass sie selbst zu kurz kommen und sich nicht selten zerreißen. Konflikte und Kritik sind für sie echte Stressoren, denen sie lieber aus dem Weg gehen.

**Streng dich an!**
Wer diesen Antreiber hat, arbeitet engagiert und begeistert. Diese Menschen wollen sich kontinuierlich verbessern. Sie leisten mit viel Einsatzbereitschaft und Kreativität. »Streng dich an« ähnelt von den äußeren Erscheinungsmerkmalen dem Antreiber »Sei perfekt«. Hier ist die Motivation aber eine ganz andere. Das Ziel ist nicht das perfekte Ergebnis, sondern die harte Arbeit auf dem Weg dahin. Was nicht anstrengend war, ist auch nichts wert. Erfolg kann nur mit Schweiß und Tränen in Verbindung stehen. Menschen mit diesem Antreiber arbeiten oft über ihre mentalen und körperlichen Grenzen hinaus.

**Sei stark!**
Menschen, deren Antreiber es ist, immer stark zu sein, haben ein hohes Durchhaltevermögen und sind sehr belastbar. Wenn andere sich schwertun, sind sie der Fels in der Brandung. Schwierig wird es für sie, wenn Gefühle ins Spiel kommen. Sie möchten sie nicht zulassen, sind aber für andere da, die eine starke Schulter brauchen. Betroffene wollen ohne Trost und ohne Hilfe auskommen. Beides anzunehmen, käme für sie nicht infrage, denn das empfinden sie als Schwäche.

**Mach' schnell!**
Menschen mit diesem Antreiber arbeiten rasant und legen ein enormes Tempo vor. Ein schnelles Vorankommen ist ihnen wichtiger als ein gutes Ergebnis. Sie sind schnell gestresst, wenn etwas länger dauert als ihnen lieb ist, und können damit nicht gut umgehen. Sie reden schnell, hören wenig zu und unterbrechen andere, wenn ihnen die Diskussion zu lange dauert. Sie handeln aus dem Impuls heraus und sind selten vorbereitet.

Die individuelle Ausprägung und die Kombination der Antreiber hängen stark davon ab, wie wir erzogen und geprägt worden sind. Alle Antreiber bringen positive Eigenschaften mit sich, sind aber in einer übertriebenen Ausprägung eine echte Herausforderung. Sie alle sind unsere innere Antwort darauf, wie wir es schaffen, geliebt zu werden und dazuzugehören. Egal welche Antreiber bei uns ausgeprägt sind, die Motivation dahinter ist immer die gleiche.

## Ein Hoch auf die Unvollkommenheit

Im Arbeitskontext steht vor allem der Antreiber »sei perfekt« Vertrauen im Weg. Um es gleich vorwegzunehmen: Perfektion gibt es nicht. Es gibt weder einen perfekten Zustand noch die eigene Vollkommenheit.[55] Selbst Perfektionist:innen haben einen ganz unterschiedlichen Anspruch an Qualität und ganz verschiedene Bilder vor Augen. Der Gold-Standard ist weder erreichbar noch existent. Das hindert Menschen aber nicht daran, ihn weiterhin erreichen zu wollen. Wer Wert darauf legt, dass alles bis ins übertriebene Detail ausgearbeitet wird, erweckt meist den Eindruck, dem Umfeld nicht zu vertrauen. Menschen mit diesem Anspruch kontrollieren Arbeitsergebnisse und werden gerade in stressigen Situationen immer kleinteiliger.

Auch Perfektionismus kann zum Absicherungsmechanismus werden, weil wir Angst davor haben, was uns passieren könnte, wenn uns ein Fehler unterläuft. Wenn wir uns nicht sicher fühlen, dann neigen wir dazu, auf Nummer sicher zu gehen. Wer schon einen Hang zum Perfektionismus hat, nutzt ihn, um sich zu schützen. Und das ist keine Seltenheit. So kann uns Perfektionismus in Summe sehr viel Geld kosten, weil Menschen ihre Zeit damit verbringen, einem immer noch besseren Ergebnis hinterherzujagen, statt sich um das Wesentliche zu kümmern.

Natürlich können wir den Antreiber nicht einfach ablegen. Aber auch Perfektionismus lässt sich durch stetige Reflexionsarbeit in den Griff bekommen. Meine besonders ausgeprägten inneren Antreiber sind »sei schnell« und »sei perfekt«. In der Kombination sind sie besonders herausfordernd, weil sie sich gegenseitig widersprechen. Schnell dem Perfektionsstreben gerecht zu werden ist einfach unmöglich. Früher, als ich noch nicht viel über das Thema wusste, hat mich mein Anspruch ganz schön auf Trab gehalten. Heute komme ich gut damit klar. Aber ganz weg geht der Drang natürlich nicht. Das soll er auch nicht, denn abgemildert ist er durchaus sehr hilfreich. Es gibt schlimmeres, als zügig gute Arbeit leisten zu wollen. Mir hat es geholfen, agil und damit iterativ zu arbeiten. Statt ein perfektes und finales Arbeitsergebnis zu liefern, arbeiten wir in kleinen, sich wiederholenden Schleifen und tauschen uns zeitnah mit Feedback aus. Das ist nicht nur viel sinnvoller für alle Beteiligten, es spart auch unheimlich viele Ressourcen und Zeit. Die Arbeit ist in diesem Verständnis nicht fertig und sie wird auch nicht für irgendwelche Präsentationen aufpoliert. Sie ist immer »in progress«. Was mir auch geholfen hat ist zu verstehen, dass das Gegenteil von Perfektion die Unvollkommenheit ist. Im Gegensatz zur Vollkommenheit stecken da noch Möglichkeiten drin. Im Umkehrschluss ist Perfektion möglichkeitslos. Unvollkommenheit ist das Leben, Perfektion der Tod.[56] Wer will das schon?

## Vorbilder sind nicht perfekt

Vor allem Führungskräfte denken oft, sie müssten perfekt sein. Deshalb werde ich immer wieder gefragt, was für mich eine perfekte Führungskraft ausmacht. Immer wieder antworte ich, dass es keine perfekten Führungskräfte gibt. Und wenn es sie gäbe, würde wahrscheinlich niemand von ihnen geführt werden wollen. Also ich zumindest nicht. Denn das würde nur Frust auslösen. Auch wenn ich selbst wieder einmal perfekt sein will, hilft es mir, darüber nachzudenken, wer mich geprägt hat. Wenn wir an unsere Vorbilder denken, dann sind die Momente, in denen sie uns berührt haben, nicht die, in denen sie makellos waren. Es ist Menschlichkeit, die uns prägt und die in Erinnerung bleibt. Vorbilder sind etwas Emotionales, nichts Perfektes.[57] Ich frage mich dann, was für ein Vorbild ich sein will. Und ich entscheide mich, andere lieber mit meiner Unvollkommenheit zu inspirieren als durch Perfektionismus. Unsere Hürden und Herausforderungen und ein ehrlicher Umgang mit unseren Schwächen, berühren andere Menschen deutlich mehr als unsere schillernden und ach so perfekten Erfolgsgeschichten. Wir müssen lernen loszulassen, auch unseren überhöhten Anspruch. Ein bewusster und liebevoller, aber auch transparenter Umgang mit dem Antreiber, ist für alle ein Gewinn. Er hilft, den Perfektionismus im Zaum zu halten und dem gegenseitigen Vertrauen mehr Raum zu geben. Deshalb:

1. **Den Perfektionismus annehmen**
   Erst wenn wir Freunde werden, können wir lernen, miteinander umzugehen. Wir unterschätzen oft, wie wichtig der liebevolle Umgang mit uns selbst ist. Vielleicht ist der Perfektionismus nur unser inneres Kind, das nach Sicherheit sucht.
2. **Transparenz schaffen**
   Es ist leichter loszulassen, wenn wir kommunizieren, welches starke Bedürfnis nach Vollkommenheit wir haben. Andere können uns Feedback geben oder uns darauf hinweisen, wenn wir wieder einmal über die Stränge schlagen.
3. **Fehler machen klug**
   Fehler passieren. Es ist wichtig, Raum dafür zu lassen und gut zu reflektieren, wie wir mit Fehlern umgehen. Unser Perfektionismus darf dem ehrlichen Austausch über Fehler niemals im Weg stehen.
4. **Realistische Ziele**
   Eine gute Zielsetzung ist wichtig, aber Perfektionist:innen sollten von ihren definierten Zielen immer nochmals eine Schippe herunternehmen oder sich Feedback dazu von anderen einholen. Hoch hinaus wollen wir alle, aber je realistischer unsere Ziele gleichzeitig sind, desto besser können wir sie gemeinsam erreichen.
5. **Loslassen**
   Loslassen lernen wir am besten, indem wir es einfach tun. Die positiven Erfahrungen, die wir dann machen, helfen uns, das Loslassen langfristig sogar gut zu finden.
6. **Worst Case – Best Case**
   Das Worst-Case-Szenario ist eines meiner liebsten Mittel, um diffuse Ängste und Perfektionismus liebevoll wegzuschubsen.[58] Was passieren kann ist meist gar nicht schlimm, wenn wir es uns einmal konkret vor Augen führen. Die Macht unserer Gedanken ist groß. Wir sollten sie nutzen. Also: Was kann im schlimmsten Fall passieren, wenn die Präsentation nicht perfekt ist? Was kann im schlimmsten Fall passieren, wenn ich die Aufgabe abgebe? Was kann im schlimmsten Fall passieren, wenn mir ein Fehler unterläuft? Danach stelle ich mir auch gerne die Frage, was im besten Fall passieren kann. Denn wenn die Ängste kleiner werden, ist Platz für Freude da. Und es macht große Freude, sich vorzustellen, was wir alles bewirken und erreichen können. Was kann im besten Fall passieren, wenn ich mich traue loszulassen? Was kann im besten Fall passieren, wenn ich die Aufgabe abgebe? Was kann im besten Fall passieren, wenn ich den anderen vertraue? Aus Angst wird Vorfreude und die treibt an, statt zu blockieren.

# Mentale Gesundheit und Führung

## Benjamin Rolff

Credits: Ilka Hinrichs

Die Arbeitswelt fordert uns heraus. Die vergangenen Jahre haben unsere Arbeitsweisen teils grundlegend verändert. Wir können unseren Alltag zwar immer flexibler und selbstbestimmter organisieren. Doch das bringt neue Herausforderungen mit sich: Arbeit und Privatleben verschwimmen, wir verbringen mehr Zeit in Meetings und können abends nicht mehr abschalten. Dabei scheint unser Wohlbefinden oft nicht viel mehr als eine Randnotiz auf unserer To-do-Liste zu sein. Die Realität ist, dass die neue Arbeitswelt unsere mentale Gesundheit bedroht – doch wir sprechen noch zu wenig darüber. Weil wir glauben, immer 100 Prozent geben zu müssen. Weil wir glauben, keine Schwäche zeigen zu dürfen. Weil wir uns selbst und unseren Teams zu wenig vertrauen. Es wird Zeit, das zu ändern und die mentale Gesundheit auf die Agenda von Führungskräften zu setzen und zum elementaren Bestandteil unserer Zusammenarbeit zu machen.

### Die Arbeitswelt erkrankt und wir schauen zu

Die Corona-Pandemie war ein Katalysator vieler bereits fortschreitender Entwicklungen: Digitalisierung, hybride Arbeitsweisen, aber auch ein wachsendes Gesundheitsbewusstsein. Trotzdem hat sich die Lage unserer mentalen Gesundheit verschärft: Isolation, Stress, Verunsicherung. Die psychischen Belastungen in der Arbeitswelt nehmen weiter zu. Die Lage ist alarmierend, aber tun wir genug dagegen?

Warum es uns so geht, ist nicht verwunderlich. Unsere Arbeitswelt scheint sich jeden Tag ein bisschen schneller zu bewegen. Die Digitalisierung gibt den Takt einer neuen Leistungsgesellschaft vor und verändert grundlegend, wie wir arbeiten. Als Menschen sind wir »always-on«, um am Puls der Zeit zu bleiben. Wir sind ständig überall erreichbar und die Grenzen zwischen unserer Arbeit und unserem Privatleben weichen immer weiter auf. Das Gefühl der Überforderung wird zum ständigen Begleiter. Kann das überhaupt gesund sein?

Wo Stress beginnt, folgen oft gesundheitliche Probleme. »Von 2010 bis 2020 nahm die Zahl der Fehltage aufgrund psychischer Erkrankungen um 56 Prozent zu.«[59] Eine Stressstudie der Techniker Krankenkasse verdeutlicht diese Entwicklungen: »Knapp zwei von drei Menschen in Deutschland fühlen sich mindestens manchmal gestresst«, gut jede:r Vierte sogar häufig.[60] Das Risiko für Erkrankungen, wie

Angstzustände, Depression oder Erschöpfung, ist bei chronischem Stress besonders hoch.[61] Diese Zahlen spiegeln den intensiven Druck und Leistungsanspruch, der in unserer modernen Arbeitswelt herrscht, wider. Wie können wir einen gesunden Umgang damit finden?

**Mentale Gesundheit braucht ein neues Narrativ in der Arbeitswelt**

Was tun wir, wenn wir uns den Arm brechen? Wir würden ganz selbstverständlich zum Arzt gehen und unsere Familie und Kolleg:innen um Unterstützung bitten. Aber was ist, wenn wir uns erschöpft fühlen, Angstzustände haben oder unter Depressionen leiden? Wäre es für uns dann genauso selbstverständlich, darüber zu sprechen und Hilfe zu suchen? Wahrscheinlich nicht. Denn obwohl mentale Gesundheit ein zentraler Faktor für unser Wohlbefinden und unsere Leistungsfähigkeit ist, wird sie noch immer stigmatisiert und tabuisiert. Das muss sich ändern!

Wir brauchen ein neues Narrativ von mentaler Gesundheit. Eines, das mentale Herausforderungen und den Umgang damit normalisiert. Denn vier von zehn Deutschen leiden irgendwann im Laufe ihres Lebens an einer psychischen Erkrankung.[62] Das sind keine Einzelfälle. Es ist eine gesellschaftliche Herausforderung. Nur wenn wir das herrschende Stigma abbauen und offen über unsere psychischen Belastungen sprechen, können wir mehr Akzeptanz und Bewusstsein schaffen. Auch in der Arbeitswelt.

Mentale Gesundheit geht uns alle an. Sie beeinflusst die Qualität unserer Entscheidungen, unsere Kreativität und unsere Stressbewältigung. Sie ist mehr als die Abwesenheit von Krankheit, sie ist ein wesentlicher Bestandteil unseres individuellen Wohlbefindens. Deshalb sollten wir sie genauso ernst nehmen wie unsere körperliche Gesundheit. Und deshalb sollten wir einen Raum schaffen, in dem wir offen und wertungsfrei über unsere Herausforderungen sprechen können. Egal ob als Führungskraft oder als Mitarbeitende – wir alle können dieses Narrativ prägen.

**Wir müssen Leistung gesund denken**

Wir profilieren uns mit langen Arbeitszeiten, machen wenig Pausen und ernten Beifall für die so genannte Extrameile. Müde und erschöpft zu sein, wird zum Statussymbol in einer Leistungsgesellschaft, die sich über ihren Arbeitseifer definiert. Wir haben gelernt zu funktionieren. Ist das wirklich die Art, wie wir arbeiten wollen?

Unsere Arbeitswelt wird zu einem wackeligen Kartenhaus, das sich aus ungesunden Glaubenssätzen zusammensetzt: Floskeln, wie »Ohne Fleiß, keinen Preis« oder »Wer nichts leistet, ist nichts wert« sind schnell ausgesprochen und prägen, wie wir über Arbeit heute denken. Wenn wir daran glauben, definieren wir unseren Selbstwert darüber, wie produktiv und leistungsfähig wir sind. Das ist nicht nur falsch, sondern gefährlich.

Denn mit diesen Glaubenssätzen verschließen wir uns vor unseren eigenen Bedürfnissen und Grenzen. Sie suggerieren, dass wir mehr erreichen, wenn wir nur mehr Einsatz zeigen. Das mag kurzfristig funktionieren, macht uns aber langfristig krank. Es wird Zeit, dass wir unsere Glaubenssätze hinterfragen und neu definieren, was gesunde Leistung für uns bedeutet.

Gesunde Leistung bedeutet, dass wir darauf vertrauen, die beste Leistung zu vollbringen, wenn wir unsere Arbeit auf gesunde und nachhaltige Weise gestalten. Wenn wir Pausenzeiten nicht als verlorene Arbeitszeiten sehen, sondern als wichtige Phasen der Regeneration. Wenn wir unsere Bedürfnisse nach Ruhe, Austausch oder Bewegung nicht unterdrücken, um vermeintlich effizient zu arbeiten, sondern ihnen Raum im Arbeitsalltag geben. Wenn wir unsere Leistung nicht anhand von Meetingstunden und Arbeitszeiten bewerten, sondern aufgrund des Beitrags, den wir wirklich leisten.

Letztlich bedeutet gesunde Leistung, dass wir unsere mentale Gesundheit ernst nehmen. Wir streben einen Zustand des Wohlbefindens an, der es uns ermöglicht, unsere Potenziale auf gesunde Weise zu entfalten, besser mit Belastungen umzugehen und einen wertvollen Beitrag zur Gemeinschaft zu leisten.

**Dialog fördern, Räume öffnen – die Verantwortung der Führungskräfte**
Führungskräfte haben einen entscheidenden Einfluss auf die mentale Gesundheit in der Arbeitswelt. Viele Mitarbeitende leiden still und allein unter ihren psychischen Herausforderungen. Sie trauen sich nicht, darüber zu sprechen, aus Angst vor Ablehnung oder Unverständnis. Doch diese unsichtbaren Kämpfe benötigen Sichtbarkeit – auch am Arbeitsplatz.

Für diesen Austausch braucht es sichere Häfen – eine Arbeitskultur des offenen Dialogs, der Empathie und Fürsorge. Als Führungskraft können wir diese unsichtbaren Türen aufschließen und Räume schaffen, in denen das Team ohne Angst vor Diskriminierung über Emotionen sprechen kann. Hier geht es um das Konzept der psychologischen Sicherheit, das in Kapitel 3 beschrieben wird.

Insbesondere in der Rolle einer Führungskraft ebnen wir als Vorbilder den Weg für einen wertschätzenden Austausch. Wir haben die Mittel, um mentale Gesundheit zur Priorität zu machen. Wie kann dieser Prozess aussehen?

1. **Nähe schaffen:** Wir können vorangehen und von eigenen mentalen Herausforderungen berichten, die wir entlang unseres beruflichen Weges erlebt haben. Nähe zum Team entsteht, wenn wir uns verletzlich zeigen und

andere an unserer Gefühlswelt teilhaben lassen. Ob es der eigene Umgang mit Leistungsdruck oder Rückschlagen ist, oder wie wir persönliche Krisen überwunden haben. Indem wir uns mitteilen, laden wir auch indirekt alle Mitarbeitenden ein, sich zu öffnen und Teil des Dialogs zu werden.

2. **Aufrichtig sein:** Ziel ist es, eine authentische Verbindung untereinander zu schaffen. Dabei bleibt kein Raum für starre Skripte oder oberflächliche Floskeln. Stattdessen sollten wir ein aufrichtiges Interesse am Wohlbefinden des Teams ausstrahlen. Wenn die Teamgesundheit nur als schneller Agendapunkt in einem Workshop abgehandelt wird, werden Mitarbeitende das als halbherzigen Versuch enttarnen und ebenso zurückhaltend auf die Maßnahme eingehen. Die Basis eines offenen Dialogs ist, dass sich Mitarbeitende gehört und angenommen fühlen. Ein Team spürt diese Aufrichtigkeit sofort.
3. **Vertrauen fördern**: Als Führungskraft können wir eine Kultur des Vertrauens fördern, in der mentale Gesundheit nicht als Problem, sondern als Teil unserer Menschlichkeit gesehen wird. Dieses Vertrauen entsteht vor allem dann, wenn wir unsere Mitarbeitenden selbstbestimmt entscheiden lassen, wie sie ihre Arbeit auf gesunde Weise gestalten. Persönliche Bedürfnisse und Arbeitspräferenzen unterscheiden sich mitunter stark – deshalb ist Autonomie der Schlüssel für ein Team, das individuelles Wohlbefinden mit der Teamleistung vereint.

Ein gesundes, nachhaltig leistungsfähiges Team macht diesen offenen, vertrauensvollen Dialog zum Ritual. Es schafft Formate und Zeiträume, die diese Offenheit fördern – regelmäßige Check-Ins oder Retrospektiven zur gemeinsamen Reflexion sowie dedizierte Workshops zur Teamentwicklung machen einen Unterschied. Denn der Austausch prägt das Miteinander, die gemeinsamen Arbeitsweisen und die Teamidentität. Und er stärkt die Gesundheit des gesamten Teams.

#### Gesunde Führung entsteht in alltäglichen Momenten

Wie entsteht Vertrauen? Es sind nicht immer nur die großen Gesten und Zusammenkünfte, wie die klassischen, jährlichen Teamevents, die das Vertrauen ineinander stärken, sondern es sind auch die kleinen Augenblicke, die alltäglichen Begegnungen auf den Bürofluren. Ein spontanes Pläuschchen an der Kaffeemaschine, ein ungezwungener Austausch in der Mittagspause. Es sind diese eher unscheinbaren Momente, die das stabile Fundament für eine gesunde Arbeitsumgebung legen.

Es sind auch diese alltäglichen Situationen, die uns oft das beste Gefühl für das Wohlbefinden unserer Kolleg:innen und Mitarbeitenden geben. Genau hier können wir Bedürfnisse wahrnehmen, Belastungen verstehen und unterstützend wirken. Denn viele Menschen mit mentalen Herausforderungen suchen Hilfe zu spät oder gar nicht. Je länger die Belastungen anhalten, desto schwieriger gestaltet sich der Weg der Gesundung. Zudem nehmen Personen mit psychischen Belastungen oft nicht wahr, dass sie Unterstützung benötigen oder dass es wirksame Hilfe für sie gibt. An dieser Stelle kann eine achtsame Ansprache einen wesentlichen Unterschied machen.

Wie wir anderen Menschen im Falle mentaler Herausforderungen begegnen können, das beschreibt das *Mental Health First Aid-Programm*[63] mit dem ROGER-Prinzip. ROGER ist ein Akronym und beschreibt fünf Schritte, die wir gehen können, um Menschen mit psychischen Belastungen unterstützend zu begleiten.

1. **Reagieren:** Bevor wir überhaupt wirksam unterstützen können, sollten wir achtsam auf die Person zugehen und eine vertrauensvolle Gelegenheit finden, um sie anzusprechen. Wir können unsere Wahrnehmungen und Sorgen empathisch äußern und uns nach ihrem Wohlbefinden erkundigen.
2. **Offen und unvoreingenommen kommunizieren:** Wenn wir unser Gegenüber verstehen wollen, dann braucht es ein aufrichtiges Interesse an der Person. Dabei achten wir nicht nur auf Worte, sondern nehmen auch Emotionen und nonverbale Signale wahr. Wir stellen offene Fragen, um mehr zu erfahren und verzichten auf eigene Beurteilungen und Bewertungen der Situation.
3. **Gib Unterstützung und Information:** Mit unserem gewonnenen Verständnis fällt es uns leichter, wirksame Unterstützung anzubieten. Etwa, indem wir unsere Mitarbeitenden mit passenden Ressourcen stärken – ihnen Freiräume geben, Informationen oder Austausch anbieten. Oder indem wir Entlastung schaffen – durch klare Prioritäten, transparente Verantwortlichkeiten und bewusstes Delegieren.
4. **Ermutige zu professioneller Hilfe:** Mit der richtigen fachlichen Unterstützung gesunden Menschen schneller. Wir können diesen Weg fördern, indem wir gezielt auf Hilfs- und Unterstützungsangebote innerhalb und außerhalb unserer Unternehmen hinweisen: Ob Therapie, Beratung oder Employee Assistance Programme – oft fehlt es nicht an den Mitteln, sondern an unserem Wissen darum.
5. **Reaktiviere Ressourcen:** Zusätzlich können wir unsere Kolleg:innen und Mitarbeitenden dazu ermutigen, bewährte Aktivitäten zu verfolgen, die ihnen Kraft geben und Stabilität schaffen. Ob gesunde Routinen, der Austausch im Team oder die Unterstützung durch Familie und Freunde – in akuten Situationen helfen die Dinge, die uns guttun, ganz besonders.

Gesunde Führung geht weit über ein flüchtiges »Wie geht's?« zwischen Tür und Angel hinaus. Echtes Interesse am gegenwärtigen Wohlbefinden der Mitarbeitenden ist entscheidend. Es sind die kleinen, alltäglichen Momente, die nicht nur das Vertrauen stärken, sondern uns ermöglichen, aufeinander zu achten, Belastungen wahrzunehmen und rechtzeitig Unterstützung anzubieten. Das ist das Fundament für ein gesundes Miteinander.

**Gesundes Führen braucht Selbstführung**

Unser Anspruch, immer funktionieren und abliefern zu müssen, steht nicht für einen starken Willen oder eine außergewöhnliche Motivation. Dieser Anspruch steht dafür, dass wir uns selbst nicht genug vertrauen – auch als Führungskraft. Wenn wir uns keine Pause, keine Schwäche und kein Durchatmen erlauben, glauben wir nicht daran, dass wir unsere Ziele und Ambitionen auf gesunde Weise erreichen können. Es liegt an uns, diese Glaubenssätze aufzubrechen und uns selbst auf gesunde, wirksame Weise zu führen. Nur wenn wir es selbst vorleben, werden unsere Teams beginnen, gesünder zu arbeiten.

Das Fundament unserer Selbstführung ist das Vertrauen in uns selbst. Beginnen wir, darauf zu vertrauen, dass gesunde Leistung immer die beste Leistung sein wird. Und dass echtes Wachstum nur durch Ruhe und Erholung entsteht. Beginnen wir, darauf zu vertrauen, dass mentale Belastungen uns nicht schwächer machen, sondern wir aus dem Umgang mit ihnen neue Stärke gewinnen. Und dass wir Vorbild für eine gesunde Arbeitswelt sein können – mit jeder Handlung an jedem einzelnen Tag.

Gesunde Selbstführung bedeutet, dass wir persönliche Orientierung in unruhigen Zeiten schaffen. Dafür sollten wir bei unseren eigenen Werten und Überzeugungen beginnen: Was ist mir wirklich wichtig? Woran glaube ich? Und lebe ich das in meinem Arbeitsalltag genauso vor? Gesunde Selbstführung bedeutet auch, dass wir unsere Bedürfnisse und Grenzen erkennen und sie als Leitplanken für unseren Arbeitsalltag nutzen: Was brauche ich gerade wirklich? Und wie kann ich wirksam und produktiv sein, ohne »always-on« auszubrennen?

Gesundes Arbeiten dürfen wir als Lernreise verstehen. Indem wir uns regelmäßig reflektieren, lernen wir uns selbst besser kennen und stärken das Vertrauen in uns selbst. Denn nur, wenn wir uns selbst vertrauen, werden wir auch unseren Kolleg:innen und Mitarbeitenden vertrauen – und ihnen zutrauen, mit ihrer Arbeitsweise und ihren Präferenzen die beste gesunde Leistung zu vollbringen. Vertrauen ist das Fundament für eine gesunde Arbeitswelt. Schenken wir es uns und anderen.

..HELP!

# UNTERSTÜTZUNG

# 7 Unterstützung

*Nichts ist so sicher wie der Wandel. Der Umgang mit Veränderungen ist eine der wichtigsten Schlüsselkompetenzen für die Zukunft. Doch wenn nichts mehr feststeht, worauf vertrauen wir dann? Ständige Bewegung meistern wir nur, wenn wir beständige Konstanten haben. Je mehr Wandel also, desto mehr müssen wir füreinander da sein.*

Wohlwollen ist ein wichtiger Faktor für Vertrauen. Nichts zeigt mehr Wohlwollen, als wenn uns jemand unterstützt. So ist es auch bei der Arbeit. Wenn wir unterstützt werden, dann bauen wir Vertrauen auf. Es gibt viele Wege, wie das funktionieren kann.

## Vereinbarkeit

Vereinbarkeit ist eine wichtige Voraussetzung für Bewerber:innen und Mitarbeitende, um langfristig Teil des Unternehmens zu werden. Viele denken bei Vereinbarkeit daran, Job und Familie unter einen Hut zu bekommen. Tatsächlich richten darauf auch die meisten Unternehmen ihren Fokus. Vereinbarkeit ist aber viel mehr als das. Sie soll uns dabei unterstützen, unsere Lebensherausforderungen besser meistern zu können. Das bedeutet, dass sich unser Job nach unserem individuellen Leben ausrichtet, nicht umgekehrt. Vereinbarkeit ist Freiheit. Eine größere Unterstützung gibt es nicht.

Viele von uns haben Kinder, viele aber auch pflegebedürftige Angehörige. Viele haben einen zweiten Job, dem sie aus tiefer intrinsischer Motivation nachgehen und viele sind ehrenamtlich tätig. Wir haben zeitaufwendige Hobbys, gesundheitliche Herausforderungen, brauchen Momente mit Menschen, die uns viel bedeuten, oder leben in Fernbeziehungen. Kurz gesagt: Jedes Leben ist anders. Warum ist das Arbeitszeitmodell aber dann für alle gleich? Das Menü, aus dem wir wählen können, besteht lediglich aus Vollzeit oder Teilzeit und vielleicht noch aus unserem Arbeitsort. Damit ist das Thema Vereinbarkeit aber nicht erledigt. Unsere Arbeitsverträge sind starr und unbeweglich. Viele glauben, das würde Komplexität mindern, weil alle sich den Bedingungen einer Organisation unterordnen müssen. Aber dem ist nicht so. Das Leben lässt sich nicht einfach unterordnen oder anpassen. Starre Arbeitsmodelle werden der Komplexität unseres Lebens nicht gerecht. Sie bringen uns lediglich an unsere Grenzen, weil wir uns verbiegen müssen, um alles unterzubringen. Das fördert Stress und Erschöpfung. Das, was Komplexität in Hinblick auf unser Leben minimiert, ist Flexibilität.

Flexibilität äußert sich zwar auch in der Zeit und dem Ort unseres Arbeitens. Aber eben nicht nur, sondern auch noch in vielen anderen Dingen. Vor allem aber, fängt Flexibilität im Kopf an, und zwar bei unseren unbewussten Vorurteilen, Erwartungen und limitierenden Glaubenssätzen. Erst wenn wir sie aufdecken, verstehen und ablegen, können wir alle flexibel arbeiten und unsere Lebensbereiche wirklich miteinander vereinbaren, ohne dass uns die Angst vor Bewertung oder negativen Konsequenzen daran hindert. Doch aus meiner Erfahrung fühlen sich viele Arbeitgebende bei diesem Thema nur wenig angesprochen. Sie finden, Vereinbarkeit ist nicht ihr Problem, sondern die Angelegenheit der Mitarbeitenden.

Aber Vereinbarkeit ist keine Privatsache. Sie darf auch keine Privatsache sein, denn dann wird sie zum Luxusgut. Nur wer genug Geld hätte, könnte sich Vereinbarkeit leisten und hätte mehr Zeit, denn Kinder- oder Pflegebetreuung sorgen zwar für mehr Vereinbarkeit, kosten aber auch eine Menge. Was ist mit denen, die kein Geld für ein privates Betreuungsteam haben, oder die alleinerziehend sind und bei denen keine Familie vor Ort wohnt? Vereinbarkeit geht Arbeitgebende genauso etwas an, wie Arbeit sie etwas angeht, denn das eine hängt mit dem anderen untrennbar zusammen. Wenn wir unser Leben mit unserer Arbeit vereinbaren können, dann können wir auch besser gesunde Leistung erbringen. Unternehmen müssen an diesem Punkt anfangen, ihren Mitarbeitenden zu vertrauen, denn Vereinbarkeit braucht Spielraum und der braucht Vertrauen. Hier kommen einige Bereiche, in denen wir für mehr Flexibilität im Kopf und damit für mehr Vereinbarkeit sorgen können. Es geht darum, unsere Haltung zu verändern.

## Die Rolle der Eltern

Mütter arbeiten immer noch häufiger in Teilzeit als Väter. Auch die Elternzeit ist immer noch ungleich verteilt. Es ist noch nicht selbstverständlich, dass Männer in Elternzeit gehen. Vor allem dann nicht, wenn sie sich länger als die üblichen zwei Monate der Familie widmen wollen. Laut des statistischen Bundesamtes lag der Anteil der männlichen Elterngeldbezieher 2022 gerade mal bei 26,1 Prozent.[64] Dabei beantragten Frauen im Schnitt 14,6 Monate Elternzeit, Männer im Vergleich nur 3,6 Monate.[65] Männer haben die Sorge, in ihrem beruflichen Umfeld verurteilt oder benachteiligt zu werden, wenn sie sich für eine Auszeit im Sinne der Familie entscheiden. Und da, wo sie nicht verurteilt werden, werden sie für ihre Elternzeit oft gefeiert, als hätten sie den Klimawandel gestoppt. Ich habe noch nie gesehen, dass eine Frau bewundert wurde, weil sie Elternzeit nahm. Es ist einfach selbstverständlich für uns. Frauen werden allerdings verurteilt, wenn sie kaum Elternzeit nehmen und nach wenigen Wochen wieder arbeiten gehen. Sie werden gefragt, wie sie das alles hinbekommen wollen, mit Arbeit und Kindern. Oder ihnen wird verdeutlicht, wie schnell die Kinder groß werden, während sie ihre Zeit bei der Arbeit verbringen. Sie sollten lieber auf Führungspositionen verzichten und es ruhig angehen lassen.

Männern wird der Zusammenhang zwischen ihrer Arbeitszeit und der Konfektionsgröße ihrer Kinder nicht ständig erklärt und es zweifelt auch niemand daran, dass sie nicht auch mit Kindern einen guten Führungsjob machen könnten. Als mein Mann und ich die Rollen tauschten und ich mehr arbeitete, bewunderte uns unser Umfeld dafür. Viele sagten, sie würden das auch ausprobieren wollen. Gleichzeitig sagten die gleichen Menschen zu mir Dinge wie: »Vermissen deine Kinder dich nicht?« oder »Warte doch mit dem nächsten Projekt noch etwas, bis die Kinder größer sind.« Zu meinem Mann hatte das vorher übrigens nie jemand gesagt.

Auch wenn wir es nicht wollen, stecken die alten Rollenbilder und die unbewussten Vorurteile tief in uns. Um sie wirklich abzubauen und flexibler in unseren Denkmodellen zu werden, müssen wir uns viel mehr mit ihnen auseinandersetzen. Es wird Zeit, dass wir alle die gleichen Chancen und Voraussetzungen haben. Das ist ein wichtiger Schritt für echte Vereinbarkeit und stärkt unser Vertrauen ins Unternehmen. Unternehmen müssen einen Rahmen schaffen, in dem Eltern Arbeit und Familie passend zu ihrem Lebensmodell individuell gestalten und organisieren können, ohne in eine Rolle gedrängt oder ständig deshalb gelobt oder kritisiert zu werden.

## In Ruhe krank sein

Mal sind wir selbst krank, mal unsere Kinder, mal unsere Angehörigen. Ein Phänomen vereint aber jede dieser Situationen: Wir haben ein schlechtes Gewissen. Dabei ist sorglos krank sein zu dürfen ein wichtiger Bestandteil von Vereinbarkeit, wenn nicht sogar der Wichtigste. Dieser wird aber kaum thematisiert, weil er nicht so sexy klingt wie »work from anywhere«. Kranksein ist stigmatisiert. Es ist uns unangenehm, vor allem, wenn es in kurzer Zeit mehrfach vorkommt. Kranksein ist eben das Gegenteil von funktionieren und in unseren Köpfen ist funktionieren im Arbeitskontext historisch bedingt wichtiger, als sich gut zu fühlen.

Mit neuen digitalen Möglichkeiten und Remote Work hat in den letzten Jahren auch der Präsentismus zugenommen. Also das Phänomen, dass Beschäftigte trotz Krankheit von zu Hause aus arbeiten. Schuldgefühle sind dafür »einer der wichtigsten Gründe«.[66] Viele sorgen sich darüber, wer die Arbeit macht, wenn sie nicht da sind. Meist ist es zu viel Arbeit für zu wenig Mitarbeitende. Wir müssen die Rahmenbedingungen verändern, um die Schuldgefühle zu beseitigen. Unternehmen könnten sich dafür einsetzen, Arbeit besser zu priorisieren und zu verteilen. Sie können sich dafür stark machen, dass ihre Mitarbeitenden nicht online sind, wenn sie krank sind. Sie könnten aufklären und Druck rausnehmen. Doch das passiert selten.

Wenn wir das Stigma abbauen, könnte Kranksein immerhin gesellschaftstauglich werden. Aber wäre das wirklich so schlimm? Würden wir dann alle ständig blau machen?

Wohl kaum. Es würde eben nicht bedeuten, dass wir uns zu Hause ins Fäustchen lachen, weil wir allen etwas vormachen und dabei auch noch Geld verdienen. Doch wer kein Vertrauen in Menschen hat, nimmt genau das an. Tatsächlich aber könnten wir einfach in Ruhe krank sein, wenn es uns nicht gut geht. Wir würden nicht krank arbeiten, weil wir Schuldgefühle haben oder weil wir denken, dass ohne uns das Unternehmen untergeht. Eltern würden ihre kranken Kinder nicht mit fiebersenkenden Mitteln versorgt in die Kita oder zu Schule bringen, damit sie noch etwas wegarbeiten können. Wir könnten uns mit gutem Gewissen um das kümmern, was jetzt wichtig ist, und müssten uns nicht zweiteilen. Wir könnten erst einmal gesund werden, bevor wir wieder arbeiten müssten. Langfristig wäre das eine gute Entwicklung, denn wer nicht krank sein darf, wird kränker und macht mehr Fehler, aber in Ruhe krank sein zu können macht uns langfristig gesünder.

## Leistung vor Stechuhr

In vielen Berufen ist Arbeitszeit noch ein wichtiges Kriterium, weil das laufende Geschäft abgesichert werden muss. Im Callcenter müssen Anrufe entgegengenommen werden und im Krankenhaus muss sichergestellt werden, dass sich medizinisches Personal um die Patient:innen kümmert. Gleichzeitig ist Arbeitszeit in vielen anderen Berufen kein Indikator mehr für die wirklich verrichtete Arbeit. In der Wissensarbeit, aber auch in anderen Berufen, die unabhängig von Zeit und Raum funktionieren, findet Leistung trotz der eigentlichen Arbeitszeit nur dann wirklich statt, wenn wir in der Lage sind zu leisten. Alles andere ist Verschwendung. Niemand kann acht Stunden am Tag konstant produktiv sein, auch nicht mit einer Mittagspause zwischendurch. Menschen haben einen individuellen Rhythmus. Unsere Leistungsbereitschaft richtet sich deshalb nicht nach unserer festgeschriebenen Arbeitszeit. Sie findet genauso außerhalb statt, während wir aber auch innerhalb unserer Arbeitszeit produktive Löcher haben.

Außerdem wirkt Arbeit immer seltener unmittelbar. Es ist immer undurchsichtiger, auf was unsere Tätigkeiten direkt einzahlen und wofür sie indirekt gut sind. Ist es Arbeit, wenn wir uns auf einen Kaffee mit den Kolleg:innen treffen, aber nur über privates sprechen? Ist es Arbeit, wenn wir abends auf der Couch noch über ein berufliches Thema nachdenken und uns dabei eine Idee kommt? Ist es Arbeit, wenn wir Inhalte für das soziale Business-Netzwerk produzieren oder dort etwas kommentieren? Und was ist eigentlich mit Menschen, die zwar in Teilzeit arbeiten, aber in dieser Zeit mindestens so viel leisten, wie andere in Vollzeit? Trotz ihrer Leistung werden sie monetär bestraft, weil sie nicht mehr Stunden machen können, sondern sich vielleicht um Angehörige kümmern müssen.[67] Für echte Vereinbarkeit ist es wichtig, dass wir uns dort, wo es sinnvoll ist, von der Arbeitszeit als Richtgröße für Leistung und damit auch für Vergütung lösen.

## Der zweite Job

Die New-Work-Bewegung wird immer größer. Immer mehr Menschen wollen, dass ihre Arbeit sie stärkt und dass sie ein bereichernder Teil des Lebens wird. Wenn wir allerdings zu viel von ein und demselben tun, dann bekommen wir Verschleißerscheinungen. Von Verspannungen über Rückenschmerzen bis hin zu Problemen mit unserer mentalen Gesundheit kann das alles sein. Der Mensch braucht Abwechslung, um gesund zu sein. Mental und körperlich. Unsere einseitige Arbeit versuchen wir in unserer Freizeit auszugleichen, indem wir unseren Hobbys nachgehen. »Ich muss jetzt mal was mit meinen Händen machen« ist ein typischer Satz für einen Menschen, der hauptsächlich am Schreibtisch sitzt.

Gesundes Arbeiten bedeutet aber, dass Arbeit sich selbst ausgleicht. Immer mehr Menschen gehen deshalb zum Zweitjob über. Sie gründen Unternehmen, eröffnen Restaurants oder beraten andere. Dabei kommt der zweite Job meist nicht on top, sondern sie reduzieren ihre Arbeitszeit im bisherigen Job und füllen sie mit einem zweiten Job auf. Es geht also in erster Linie nicht um mehr Geld, sondern um mehr Ausgleich, Gesundheit, Erfüllung und Freude. Ein zweiter Job eröffnet uns außerdem neue Perspektiven und lässt uns fachlich und innerlich wachsen. Eine praktische Methode für effektive Personalentwicklung. Gerade auch wenn Jobs körperlich oder mental besonders herausfordernd sind, ist es eine große Unterstützung, dort die Arbeit zu reduzieren und die frei gewordene Zeit für einen zweiten Job zu nutzen. Dafür ist es wichtig zu verstehen, dass Menschen nicht weniger committet sind, nur weil sie weniger und dafür woanders arbeiten wollen. Das Committment kann dadurch sogar steigen.

In Zukunft werden Unternehmen mehr Verantwortung für die Gesundheit ihrer Mitarbeitenden übernehmen müssen. Da reichen Achtsamkeitsseminare nicht aus. Echte Unterstützung und Vereinbarkeit bedeutet dann vielleicht sogar, dass Organisationen ihren Mitarbeitenden auch intern ein Wechseln zwischen unterschiedlichen Aufgaben ermöglichen. Wer flexible Möglichkeiten anbietet, wird zufriedenere Mitarbeitende haben, die diese Unterstützung zu schätzen wissen. Die neue Flexibilität kommt auch den Unternehmen selbst zugute, weil Wissen so auf breitere Beine gestellt werden kann.

## Asynchrones Arbeiten

Ein Booster für Vereinbarkeit ist ein neues Design der Zusammenarbeit. Zusammenarbeiten heißt dabei nicht mehr, in einem (virtuellen) Raum, zur gleichen Zeit zusammenzuarbeiten, sondern zu jeder Zeit und egal an welchem Ort. Die Kunst ist es, Möglichkeiten für gute Zusammenarbeit zu schaffen, ohne das alle zusammenkommen müssen. Asynchrones Arbeiten bedeutet genau das. So können alle ihre Arbeitszeit unabhängig voneinander nutzen und an gemeinsamen Themen arbeiten, wenn es gerade passt. Es gibt gute digitale Tools für asynchrones Arbeiten. Aber wichtiger als die Tools ist auch hier wieder die Flexibilität im Kopf, um das asynchrone Arbeiten richtig umzusetzen. Wenn Fragen zu klären oder Herausforderungen zu meistern sind, suchen wir die Lösungen noch zu oft in einem gemeinsamen Meeting. Die meisten Dinge können wir allerdings durch Messenger oder unser gemeinsames Arbeiten auf digitalen Plattformen auch zeitversetzt erledigen. Übrigens, können wir auch Veranstaltungen oder Schulungseinheiten asynchron erleben. Es gibt einen Grund, warum Youtube so erfolgreich ist.[68] Wir sehen uns gerne Videos an. Warum das nicht auch für den Konsum von Informationen und Wissen bei der Arbeit nutzen?

### Erreichbarkeit

Vereinbarkeit heißt auch, dass wir temporär Themen über unsere Arbeit stellen, die nichts mit ihr zu tun haben. Dabei sollten wir allerdings erreichbar sein. Um erreichbar, aber trotzdem flexibel bleiben zu können, ist es deshalb sinnvoll, miteinander gute Spielregeln zu vereinbaren. Das können bestimmte Uhrzeiten sein, in denen wir auf jeden Fall erreichbar sind. Es kann auch eine Notfallnummer sein oder ein bestimmter Chat. Es gibt viele Möglichkeiten und das, was jeweils am sinnvollsten ist, ist überall etwas anderes. Wichtig ist Klarheit im gemeinsamen Umgang mit diesem Thema und vor allem, dass wir uns an unsere Vereinbarungen halten. Denn je flexibler wir sein wollen, desto mehr müssen wir uns aufeinander verlassen können.

Eine gute Vereinbarkeit zeichnet sich auch dadurch aus, dass sie der Zusammenarbeit nicht schadet. Mehr dazu gibt es in Kapitel 9.

## Schlechte Nachrichten

Im Kapitel zum Thema Transparenz ist deutlich geworden, dass Mitarbeitende nicht mit der Verarbeitung von kritischen Informationen allein gelassen werden sollten. Unterstützung ist auch hier wichtig. Nur sie ermöglicht eine wirklich transparente Kommunikation. Mitarbeitende sollten die Möglichkeit haben, Informationen richtig zu verstehen und einen guten Umgang mit ihnen zu finden. In der Praxis passiert das selten. Informationsmanagement beinhaltet nicht nur das Erfassen, Verarbeiten und Bereitstellen von Informationen, sondern auch den Dialog darüber. Bei guten Nachrichten funktioniert das auch. Anders ist es, wenn Informationen Unsicherheiten auslösen oder sogar Angst machen. Ob es personelle Veränderungen oder wirtschaftliche Schieflagen sind; es gibt eine Menge, was beunruhigen kann. Es ist die Aufgabe der Führung, in diesen Momenten da und mit den Menschen in Kontakt zu sein. Dabei geht es nicht (nur) um die Sache, sondern vor allem um Gefühle.

Egal wobei, wir Menschen sind immer getrieben von Hoffnungen und Ängsten. Jede Information, die wir erfassen, verbinden wir damit. Hoffnungen sind dabei unsere größte intrinsische Motivation. Sie sind unser Antreiber, um unsere Ziele zu erreichen, und können unfassbare Energien freisetzen. Ängste hingegen können uns ausbremsen. Aber nicht nur das, sie führen zu irrationalem Verhalten. Wer im Jahr 2020 mit der letzten Packung Toilettenpapier aus dem Supermarkt ging, lief Gefahr, überfallen zu werden. Die Pandemie sorgte für eine akute Knappheit der Klorolle. Beim Gedanken an den Lockdown wurde der Bevölkerung so angst und bange, dass sie als Reaktion darauf übertrieben hamsterte. Warum sich ganz Deutschland gerade für die Klorolle entschied, hat wahrscheinlich kulturelle Gründe. In anderen Ländern wurde eher Schokolade knapp oder Wein.

Übersprungshandlungen haben schon ganze Märkte einbrechen lassen und die Eigenschaft, sich zu verselbstständigen. Während wir im Arbeitskontext oft nur über inhaltliche Themen sprechen, beschäftigen uns im Hintergrund unsere Ängste und Hoffnungen, die damit zusammenhängen. Sie steuern, was wir tun. Umso wichtiger, dass wir uns ihrer bewusst werden, damit sie uns nicht unbemerkt irrational handeln lassen. Um langfristig transparent kommunizieren zu können, müssen wir an unsere Ängste und Hoffnungen ran. Es gibt dafür eine simple, aber wirksame Methode, die ich sehr gerne nutze, wenn ich Teams dabei begleite, etwas zu verarbeiten: Hopes and Fears. Dabei empfehle ich, die Methode zu einem regelmäßigen Ritual werden zu lassen.

## Hopes and Fears

Hopes and Fears hilft dabei, unsere Hoffnungen und Ängste besprechbar zu machen.[69] Natürlich braucht es eine gewisse psychologische Sicherheit dafür. Gleichzeitig wird diese wiederum dadurch gestärkt, dass wir so starke emotionale Treiber thematisieren. Die Vorgehensweise ist einfach. Auf einem (virtuellen) Board werden zwei Spalten vorbereitet. Die Überschriften der Spalten sind einmal »Hoffnungen« und einmal »Befürchtungen«

Im nächsten Schritt haben alle Beteiligten die Möglichkeit, ganz in Ruhe ihre Hoffnungen und Ängste in Bezug auf das zu verarbeitende Thema zu notieren. Dabei wird jede Hoffnung und jede Angst auf eine einzelne Karte oder ein Post-it[70] geschrieben. Für diesen Schritt muss ausreichend Zeit eingeplant werden.

Im Anschluss bringt jede:r die eigenen Karten an das Board und erläutert kurz worum es geht. Dabei können von allen anderen Verständnisfragen gestellt werden. Es geht also nur darum, zu verstehen, was die Hoffnung oder Angst ist, nicht darum sie auszudiskutieren. So kann das ganze aussehen:

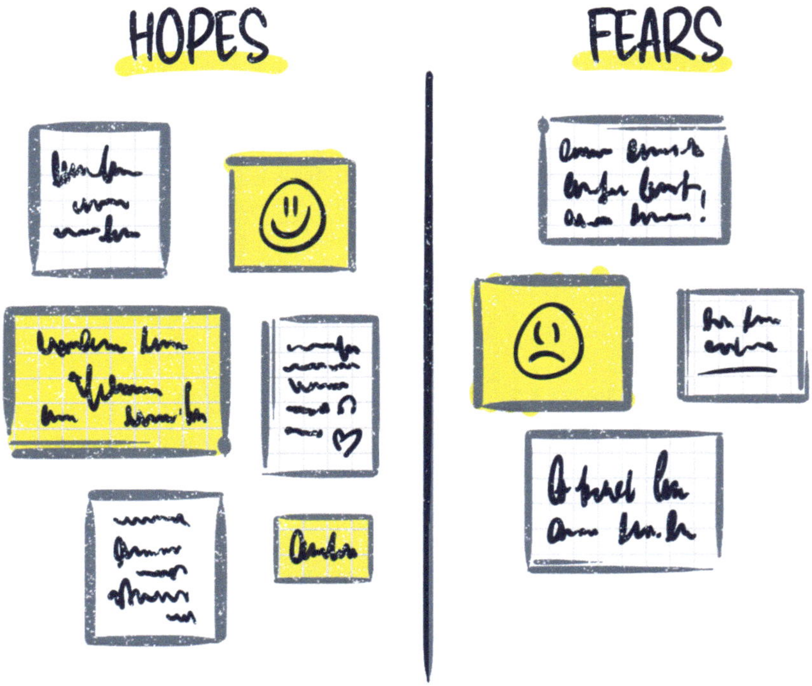


Danach soll ein gemeinsamer Dialog entstehen. Allein das Offenlegen unserer Hoffnungen und vor allem unserer Ängste ist schon befreiend und nimmt uns einen Teil der Unsicherheit. Das gemeinsame Gespräch darüber hilft, um Orientierung und Sicherheit zu erzeugen, wo gerade keine ist. Zum Start in einen solchen Dialog hilft es, Fragen zu stellen. Das können zum Beispiel diese sein:

- Was fällt uns auf?
- Welche Hoffnungen oder Ängste gibt es mehrfach?
- Welche Hoffnungen können schon Ängste mindern?
- Welche unterschiedlichen Perspektiven haben wir auf das Thema?

Ähnliche Hoffnungen und Ängste können während dieses Schrittes geclustert werden, sodass ein Gesamtbild entstehen kann. Es ist sinnvoll, sich zuerst Zeit für die meistgenannten Ängste zu nehmen, um sie zu besprechen. Sie sind wahrscheinlich am wichtigsten. Ich empfehle allen Teams, regelmäßig mit dieser Methode zu arbeiten. Sie ist nicht nur gut, um Informationen zu verdauen, sondern trägt massiv dazu bei, psychologische Sicherheit und damit eine echte Vertrauenskultur aufzubauen.

## Wie wir wirklich helfen können

Es ist für viele Menschen nicht einfach, um Unterstützung zu bitten. Gerade in einem Arbeitsumfeld, in dem alle viel zu tun haben, möchte niemand auch noch anderen »zur Last« fallen. Oder aber wir haben Sorge, dass andere uns für weniger fähig oder belastbar halten. Je nach Unternehmenskultur. Umso wichtiger, dass wir aktiv Unterstützung anbieten. Es macht den Zugang zu ihr viel einfacher und stärkt das Vertrauen ineinander. Wenn jemand uns Support anbietet, dann bedeutet es: »Ich sehe dich.« Aber was so einfach klingt, ist nicht so leicht. Nur wenn wir einiges beachten, kommt unsere Unterstützung auch wirklich an.

### Der Ratschlag

Ein Unterstützungsangebot, mit dem wir leider sehr inflationär umgehen, ist der Ratschlag. Es ist ein Leichtes, überall den eigenen Senf dazuzugeben und dann weiterzuziehen. Nur helfen tut der Rat auf diese Weise selten. Der Duden hält folgende Definition für den »Rat« bereit:

»Empfehlung an jemanden (die man aufgrund eigener Erfahrungen, Kenntnisse o.Ä. geben kann); Ratschlag«[71]

Schon die Definition verrät, dass der Rat unserer Erfahrung und unseren Kenntnissen entspringt. In Kapitel 1 ist deutlich geworden, dass wir alle unsere eigene Wahrnehmung haben und auch unser eigenes inneres Kind. Es ist deshalb nicht belanglos, wenn wir anderen etwas raten. Unser Rat hat nämlich erstmal nichts mit der anderen Person und ihrer Situation zu tun, sondern ist meist ein Teil unserer Geschichte. Ratschläge sind Verhaltensanweisungen, die aufgrund von persönlichen Erfahrungen, Werten und Glaubenssätzen entstanden sind und dann wahllos verbreitet werden.

Ich war noch nie ein Fan des Ratschlags, aber besonders klar geworden ist mir das, als ich das erste Mal Mutter geworden war. Plötzlich erklärte mir jeder Mensch die Welt. Sogar fremde Personen. Sie rieten mir, was ich meiner Tochter anziehen sollte, wie ihr Essen zubereitet werden musste oder wie ich sie zu transportieren hatte. Mein Leben war von jetzt auf gleich voll mit gut gemeintem Wissen aus dem Leben anderer. Aber ich hatte dieses Wissen nicht bestellt. Ich hatte nicht darum gebeten, das alles zu erfahren. Vieles davon passte gar nicht zu unserer Familie und unseren Werten. Die ganzen Ratschläge brachten mich in meiner neuen Rolle als junge Mutter nicht weiter. Stattdessen belasteten und überforderten sie mich. Mutter zu werden hatte mich auch so schon verunsichert und mein ganzes Leben auf den Kopf gestellt. Das Gefühl, dass alle anderen an mir herumzerrten, machte meine innere Unsicherheit nicht besser. Es gab Tage, da wusste ich nicht mehr, was ich überhaupt noch tun sollte, denn zu jedem Thema hatten drei Menschen mir vier komplett kontroverse Ratschläge aufgedrängt. Manche davon machten mich richtig wütend, weil sie so übergriffig waren.

Die Rolle junger Eltern lädt andere sicher ganz besonders dazu ein, den eigenen Rat abzuladen. Aber auch bei der Arbeit, haben wir für alles eine Antwort. Wir erzählen anderen, wie sie zu führen oder zu präsentieren haben, was sie anziehen sollen oder mit welcher Strategie sie mehr Gehalt einfordern könnten. Das Problem ist, dass unsere individuellen Erfahrungen anderen oft nicht helfen. Sie sind anders als wir und auch die Situation ist eine andere. Nur weil wir mal eine gute Erfahrung mit einer bestimmten Vorgehensweise gemacht haben, heißt das nicht, das andere mit der gleichen Vorgehensweise die gleiche gute Erfahrung machen. Best Practice funktioniert selten. Ratschläge sind nichts weiter als eine Selbstkundgabe. Wenn sie dann auch noch unaufgefordert kommen, was sie meistens tun, dann sind sie eher eine Belästigung als eine Unterstützung. Sie werden uns einfach übergestülpt, ob wir wollen oder nicht. Zusätzlich erwarten Menschen, die uns Ratschläge geben, oft, dass wir ihre Tipps befolgen und sind gekränkt, wenn wir das nicht tun. Echte Unterstützung ist aber nur etwas, das ich bewusst annehmen, aber auch ablehnen kann.

## Echte Unterstützung

Es gibt bessere Möglichkeiten, anderen zu helfen, als den Ratschlag. Während der Rat eine Antwort auf eine vielleicht nicht einmal gestellte Frage ist, fängt echte Hilfe selbst immer mit einer Frage an, niemals mit einer Antwort. Die beste Frage für ein echtes Unterstützungsangebot ist simpel und lautet: »Wie kann ich dich unterstützen?« Diese Frage erfüllt drei Kriterien:

1. Es ist eine offene Frage, die den Raum für eine Antwort der anderen Person aufmacht.
2. Statt von »Hilfe« sprechen wir von »Unterstützung«. Das öffnet den Dialog, denn nicht alle reagieren positiv auf das Wort »Hilfe«. Wer Hilfe braucht, ist hilflos und das muss ja nicht zutreffen. Unterstützung hingegen ist der Rückenwind, den wir alle immer gut gebrauchen können.
3. Die Art und Ausgestaltung der Unterstützung wird der anderen Person überlassen. Sie bleibt in der Führung. Wie wir unterstützen können, entscheiden nicht wir, sondern die Person, die die Unterstützung benötigt.

Aus den drei genannten Gründen ist die Frage: »Wie kann ich dich unterstützen?« ein super Anfang für ein wohlwollendes Unterstützungsangebot und fördert damit die Entwicklung von gegenseitigem Vertrauen.

## Warum Weiterbildung dazugehört

Ich wurde vor kurzem gefragt, wie Unternehmen am wirksamsten in ihre Zukunft investieren können. Meine Antwort war: Menschen weiterbilden. Es gibt nichts Sinnvolleres für das Unternehmen als Budget für Bildung in die Hand zu nehmen. Unsere Fähigkeiten bekommen einerseits eine immer größere Bedeutung, waren aber andererseits noch nie so schnell veraltet wie heute. Wir müssen sie immer schneller erneuern und erweitern. Es reicht nicht mehr, einmal im Jahr ein Seminar zu besuchen. Wir müssen uns stetig und ein Leben lang weiterbilden und lernen. Gerade jetzt merken viele, dass sie vor dem Hintergrund moderner Technologien den Anschluss verlieren, weil Metaverse, Generative AI und NFTs plötzlich Fremdworte sind. Hier geht es wirklich darum, am Ball zu bleiben, denn Bildung ist nichts mehr, worauf wir uns heute lange ausruhen können.

Doch nicht nur fachlich oder in Bezug auf jobrelevante Kompetenzen brauchen wir regelmäßige Updates, sondern auch persönlich. Resilienz und Achtsamkeit, aber auch unsere Frustrationstoleranz sind nur einige persönliche Kompetenzen, die immer wichtiger werden, weil wir zunehmend unter mentaler Belastung stehen. Persönliche Weiterbildung ist eine effektive Möglichkeit, diese Kompetenzen weiterzuentwickeln und mentaler Belastung vorzubeugen. Weiterbildung ist deshalb auch eine wichtige Unterstützung, die ein Unternehmen Mitarbeitenden zur Verfügung stellen kann. Deshalb sollten wir sie immer als einen festen Bestandteil der Personalkosten auf dem Schirm haben. Unser Bedarf, uns zu bilden, wird nämlich nicht weniger, sondern immer mehr.

Wenn ich in Unternehmen nachfrage, wie Mitarbeitende an ihre Weiterbildungen kommen, dann sind wir von Personalkosten, die alle auf dem Schirm haben, allerdings weit entfernt. In vielen Unternehmen ist Weiterbildung etwas, das diejenigen bekommen, die aus Sicht der Führungskraft am meisten Verbesserungsbedarf haben oder am hartnäckigsten verhandeln. Investiert wird in die vermeintlich schwächsten Glieder – oder in die Lautesten, die immer wieder vehement nachfragen. Dabei brauchen alle Weiterbildung. Sie darf nicht nur zur Gegenmaßnahme für Minderleistung oder zum Pokal für Hartnäckigkeit werden. Meist liegt das am Budget. In der Regel gibt es kein gut kalkuliertes Weiterbildungsbudget, das allen Mitarbeitenden genug Möglichkeiten zur Verfügung stellt. In Zukunft müssen Unternehmen anders wirtschaften und Weiterbildungsmöglichkeiten strategisch einsetzen.

Weiterbildung muss dabei nicht immer gleich heißen, ein zeit- und kostenaufwendiges Seminar zu besuchen. Lernen geht auf unterschiedlichsten Wegen und das kontinuierliche Lernen in kleinen Nuggets wird fast schon wichtiger als die großen Weiterbildungen. Laut einer aktuellen Umfrage von Appinio fällt die wöchentliche Bildungszeit in Unternehmen aber noch gering aus. Fast 25 Prozent der Befragten bilden sich demnach gar nicht regelmäßig unter der Woche weiter und nur 22,3 Prozent nehmen sich pro Woche 30-60 Minuten Zeit für Weiterbildung. Dabei würden sich fast 50 Prozent »gerne mehr (weiter-)bilden«. Aber vor allem Zeitmangel und finanzielle Gründe halten sie davon ab.[72]

Wir müssen Weiterbildung als etwas betrachten, das zur Arbeitszeit gehört. Wenn wir unseren Tag mit To-dos vollstopfen, ist es kein Wunder, dass wir keine Zeit zum Lernen haben. Doch Lernen muss zu einem selbstverständlichen Teil unserer Arbeit werden. Dafür brauchen wir mehr Lernroutinen in unserem Daily Business. Vor allem gemeinsame Lernsessions im Team schaffen eine Atmosphäre des Vertrauens, denn wenn wir gemeinsam und voneinander lernen, unterstützen wir uns ganz intuitiv. Teams können jede Woche eine Session einplanen, in der sie etwas von einem Teammitglied lernen. Dabei könnte es um ein spezielles Thema gehen, zu dem es erst Input und dann ganz viel Austausch gibt. Lernen auf verteilten Schultern macht nicht nur Spaß, sondern stärkt die emotionale Bindung. Wichtig ist aber auch, dass wir Lernzeiten haben, die uns gehören und die wir individuell nutzen können. Sie sollten ein fester Bestandteil unserer Arbeitswoche werden und die gleiche Relevanz erhalten wie alle anderen Termine, die auf das Unternehmensziel einzahlen.

## Wie People & Culture Vertrauen fördern kann

### Johanna Geisler

Unternehmen, egal ob Start-up, KMU oder Konzern, die eine vertrauensvolle Kultur nicht nur auf ihrer Website beteuern, sondern wirklich leben, sind leider noch ein seltenes Phänomen. Doch warum ist das so? Aus meiner Erfahrung liegt das an der mangelnden Zeit, die in dieses Thema investiert wird. Für mich ist Vertrauen allerdings ein zentraler Faktor, wenn es darum geht, engagierte Mitarbeitende langfristig zu halten und eine effektive Zusammenarbeit zu fördern. Und da kommt People & Culture ins Spiel.

Vertrauen ist zwar ein großes Wort, aber schon wenige, effektive Maßnahmen haben einen unglaublich großen Effekt auf die Zufriedenheit und Bindung der Mitarbeitenden. Ich kann euch ehrlich sagen – ich bin keine Expertin in der Theorie, was dieses Thema angeht. In den letzten 10 Jahren hatte ich jedoch die Möglichkeit, einige zum Scheitern verurteilte Prozesse mitzuerleben. Oft habe ich selbst gekündigt – nicht selten spielte fehlendes Vertrauen eine Rolle. Das muss besser gehen, beschloss ich und fing an, die Dinge anders zu machen – und das direkt am Start des Employee Life Cycles.

Die Vertrauensbildung im Bewerbungsprozess wird bereits wunderbar im Kapitel »Transparenz« beschrieben. Zusätzlich möchte ich ergänzen, dass es wichtig ist, Bewerber:innen von Anfang an das Gefühl zu geben, dass ihnen zugehört wird: 20 Prozent Redeanteil liegt bei Recruiter:innen, 80 Prozent bei den Kandidat:innen. Zuhören und Empathie sind für mich die essenzielle Grundlage für den Vertrauensaufbau – ähnlich wie beim Dating, denn wer möchte schon jemanden kennenlernen, der nur von sich selbst spricht? Durch weitere wertschätzende Gespräche, Erreichbar- und vor allem Nahbarkeit auf Augenhöhe, schafft People & Culture eine persönliche Bindung, was die Attraktivität eines Unternehmens massiv erhöht.

Oft höre ich, dass Recruitingprozesse mangels Personals nur auf ein 20-minütiges Interview mit Mitarbeitenden aus dem Bereich People & Culture und ein weiteres 45-minütiges Interview mit dem Fachbereich reduziert werden. Ernsthaft? Versteht mich nicht falsch, ich bin für schnelle Prozesse. Aber die Schnelligkeit von Prozessen hat nichts mit der Anzahl der Gespräche zu tun. Gerade Bewerber:innen gewinnen erst dann das Vertrauen, wenn sie möglichst alle relevanten Personen intensiv kennengelernt haben. Also nehmt euch Zeit für die Gespräche – mindestens ein bis zwei Stunden pro Gespräch – und wenn ihr merkt, dass die Talente sich euch noch nicht wirklich öffnen, bietet ihnen freiwillig noch ein Gespräch an, um alle Unklarheiten zu beseitigen. Ihr werdet euch wundern, wie offen und dankbar sie dafür sind.

**Pre-Onboarding – der Underdog**

Wenn das Vertrauen im Recruiting-Prozess hergestellt ist, machen Unternehmen bis zum ersten Arbeitstag in der Regel genau nichts. Dabei vergehen doch bis zum eigentlichen Start oft mehrere Wochen oder sogar Monate. Monate, in denen das aufgebaute Vertrauen, der Hype und die Vorfreude von Tag zu Tag wieder verloren gehen. Wie schon im Transparenz-Kapitel beschrieben, werden oft Prozesse aufgesetzt, in denen sich niemand die Mühe macht, sich in die Talente hineinzuversetzen. Das hat Folgen, denn nicht gerade selten springen die vorher begeisterten Kandidat:innen vor Vertragsstart wieder ab. Jetzt geht das ganze Spiel von vorne los. Sourcing, Interviews und vor allem der komplette Vertrauensaufbau.

Hier kann People & Culture einen echten Unterschied machen. Mein Tipp: Nehmt die neuen Kolleg:innen und die zukünftige Führungskraft mit in die Verantwortung, denn hier spielen alle eine wichtige Rolle. Ob es eine LinkedIn-Vernetzung inklusive Welcome-Nachricht oder eine Einladung zum Teamevent ist: Behandelt die neuen Kolleg:innen so, als gehörten sie schon dazu. Das nimmt ihnen die

Nervosität vor dem ersten Tag und lässt sie eine emotionale Bindung aufbauen. Gleichzeitig kümmert ihr euch um alles Organisatorische und sucht beispielsweise über WhatsApp mit kurzen, wöchentlichen Updates in Form von Sprachnachrichten den Kontakt. Außerdem könnt ihr dafür sorgen, dass die zukünftigen Kolleg:innen von den Teams schon in firmeninterne Entscheidungen mit einbezogen werden – glaubt mir, das erwarten sie nicht und es zeigt ihnen schon vor ihrem Start, dass sie nicht nur irgendwer sind.

**Onboarding – die ersten 30 Tage entscheiden**

Im Vorstellungsgespräch ist eine meiner Fragen: Wie stellst du dir deine ersten 30 Tage bei uns vor? Oft bekomme ich Antworten wie: »Ich möchte das Team kennenlernen« oder »Hauptsache die Technik funktioniert«. Beides sind für mich völlig selbstverständliche Dinge, die in einem guten Onboarding definitiv nicht fehlen sollten. Was ich dann erfahre, ist allerdings oft erschreckend. Nachdem der erste Tag nicht selten im völligen Chaos endet, sehen die weiteren Tage und Wochen nicht wesentlich besser aus: Fehlende oder nicht funktionierende technische Ausstattung, schlechte Vorabinformationen zum organisatorischen Ablauf, die Führungskraft glänzt durch Abwesenheit und es gibt in vielen Fällen nicht mal ein Kennenlernen mit Mitarbeitenden aus People & Culture.

Besonders in den ersten 30 Tagen geht es darum, das im Bewerbungsprozess und Pre-Onboarding aufgebaute Vertrauen weiter zu festigen und die neuen Mitarbeitenden in ihrer Entscheidung für das Unternehmen zu bestätigen. Gerade ihr, als Mitarbeiter:innen von People & Culture nehmt hier eine wichtige Rolle ein, da ihr sicherstellen solltet, dass die Versprechungen aus dem Bewerbungsprozess keine Illusion bleiben, sondern gelebte Realität sind. Also seid erreichbar – und das nicht erst nach drei Tagen. Besonders in der Onboarding-Phase werden die neuen Mitarbeitenden viele Fragen haben. Ein 60-minütiges Welcome-Meeting mit euch am ersten Tag hilft ihnen, sich zu orientieren und stärkt die Bindung. Hier hilft auch eine individuelle Checkliste mit allen relevanten Ansprechpartner:innen, die eure Newbies am ersten Tag von euch erhalten. Sammelt zusätzlich alle gestellten Fragen und erstellt eine FAQ-Liste, die ihr direkt beim nächsten Onboarding mit an die Hand geben könnt.

Doch auch wenn alle Checklisten erstellt sind und die Technik einwandfrei funktioniert – es geht nichts über persönliche Gespräche. Es muss nicht immer ein Meeting dafür eingestellt werden. Gerade die spontanen Gespräche an der Kaffeemaschine oder den wöchentlichen (virtual) Lunch solltet ihr dafür nutzen, um die neuen Mitarbeitenden näher kennenzulernen und euch ehrlich für sie zu interessieren. Das darf aus meiner Sicht vor allem in die persönliche Richtung gehen, denn die fachlichen Themen nehmen schon genug Platz ein.

**Retention & Development**

Wir kennen es alle, das Gefühl von Zugehörigkeit bei den Mitarbeitenden sinkt. Anders als meine Eltern, die ihren Arbeitgebenden schon seit mehr als 40 Jahren treu bleiben, sind mehr als zwei bis fünf Jahre Betriebszugehörigkeit heute schon eine echte Seltenheit. Doch wie können wir Mitarbeitende halten? Mir fehlte es oft an Weiterbildungs- und Entwicklungsmöglichkeiten, der Identifikation mit der Unternehmenskultur und an Wertschätzung. Einen Entwicklungsplan, der gemeinsam mit meiner Führungskraft und People & Culture vereinbart wurde, oder gemeinsame Feedbackgespräche gab es nicht. Durch den ganzen Stress, den ich hatte, weil ich die Extrameilen trotzdem gegangen bin, habe ich das auch nicht proaktiv eingefordert.

Außerdem waren die Mitarbeitenden von People & Culture oft selbst unzufrieden. Ich wollte ihnen vertrauen, aber wie sollte ich auf Aussagen von Menschen vertrauen, die selbst kein Vertrauen ins Unternehmen und das Management hatten? Gute People-&-Culture-Arbeit fängt bei zufriedenen People-&-Culture-Mitarbeitenden an. Das nach außen kommunizierte Image muss zur internen Realität passen. Haltet das, was ihr im Bewerbungsprozess und Onboarding versprochen habt, auch langfristig ein. Denn die zwei, drei coolen Firmen-Events im Jahr mit gutem Essen und freien Drinks reichen nicht aus, um das Vertrauen der Mitarbeitenden langfristig auszubauen. Es reicht auch nicht, nur einmal im Quartal eine Mitarbeitendenbefragung zu machen, nach der sich sowieso nichts ändert. Bittet mindestens einmal im Monat in einem persönlichen Gespräch gemeinsam mit der Führungskraft die einzelnen Teams individuell um Feedback und nehmt die Bedarfe ernst. People & Culture schafft Vertrauen, wenn es dafür sorgt, dass sich die Dinge wirklich verändern.

**Exit & Alumni**

Gerade wenn es um Austritte von Mitarbeitenden geht, machen viele Unternehmen in meinen Augen grundlegend etwas falsch. Das stark aufgebaute Vertrauen aus Bewerbungsprozessen, Onboarding und Retention bekommt einen Knacks. Es fängt schon bei der Reaktion auf die Kündigung und der nachfolgenden Kommunikation an. Nicht selten habe ich miterleben müssen, wie dank People & Culture der Flurfunk seine Kreise zog, während gleichzeitig dem austretenden Mitarbeitenden der »Mund verboten« wurde.

Das ist der falsche Weg. Einerseits werden die wahren Kündigungsgründe durch People & Culture verwässert und die Schweigepflicht wird gebrochen, andererseits hört in vielen Unternehmen die Transparenz bei der offenen Kommunikation der Kündigung durch den Mitarbeitenden auf.

Das People-&-Culture-Team kann zukünftig für eine gute Exit-Kommunikation zwischen Führungskraft und Mitarbeitenden sorgen. Außerdem ist es wichtig, Exit-Interviews und abschließende Feedbackgespräche durchzuführen. Das sollten immer zeitnah und vertraulich mit allen relevanten Beteiligten erfolgen. Dabei ist es wichtig, dass Mitarbeitende sich wertgeschätzt und respektiert fühlen. Das People-&-Culture-Team kann dafür Sorge tragen, dass der letzte Eindruck ein positiver ist, denn ehemalige Mitarbeitende können tolle Unternehmensbotschafter:innen werden. Außerdem: Vielleicht kommen sie dann auch eines Tages gerne zurück.

Ich selbst bin hier das beste Beispiel: Nachdem ich von 2019 bis 2020 als Werkstudentin bei der Unternehmensberatung UNITY AG tätig war und leider coronabedingt nicht fest übernommen werden konnte, hielt ich trotzdem den Kontakt. Seit 2022 berate ich dort nun die Tochtergesellschaft UNITY Operations AG in den Themen Recruiting- und Employer-Branding-Strategie. Und das alles nur, da die UNITY AG niemals den Kontakt zu mir abgebrochen hat und wir kontinuierlich im Austausch waren. Besonders People & Culture sollte den Austritt von Mitarbeitenden nicht als Ende betrachten, sondern als Chance auf ein erneutes Wiedersehen oder auf Empfehlungen. Bleibt am besten per WhatsApp oder LinkedIn in Kontakt. Bei Firmenevents könnt ihr eure Alumnis miteinladen und erhaltet so die Bindung aufrecht. Aber auch ein kurzer, monatlicher Newsletter mit den wichtigsten Updates und Entwicklung lässt euch weiter in Kontakt bleiben.

Aus Recruiting-Perspektive solltet ihr eure Alumnis immer zuerst auf dem Schirm haben, wenn es neue vakante Stellen oder Entwicklungsmöglichkeiten gibt. Ein persönlicher, kurzer Anruf wird sie positiv überraschen und die Wertschätzung wird sie freuen. Da das nicht sehr viele Arbeitgebende machen, habt ihr eine große Chance darauf, die Person wieder für euch zurückzugewinnen. Vertrauen ist der Hebel für eine langfristige Mitarbeitendenbindung und lässt sich mit einfachen Mitteln und effektiven Maßnahmen jeden Tag durch Mitarbeitende von People & Culture gestalten.

WIESO? WESHALB? WARUM?

SINN

# 8 Sinn

*Es gibt keine größere Vertrauensmaßnahme im Arbeitskontext als echtes Sinnerleben. Dafür brauchen Menschen die Möglichkeit, selbst zu gestalten und wirklich wirksam zu werden. Verantwortung wird nicht mehr nach Hierarchie verteilt, sondern nach Sinn.*

Wir Menschen haben einen natürlichen Antrieb, ein wertvolles Mitglied der Gesellschaft zu sein und unseren Beitrag zu leisten. Wir wollen akzeptiert und ehrlicherweise auch geliebt werden und wir wollen für das gesehen werden, was uns ausmacht. Wenn wir eine Aufgabe finden, die es uns ermöglicht, diesen Beitrag zu leisten und in einer Umgebung sind, in der wir das auch umsetzen können, dann entfalten wir unser volles Potenzial.

## Was »macht« eigentlich Sinn?

Wir sind unser ganzes Leben auf der Suche nach Sinn. Was fangen wir mit unserem Leben an? Worauf wollen wir einmal zurückblicken? Welche Entscheidungen sind die richtigen? Nichts passiert einfach so. Alles muss Sinn ergeben. Wir brauchen eine Mission und suchen Erklärungen für alles, was passiert. Sinn gibt uns Halt und die Energie, um weiterzumachen. Er ist etwas, für das es sich zu kämpfen lohnt. Wir leben für den Sinn. Deshalb ist das vertrauenswürdig, was Sinn ergibt. Umgekehrt: Wenn etwas keinen Sinn ergibt, werden wir schnell misstrauisch.

Lange haben wir uns mehr mit dem Sinn des Lebens als mit dem Sinn des Arbeitens befasst. Das kommt auch daher, weil Leben und Arbeit in unseren Köpfen getrennte Kategorien waren und wir uns den Sinn bei der Arbeit ja nicht unbedingt aussuchen konnten. Wir mussten froh sein, wenn wir einen guten Job hatten. Die Sinnfrage hatte keinen Platz in der Arbeitswelt. Das hat sich geändert. Durch den Fachkräftemangel haben Arbeitnehmende alle Möglichkeiten. Wer heute keinen Sinn in der Arbeit findet, verliert schnell die Motivation und Freude daran, denn woanders findet sich bestimmt eine bessere Aufgabe. Heute können wir unsere Bedürfnisse offen äußern und sind in der Lage, uns einer Frage zu widmen, die grundlegend für Vertrauen im Arbeitskontext ist, denn der Sinn ist das, was alles zusammenhält.

### Purpose gut, alles gut

Der Purpose beschreibt, wofür wir stehen und warum wir das tun, was wir tun. Er ist unser Beitrag für die Welt. Sowohl einzelne Menschen, gemeinsame Vorhaben, aber auch ganze Organisationen haben einen Purpose. Egal, ob bewusst formuliert oder nicht. Simon Sinek macht mit seinem Golden Circle deutlich, dass das persönliche »Warum« der Kern des Erfolgs unserer Vorhaben ist. Nur wer das eigene Why kennt, kann auch andere überzeugen.[73]

Die meisten Menschen können zwar sofort beschreiben, was sie oder ihre Organisationen tun, doch mit dem »Wie« wird das schon schwieriger. Und die Wenigsten können das »Warum« wirklich benennen. Der höhere Sinn bleibt vielen unklar. Vor allem, wenn er von Wenigen definiert, aber von Vielen gefühlt werden soll. Deshalb haben die meisten Unternehmen Schwierigkeiten, ihre Mitarbeitenden für den Wandel zu begeistern. Sie schaffen es nicht, das »Warum« so zu transportieren, dass es bei allen sowohl kognitiv als auch emotional ankommt. Dabei gehört an den Anfang einer jeden Held:innenreise der Sinn der Unternehmung. Das »Was« und das »Wie« war noch nie ein Auslöser, für echte Emotion. Es ist immer das »Warum«.

Sarah Yvonne Elsser hat das mal in einem Vortrag sehr plakativ beschrieben. Ihr Beispiel hatte ich vor einigen Jahren zusammengefasst: »In der Filmreihe ›Der Herr der

Ringe‹ sind verbündete Gefährt:innen losgezogen, um die Welt zu retten. Das Why war allen glasklar. Alles andere? Nebensächlich! Hätte ihnen jemand vor dem Aufbruch gesagt, dass sie dafür zuerst gegen 20 Bösewichte kämpfen, unter härtesten Bedingungen ans Ende der Welt reisen und dort dann einen Ring in einen Vulkan hätten werfen müssten, wie viele von ihnen wären wohl dann noch mitgegangen?«[74]

Das Was und das Wie wirken abschreckend, vor allem dann, wenn uns das Warum fehlt. Es liegt in der Natur des Menschen, dass wir keine unnötigen Veränderungen auf uns nehmen. Und unnötig sind Veränderungen für uns immer dann, wenn wir den Sinn, der dahintersteht, nicht erkennen. Aber selbst ein gut kommunizierter Purpose bringt nicht immer den erwünschten Effekt. Sinn ist etwas sehr Persönliches, das uns niemand geben kann. Er wird nicht real, nur weil wir ihn auf einem Poster lesen. Die meisten Purpose-Kampagnen greifen deshalb nicht ohne Weiteres. Sinn müssen wir selbst spüren und erleben. Er ist emotional und individuell.

## Sinn in der Arbeit finden

Arbeit kann unterschiedliche Sinndimensionen haben. Für die einen ist der reine Lohnerwerb Sinn genug. Für die anderen braucht es eine Tätigkeit, die ihnen Freude und Energie bringt. Wieder andere wollen Menschen helfen oder globale Krisen lösen. Auch die Art, wie wir arbeiten, kann einen großen Teil zu unserem Sinnerleben beitragen. Das ist nicht nur wichtig für unser Vertrauen in die Arbeit und die Unternehmung, sondern stärkt auch unsere psychische Widerstandsfähigkeit und motiviert uns intrinsisch.

Dr. Nico Rose beschreibt das Sinnerleben des Menschen als »individuelle Konstruktion«, weshalb es seiner Ansicht nach keinen allgemeingültigen Weg zum Sinn gibt. Allerdings zeigt er auf, dass gewisse Elemente für jede Sinnkonstruktion relevant sind und sich daher bei uns allen wiederfinden. »Es sind die Hauptzutaten, aus denen Menschen ihr ureigenes ‚Sinnsüppchen‹ kochen.« Die wichtigsten Zutaten hat er »in Anlehnung an die Forschung von Brent Rosso, Kathryn Dekas und Amy Wrzesniewski«, in einem Schema dargestellt. Dabei fördert nicht nur eine Kombination der Faktoren unser Sinnerleben, sondern auch jeder Faktor für sich.[75]

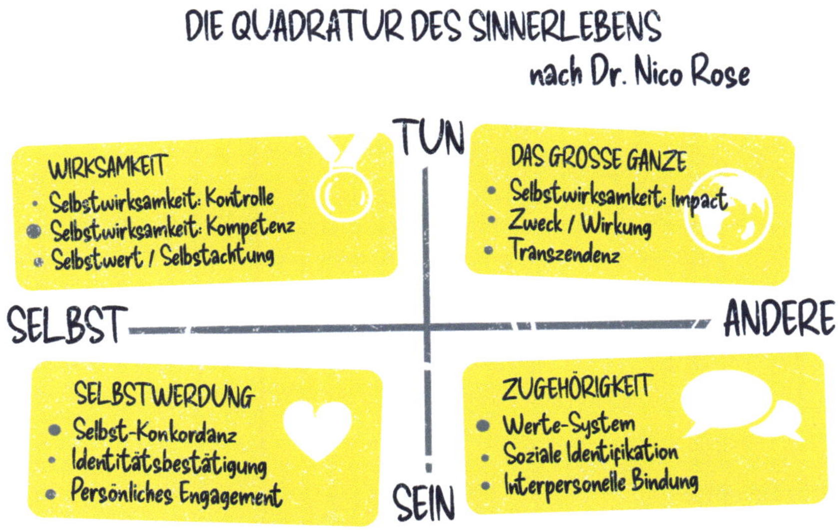


## Das große Ganze

Hier geht es um den eigenen Beitrag für den höheren Zweck. Also darum, welche positive Wirkung die Arbeit auf die Kundschaft oder die Kolleg:innen und die Organisation im Ganzen hat. Um die Wirkung nicht nur zu verstehen, sondern wirklich zu erleben, müssen wir aus unserem Mikrokosmos im Unternehmen herauskommen. Je größer das System ist, in dem wir arbeiten, desto weiter weg sind wir davon, zu erleben, was andere von unserer Arbeit haben. Wir sind meilenweit entfernt von der Kundschaft und viel zu sehr in voneinander getrennten Abteilungen tätig. Nico Rose empfiehlt deshalb das zu ändern. Für echtes Sinnerleben müssen wir hinausgehen. Exkursionen zur Kundschaft oder Hospitationen in anderen Teams sind nur einige Möglichkeiten, den Realitycheck vor Ort zu machen und unser Sinnerleben zu steigern.[76]

## Zugehörigkeit

Je positiver und stabiler unsere Beziehung zu unseren Kolleg:innen ist, desto mehr Sinn erleben wir durch das Gefühl der Zugehörigkeit. Auch die Übereinstimmung der Unternehmenswerte mit den eigenen »macht« im wahrsten Sinne des Wortes Sinn. Wenn wir uns gegenseitig helfen und unterstützen, dann stärkt das sowohl unsere emotionale Bindung zueinander als auch unser Sinnerleben.

## Selbstwerdung

Viele Menschen arbeiten nicht nach ihren Stärken, sondern nach einem festgelegten Stellenprofil. Viele ihrer Aufgaben müssen sie also allein deshalb erledigen, weil es zum Profil gehört. Aufgaben, die zum Profil gehören, gehören allerdings nicht unbedingt zum Menschen. Die Folge ist, dass wir unsere Stärken nicht optimal einsetzen können. Dabei setzen wir ganz andere Energien frei, wenn wir Dinge tun, die uns liegen. Wir wollen mit unseren Emotionen, Stärken und Zielen in Einklang sein. Wenn wir ausleben können, was zu uns gehört, dann ergibt das Sinn. Die Entfaltung unserer Potenziale ist daher ein wichtiger Faktor für unser Sinnempfinden. Viele Menschen wissen nicht genau, was ihre Stärken sind, und viele Teams haben somit keine Ahnung von den Potenzialen, die in ihnen schlummern. Was die Stärken sind, lässt sich durch Persönlichkeitsprofile, aber auch durch darauf abgestimmte Übungen erarbeiten.

## Wirksamkeit

Hier geht es um selbstbestimmtes Arbeiten und unseren Gestaltungsspielraum. Wenn wir uns kontrolliert und fremdbestimmt fühlen, dann sinkt unser Sinnerleben. Micromanagement ist deshalb ein echter Sinnvertreiber. Selbstbestimmung bedeutet, dass wir selbst entscheiden, wie wir arbeiten, wann wir arbeiten und wie wir unsere Themen voranbringen. Es ist die Abwesenheit von Fremdbestimmung. Menschen die selbstbestimmt arbeiten können, entdecken oft ungeahnte Potenziale in sich und entfachen vor allem eine ganz neue Motivation für das, was sie tun. Es ist beeindruckend, was es mit Menschen macht, wenn man ihnen vertraut.

Viele Führungskräfte scheuen sich davor, dass ihre Mitarbeitenden selbstbestimmt arbeiten, weil sie Sorge haben, dass Aufgaben übrigbleiben, die niemand mehr übernehmen möchte. Aber einer der wichtigsten Elemente von Führung ist es, genau diesen Prozess des selbstbestimmten Arbeitens zu fördern und zu unterstützen. Er steigert nicht nur das Sinnerleben der Mitarbeitenden, sondern macht vielleicht auch sichtbar, welche Prozesse sich ändern müssen und keinen Sinn mehr ergeben. Selbstbestimmtes Arbeiten stellt außerdem einen klareren Bezug zwischen dem Sinn, den wir sehen, und unserer Arbeitsweise, unserer Priorisierung und unseren Entscheidungen her. Das ist oft nicht der Fall, wenn wir fremdbestimmt arbeiten. Es erfordert mehr »Übersetzungsarbeit« und Zeit. Fremdbestimmung ist Ressourcenverschwendung, weil zusätzliche Abstimmungsschleifen erforderlich sind oder weil wir uns innerlich immer wieder gegen die auferlegten Regeln auflehnen.

### Selbst wirken

Das Leben passiert nicht einfach. Wir gestalten es selbst mit. Alles, was wir tun, hat einen Einfluss. Alles, was wir nicht tun, auch. Diese Tatsache ist uns aber nicht immer klar. Und manchmal ist das herrlich entspannend. Es ist einfach andere dafür verantwortlich zu machen, wie es ist, aber nicht hilfreich. Das psychologische Prinzip der Selbstwirksamkeit wurde von dem Psychologen Albert Bandura entwickelt[77] und beschreibt die Fähigkeit, selbst Einfluss zu nehmen. Wenn wir überzeugt davon sind, dass wir unser Leben selbst gestalten und Herausforderungen auch in schwierigen Situationen aus eigener Kraft meistern können, dann trauen wir uns mehr zu. Selbstwirksamkeit ist nicht nur wichtig, um Sinn zu erleben, sondern auch, um unser Selbstvertrauen zu stärken, denn mit dem Gefühl der Wirksamkeit steigt auch der Wert, den wir uns selbst zuschreiben. Aber nur wer etwas ausprobieren und selbst agieren kann, wird Selbstwirksamkeit erleben.

## Schluss mit dem Kontrollzwang

Vor vielen Jahren startete ich neu in einem Unternehmen. Meine Aufgabe war es, Konzepte zu entwickeln, Führungskräfte zu beraten, Coachings on the Job durchzuführen und Teamentwicklungen und Workshops zu moderieren. Meine damalige Führungskraft wollte mich anfangs eng begleiten, um mich gut an Bord zu holen, denn später sollte ich meist alleine unterwegs sein. Ich freute mich auf ihre Begleitung und empfand das als großen Luxus, mich mit jemandem über die Arbeit austauschen zu können. Doch ihre Begleitung war ganz anders, als ich sie mir vorgestellt hatte. Sie notierte sich jedes Wort, dass ich sagte, und sprach nach den Workshops ihre Mitschriften mit mir durch. Jede Vorgehensweise und jede Formulierung, die von ihrem Mustervorgehen abwich, kritisierte sie. Sie schrieb mir genau vor, wie ich vorgehen sollte. Obwohl die Feedbacks der Teilnehmenden sehr gut waren, war sie nie zufrieden.

Aber es ging nicht um richtig oder falsch, sondern darum, wie sie die Dinge haben wollte, oder eben nicht. Statt mich zu begleiten, kontrollierte sie mich. Das zeigte schnell Wirkung. Ich wurde unsicher, still und konnte mich schlecht konzentrieren, wenn sie dabei war. Ich fühlte mich beobachtet, bewertet und gefangen. Ich fing an, die Dinge so zu tun, wie sie es wollte, doch damit wurde ich mir selbst nicht mehr gerecht. Ich hatte das Gefühl, dass um meinen Hals eine Schlinge lag, die immer enger wurde. Nach kurzer Zeit machte mir der Job, der eigentlich das war, was ich damals wollte, keine Freude mehr. Es dauerte nicht lang und ich kündigte.

Kurz darauf fing ich woanders an. Der Job war der gleiche, aber die Führungskraft eine andere. Sie gab mir maximale Freiheit und schenkte mir vom ersten Tag an ihr Vertrauen. Sie investierte ihre Zeit darin, eine emotionale Bindung zwischen uns aufzubauen, statt mich bei meiner Arbeit unter die Lupe zu nehmen. So wusste sie immer, wie es mir ging, obwohl sie nicht ständig neben mir saß. Ich konnte machen, was ich wollte, doch wenn ich etwas brauchte, konnte ich immer zu ihr kommen. Sie traute mir mehr zu als ich mir selbst. Das war genau der Moment, in dem ich beruflich voll durchstartete. Innerhalb kürzester Zeit bin ich über mich hinausgewachsen und deshalb da, wo ich heute bin. Auch wenn wir jetzt nicht mehr zusammenarbeiten, bestehen unsere Verbindung und der Kontakt bis heute.

So, wie mir im ersten Job damals, geht es vielen Menschen, die bei der Arbeit kontrolliert werden. Während sie täglich ihr eigenes Leben managen, wird ihnen im Job nicht zugetraut, selbstständig zu denken. Doch in den seltensten Fällen hat die Kontrolle etwas mit ihnen zu tun. Kontrolle ist nichts, was diejenigen provozieren, die kontrolliert werden. Kontrolle ist etwas, was diejenigen brauchen, die kontrollieren. Sie ist nichts weiter als die eigene Bedürfnisbefriedigung auf Kosten anderer. Und manchmal erscheint sie fast schon wie eine Sucht, wenn Menschen alles und jeden kontrollieren wollen, ohne andere auch nur einen Schritt allein machen lassen zu können. Mündige Menschen werden von ihren Führungskräften behandelt, als wären sie Marionetten.

Viele Führungskräfte beteuern, Kontrolle gehöre zu ihrem Job, denn sie müssten jederzeit die Qualität der Arbeit sichern und würden immerhin die Verantwortung dafür tragen.

Manchmal liegt das Bedürfnis, Kontrolle zu haben, beim Menschen selbst und manchmal sorgt das System dafür, dass wir anfangen alles zu überprüfen, was in unserem Verantwortungsbereich liegt. Doch der Ursprung ist immer der Gleiche: Angst und Unsicherheit. Wer kontrolliert, will auf Nummer sicher gehen, dass Leistung »richtig« abgeliefert wird. Doch durch Kontrolle erreichen wir nicht mehr Zuverlässigkeit. Auch keine bessere Leistung. Dafür erstickt sie jede Beziehung im Keim, macht Menschen klein und verhindert, dass sie ihr Potenzial entfalten können. Alles und jede:n zu überprüfen, sichert zwar den Status quo, stoppt aber jegliche Weiterentwicklung.

Wir Menschen sind keine Marionetten. Wir müssen nicht gesteuert oder kontrolliert werden. Wer davon ausgeht, dass Menschen nur dann richtig arbeiten würden, wenn sie ständig kontrolliert werden, hält wenig von ihnen. Kontrollsysteme sind somit dann nötig, wenn man Menschen nichts zutraut. Das Bedürfnis nach Kontrolle ist daher meist ein guter Anlass, um das eigene Menschenbild zu überprüfen. Es gibt viele andere sehr gute Möglichkeiten, um Qualität im Team zu sichern. Teams können das wunderbar selbst übernehmen, indem sie in kleinen iterativen Schleifen arbeiten und den Qualitätscheck als gemeinsame Aufgabe verstehen. Sie können in regelmäßigen Abständen Retrospektiven durchführen und die Qualität ihrer Arbeit reflektieren. Die Aufgabe der Führungskraft ist es, das Team zu befähigen, in einen solchen Prozess der kontinuierlichen Verbesserung hineinzuwachsen. Kontrolle befähigt und bindet Menschen nicht. Vertrauen schon.

## Der Vertrauensvorschuss

Die einen schreien: »Vertraut uns doch endlich, damit wir gut arbeiten können!« Die anderen schreien: »Das Vertrauen müsst ihr euch verdienen, indem ihr gut arbeitet!«

Diese Situation erlebe ich aktuell nicht nur in Unternehmen, die ich begleite, sondern auch in den übergeordneten Diskussionen zur Arbeitswelt, die aktuell in den Medien und auf Social Media geführt werden. Mitarbeitende machen Führungskräfte für alles verantwortlich, Führungskräfte machen Mitarbeitende für alles verantwortlich. Die einen können nicht loslassen, die anderen können keine Verantwortung übernehmen. Wir verbringen einen großen Teil unserer Zeit damit, die Gründe für die Umstände bei anderen zu suchen. Doch der Anfang für jede Veränderung liegt bei uns selbst. So ist es auch mit Vertrauen. Die Frage ist doch, wo kommt Vertrauen her, wenn es anscheinend nicht da ist? Wenn wir alle darauf warten, dass es plötzlich auftaucht, dann wird sich wenig tun. Außerdem können wir auf diese Art lange auf Selbstwirksamkeit warten. Vertrauen entwickelt sich nicht durch Forderungen oder durchs Abwarten. Und wo wir schon bei Sinn sind: Immer nur mit dem Finger auf andere zu zeigen, macht keinen.

Wir selbst sind diejenigen, die vertrauen müssen. Nur wer Vertrauen bekommt, kann sich auch als vertrauenswürdig erweisen. Für mich war es der totale Wendepunkt, als ich das verstanden hatte. Der Beginn einer vertrauensvollen Beziehung ist es, Vertrauen zu schenken. Erst dadurch entstehen Möglichkeiten, die Beziehung weiterzuentwickeln. Wir müssen uns aktiv entscheiden, zu vertrauen. Wir müssen in Vorleistung gehen. Der Vertrauensvorschuss ist eine Investition. Wer sich mit Investitionen in Ideen und Start-ups auskennt weiß, dass wir erst Geld investieren müssen, bevor wir etwas zurückbekommen. Wir gehen immer erst ein Risiko ein, weil wir noch nichts in den Händen halten. Wir glauben aber an die Idee und daran, was aus der Sache werden kann. Durch unsere Investition kann die Idee oder das Unternehmen wachsen, wirken und wirtschaften. Wir bekommen etwas zurück. Und zwar im besten Fall viel mehr als das, was wir investiert haben. Hätten wir nichts gewagt und nicht investiert, wäre niemals das entstanden, was daraus geworden ist. Es wäre gar nicht erst möglich geworden.

So ist es auch mit Vertrauen. Wir investieren, weil wir an den Menschen glauben und an das, was aus unserer Beziehung werden kann. Erst durch einen Vertrauensvorschuss kann die Beziehung wachsen, der Mensch kann wirken und gibt uns eine ganze Menge zurück. Mehr, als wir investiert haben. Der Vertrauensvorschuss ist wie ein fruchtbarer Boden, den wir bereiten, damit etwas wachsen kann. Es bewirkt so viel, wenn wir Menschen etwas zu- und ihnen vertrauen. Erst durch das Vertrauen anderer Menschen in mich, konnte ich über mich hinauswachsen. Es hat mir Mut und Stärke gegeben. Ich habe oft gedacht: »Wenn sie mir vertrauen, dann muss da wohl etwas dran sein.« Außerdem wollte ich sie nicht enttäuschen. Also habe ich alles gegeben. Und genau das ist die Wirkung, die wir erzielen können, wenn wir anderen vertrauen. Sie werden allein dadurch besser.

Außerdem: Vertrauen entsteht durch Vertrauen. Wenn uns jemand vertraut, löst das in der Regel positive Gefühle in uns aus. Wir reagieren ebenfalls mit Vertrauen. Spürbar wird dieser Effekt in der Praxis vor allem dann, wenn uns jemand etwas anvertraut und wir umgehend das Bedürfnis haben, der Person auch etwas von uns preiszugeben. Wenn wir also möchten, dass jemand sich uns öffnet, dann ist der beste Weg, dass wir uns öffnen. Wir können diesen Vertrauensvorschuss aber nur geben, wenn wir aktiv an uns arbeiten, es üben und unsere Herausforderungen damit explizit machen. Der erste Schritt dafür ist, in den gemeinsamen Dialog zu gehen. Über Investitionen in Business-Ideen reden wir klar und deutlich. Über Vertrauen nicht. Ich höre immer wieder Stimmen die sagen, »sobald wir anfangen, über Vertrauen zu sprechen, ist es weg.« Diese Sichtweise teile ich nicht. Eine Kompetenz erwerben wir nicht, indem wir sie totschweigen. Eine Kompetenz entwickeln wir, indem wir uns ausprobieren, uns austauschen, hinfallen und wieder aufstehen. Vertrauen wächst, wenn wir darüber sprechen. Außerdem können wir gemeinsam lernen, wie Investments funktionieren.

So, wie wir über Investments sprechen, so beobachten wir auch, wie es mit ihnen läuft. Beim Vertrauen ist es ähnlich. Blindes Vertrauen ist unangebracht. Es würde bedeuten, zu vertrauen, ohne hinzusehen, oder sich dafür zu interessieren, ob sich das Vertrauen bezahlt macht. Es ist niemals gut, wenn wir andere Menschen oder unsere Beziehung zu ihnen idealisieren. Wir schaffen damit Abhängigkeiten, die keiner Beziehung gut bekommen. Wir brauchen gesundes Vertrauen. Das bedeutet, dass Menschen im guten Glauben sind und bereit zu investieren. Es bedeutet aber auch, dass sie sich den Prozess ansehen, statt wegzusehen. Klare Rollen und Verantwortlichkeiten sind dabei hilfreich. Innerhalb dieser muss es absolutes Vertrauen und Gestaltungsfreiheit geben. So wird deutlich, wo Menschen eigenverantwortlich handeln können und wo eine Rücksprache erforderlich wird. Dieser Vertrauensrahmen sollte immer so groß wie möglich sein.

## Ein Rahmen bringt Freiheit

Bei aller Gestaltungsfreiheit brauchen wir einen Abgleich mit unseren Führungskräften, der Kundschaft, unseren Teams oder anderen Teams. Kurz gesagt, wir arbeiten nicht allein. Um sicherzustellen, dass die Arbeit im Sinne aller ist, auch wenn alle selbst entscheiden, ist es hilfreich, die erforderlichen Arbeitsergebnisse mit Akzeptanzkriterien zu versehen. Akzeptanzkriterien benennen nicht das Ergebnis, sondern geben einem noch unbekanntem Ergebnis Charaktereigenschaften. Damit bleibt die Umsetzung und Ausgestaltung komplett denen überlassen, die dafür verantwortlich sind. Das macht selbstbestimmtes Arbeiten deutlich einfacher und auch erfolgreicher. Akzeptanzkriterien helfen so auch dabei den Vertrauensrahmen zu definieren und machen deutlich, wann das Ergebnis fertig ist oder eine Abstimmung notwendig wird. Das ist auch deshalb gut, weil wir in vielen Bereichen immer seltener vorhersagen können, wie das Endergebnis konkret aussehen muss oder welche Lösung wir für ein Problem entwickeln sollten. Gerade in komplexen Umfeldern entsteht das Ergebnis immer häufiger erst auf dem Weg. Statt Vorgaben zu machen, definieren wir miteinander Gütekriterien. Hier einige stark vereinfachte Beispiele:

- Statt eine Powerpoint-Präsentation einzufordern und die genaue Umsetzung zu besprechen, wird vereinbart, dass die Ergebnisse strukturiert und nachvollziehbar aufbereitet werden.
- Statt die Entwicklung eines bestimmten Features vorzugeben, wird vereinbart, welcher Nutzen für die Kundschaft entstehen soll.
- Statt dass bestimmte Arbeitszeiten festgelegt werden, wird vereinbart, wie zufrieden die Kundschaft sein soll.

Alle drei Beispiele haben eines gemeinsam: Die Umsetzung und alle damit verbundenen Entscheidungen bleiben völlig offen. Sie sind Vertrauenssache. Natürlich brauchen wir oft mehrere Akzeptanzkriterien und müssen an einigen Stellen konkreter werden. Aber generell gilt hier: Weniger ist mehr, denn sonst mutieren die Akzeptanzkriterien lediglich zum Kontrollwerkzeug, das mehr einschränkt, als es möglich macht.

## Verantwortung wächst, wenn man sie teilt

Menschen vertrauen anderen, wenn sie das Gefühl haben, sie wüssten, worüber sie reden. Wer sehr viel Verantwortung trägt, weiß allerdings nicht mehr alles im Detail. Das ist gar nicht machbar. Wer dennoch versucht, alles allein zu verantworten, mindert die eigene Glaubwürdigkeit und setzt das Vertrauen anderer aufs Spiel. Verantwortung ist etwas, das wir im Arbeitsleben einer Rolle zuschreiben. Sie ist fest eingebaut in ein Stellenprofil, das zu seiner Zeit im besten Fall mal sinnvoll war. Je höher jemand die Hierarchieleiter hinaufklettert, desto mehr Verantwortung verlangt das Profil. Aber die starre Staffelung von Verantwortung nach Rang verliert an Sinn, denn mit zunehmender Komplexität können einzelne Menschen der Verantwortung immer weniger gerecht werden. Es fehlt an Wissen und Kompetenz und damit auch an Entscheidungsfähigkeit. Und vor allem fehlt es an Zeit, weil das Themenspektrum zu groß ist und ein Mensch nicht überall sein kann.

Dazu kommt, dass unsere Stellenprofile zukünftig keine längere Halbwertszeit mehr haben als die offene Milch im Kühlschrank. Die Gegebenheiten ändern sich immer schneller und wir müssen reagieren. So rasant wie derzeit neue Technologien entwickelt werden, können wir kaum mehr sagen, welche Rollen wir in sechs Monaten benötigen. Unsere Profile müssen sich anpassen können. Das geht leichter, wenn sie klein geschnitten und sinnvoll gefüllt sind. Verantwortung würde sich nicht mehr bei Wenigen ballen, sondern auf alle verteilt werden. Unsere Entscheidungsbefugnis entspräche unserer Kompetenz und unseren Aufgaben.

Menschen, die Verantwortung erhalten, empfinden Selbstwirksamkeit und Sinn, weil sie eigenständig entscheiden und gestalten können. So entsteht mehr Ownership. Zukünftig werden wir alle führen. Nicht nur uns selbst, sondern auch Themen, Projekte, Prozesse oder Teams. In einer Umgebung, in der sich Menschen für ihr Thema verantwortlich fühlen, kann Vertrauen wachsen, denn alle wissen, wovon sie reden. Selbstorganisation, Jobsharing und verteilte Führung sind Formen geteilter Verantwortung und werden zukünftig immer wichtiger.

# Vertrauen ist die Basis zukunftsfähiger Unternehmen

## Annahita Esmailzadeh

Credits: Sapna Richter

Als ich ein junges Mädchen war, schrieb ich gern Geschichten. Mein größter Wunsch war es, irgendwann mal Schriftstellerin zu werden. Meine damalige Grundschullehrerin kannte diesen Traum. Sie nahm sich nach dem Schulunterricht oft Zeit für mich und las meine Erzählungen, die ich lose in meine Schulhefte schrieb, laut vor. Sie tauchte mit mir gemeinsam in meine Gedankenwelt ein, sprach mit mir über die Charaktere meiner Geschichten und sagte oft liebevoll: »Annahita, du schreibst so wunderbar. Du wirst irgendwann eine großartige Schriftstellerin werden.« Nun war ich vor einiger Zeit bei meinem Vater zu Besuch und stieß beim Ausmisten des Kellers in einer Kiste zufällig auf genau jene vollgekritzelten Schulhefte. Neugierig schlug ich sie auf und las. Ich las – und erschrak. Die Geschichten wimmelten nur so vor Rechtschreib- und Grammatikfehlern. Sie waren wirr und konfus. Sie ließen jeglichen roten Faden vermissen. Kurzum: Sie waren alles – nur nicht wunderbar geschrieben. Auch nicht für meinen – nicht wirklich hohen – Anspruch an eine Neunjährige. Mir fielen die Worte meiner Lehrerin nun wieder ein und mir wurde klar, welche Auswirkungen ihr damaliger Umgang mit mir gehabt hatte. Sie hatte die kleine Annahita glauben lassen, dass sie schreiben kann. Ihr Mut gemacht. Und ihr Vertrauen geschenkt. Sie würde wohl nie erfahren, dass ich – weit über 20 Jahre später – tatsächlich ein Buch veröffentlichen würde. Und sie wohl einen großen Beitrag hierfür geleistet hatte. Mit der Wertschätzung, die sie mir und meinen Träumen gegenüber entgegengebracht hatte – und vor allem auch mit ihrem Vertrauen, das sie mir geschenkt hatte.

Vertrauen ist mächtig. Wir können damit Menschen Flügel schenken. Und das nicht nur in unseren zwischenmenschlichen Beziehungen im Privaten, sondern auch in der Arbeitswelt. Erfahren Mitarbeitende Vertrauen, können sie über sich hinauswachsen. Werden sie hingegen eingeengt und kontrolliert, gehen sie ein. Wie Pflanzen, die nicht ausreichend Licht und Wasser bekommen.

Ich frage Bewerberinnen und Bewerber selbst in Vorstellungsgesprächen häufig, wieso sie ihren aktuellen Arbeitgeber verlassen wollen. Nicht selten erhalte ich die Antwort, dass die aktuelle Führungskraft nicht vertraut und daher kaum Gestaltungsspielräume lässt. Dies wiederum hat zur Konsequenz, dass Menschen das Gefühl erhalten, selbst nichts bewegen zu können, irgendwann resignieren und nur noch Dienst nach Vorschrift leisten. Oder eben kündigen. Stelle ich

Personen ein, die vorher in einem Umfeld gearbeitet haben, in dem Vertrauen Mangelware war, sind fast immer ähnliche »Symptome« erkennbar. Die Menschen sind gehemmt und in manchen Fällen gar ängstlich, eigene Perspektiven und Vorschläge vorzubringen. Fehlendes Vertrauen erhöht damit nicht nur die Fluktuation in Unternehmen und sorgt dafür, dass talentierte Mitarbeitende kündigen – sie kann auch das Selbstvertrauen von Menschen sowie das Teamklima nachhaltig beschädigen.[78]

Vertrauen ist aus meiner Sicht die Basis gesunder Führung. Wer eingeengt wird und keine Fehler machen darf, arbeitet in Angst. Vertrauen hingegen sorgt für eine Fehlerkultur, in der es möglich ist, Dinge auszuprobieren und auch mal zu scheitern. Scheitern wiederum ist ein integraler Bestandteil jeden Fortschritts sowie jeder Innovation. Wenn wir nie etwas wagen, unterlaufen uns zwar seltener Fehler, doch wir laufen mit hoher Wahrscheinlichkeit auf der Stelle. Vertrauen ist damit nicht nur der Kleber, der erfolgreiche Teams zusammenhält, sondern auch die Grundlage für die Zukunftsfähigkeit von Unternehmen.

TICKTACK
TICKTACK
TICKTACK
TICKTACK
TICKTACK
TICKTACK

# TERMINTREUE

# 9 Termintreue

*In einer immer unsicherer werdenden Welt, die von Krisen und Unbekanntem geprägt ist, suchen mehr Menschen nach Stabilität im Arbeitsumfeld. Aber stabile Zustände gibt es nicht, denn wir leben im ständigen Wandel. Das Gefühl von Sicherheit und Stabilität entsteht allerdings, wenn wir wissen, woran wir sind und uns aufeinander verlassen können.*

Termintreue ist eigentlich eine betriebswirtschaftliche Kennzahl. Sie macht die Abarbeitung von Aufträgen und Bestellungen in Relation zum Liefertermin deutlich. Einen treffenderen Begriff für dieses Kapitel gibt es nicht. Verlässlichkeit und Verbindlichkeit zwischen dem, was wir (zu-)sagen, und dem, was wir tatsächlich tun, stärkt das Vertrauen in uns. Statt echter Termintreue erleben wir allerdings Termintrauer. Wir brauchen neue Ideen für den Umgang mit Terminen, und die Gestaltung echter Verbindlichkeit. Doch eines ist klar: Kontrolle ist nicht die Lösung.

## Der Einfluss der Pandemie auf unsere Verbindlichkeit

Seit der Pandemie variiert es, von wo aus Menschen arbeiten. Es ist ein Verhandlungsergebnis. Das gilt vor allem für die Wissensarbeit, aber auch für andere administrative und digitale Tätigkeiten. In vielen Umfeldern ist »Work from anywhere« zum Alltag geworden. Dadurch ist es einfacher, die privaten Verpflichtungen und die Arbeit zu vereinbaren. Doch unsere neuen Möglichkeiten führen auch dazu, dass wir uns sehr kurzfristig umentscheiden können. Auch wenn wir eigentlich ins Büro fahren wollten, bleiben wir doch spontan zu Hause, denn die Waschmaschine läuft noch. Vereinbart war ein Treffen in Präsenz, aber wir kommen von unterwegs aus dazu, hybrid wird schon gehen. Wollten wir doch eigentlich an einem Meeting teilnehmen, kommt uns etwas dazwischen und wir priorisieren mal eben um.

Bei aller Liebe zur Vereinbarkeit, dürfen wir nicht vergessen, dass von jeder Entscheidung, die wir fällen, andere Menschen betroffen sind. Sie haben sich auf uns eingestellt, sich vorbereitet oder müssen etwas mit uns klären. Während wir nach Vereinbarkeit streben, dürfen wir unsere Verbindlichkeit nicht über Bord werfen, denn was macht es mit unserer Vertrauenswürdigkeit, wenn wir unserem Wort nicht mehr treu sind? Wie sollen wir zusammenarbeiten, wenn wir unsere Meinung ändern, sobald es uns in den Kram passt? Und wie sehr können wir vertrauen, wenn das Credo lautet: »Komm' ich heut nicht, komm' ich morgen?«

Ich arbeite mit Unternehmen oft genau an diesen Fragen. Sie wollen mehr Flexibilität, spüren aber auch, welche Herausforderungen sie mit sich bringt. Sie macht Probleme sichtbar, die gelöst werden müssen. Denn viele verstehen Vereinbarkeit falsch.

Sie glauben, sie könnten machen, was ihnen passt. Doch so funktioniert Vereinbarkeit nicht. Ja, es geht darum, größtmögliche Flexibilität zu bieten, jedoch nur in einem Rahmen, der dem Team nicht schadet. Wir brauchen eine Vereinbarkeit, neben der unsere Verbindlichkeit Bestand hat. Auch deshalb ist es wichtig, dass Entscheidungen zur Arbeitsorganisation nicht auf Managementebene, sondern auf Teamebene getroffen werden. Teams müssen individuell aushandeln können, wo Vereinbarkeit wichtig und wo Verbindlichkeit noch wichtiger ist. Wie solche individuellen Lösungen aussehen, bleibt ganz in den Händen des Teams, denn jedes Team ist anders. Es gilt herauszufinden, was funktioniert. Dieser gemeinsame Prozess fördert das Vertrauen ineinander und hilft, eine gute Mischung zwischen Vereinbarkeit und Verbindlichkeit zu finden.

## Der Meetingmarathon

Wenn wir für die Arbeit zusammenkommen, dann in Meetings. Gleichzeitig kenne ich kaum ein Thema, das uns alle so bewegt, wie dieses. Manchmal sind Meetings notwendig, aber ihre Menge, ihre Dauer und unser Umgang mit ihnen sind es nicht. Sie werden inflationär genutzt, um fast zwanghaft gemeinsame Arbeitssituationen zu erzeugen. Seit der Pandemie finden Meetings nicht mehr nur vor Ort, sondern auch vermehrt remote oder hybrid statt. Das erhöht nicht nur die Komplexität, sondern auch die Anzahl der Meetings. Seit wir weniger Wegestrecken einplanen müssen, üben wir uns erst recht im täglichen Meetingmarathon. Zehn Meetings am Tag sind da keine Seltenheit. So viele Termine führen unweigerlich zur Terminuntreue und das ist ein echtes Problem für das gegenseitige Vertrauen aller Beteiligten. Um das zu ändern, brauchen wir kluge Vereinbarungen und müssen uns vor allem an sie halten.

### Ist das ein Meeting oder kann das weg?

Die meisten Führungskräfte, die ich begleite, leiden massiv unter der Flut an Meetings. Sie finden in ihren Kalendern keine Lücken mehr für relevante Dinge, weil sie kontinuierlich irgendwo dabei sein müssen. Mitarbeitenden geht es nicht anders. Für die vollen Kalender ist meist ein Irrglaube verantwortlich. Wir glauben, dass uns das gemeinsame Denken in einem Meeting Zeit ersparen würde. Deshalb denken wir nicht vor, sondern setzen erstmal ein Meeting an. Aber, die Devise sollte sein: Erst denken, dann meeten. So würden wir die meisten Meetings nicht mehr benötigen. Ihre Fülle klaut uns deutlich mehr Zeit und Geld als der Aufwand des selbstständigen Denkens. Durch die vielen Teilnehmenden kommen immerhin horrende Stundensätze zusammen.

Wie vertrauenswürdig sind Meetings noch, wenn alles ein Meeting ist? Und wie groß ist unser Glaube an das, was wir durch Meetings erreichen können, wenn sie inflationär angesetzt werden? Wir sehnen uns doch eigentlich nach meetingfreien Zeiten, damit wir endlich mal wieder zum Arbeiten kommen. In Organisationen, die mit Meetings um sich werfen, ist das Vertrauen in die Sinnhaftigkeit der Termine stark geschwächt und muss erst wieder aufgebaut werden. Dafür ist es wichtig, Meetings zu reduzieren, um ihren wirklichen Mehrwert und ihren jeweiligen Nutzen zu verdeutlichen. Ein Meeting benötigen wir nur dann, wenn es wirklich notwendig ist, dass alle Beteiligten synchron zusammenkommen. Das ist vor allem dann sinnvoll, wenn:

- gemeinsame Entscheidungen getroffen werden sollen
- echte Co-Creation das Ziel ist
- Teambuilding im Vordergrund steht

Für alle anderen Anlässe braucht man kein Meeting. Die Zusammenarbeit kann asynchron, durch die Kommunikation über entsprechende Messenger oder durch die Arbeit an gemeinsam zugänglichen Dokumenten gestaltet werden. Deshalb ist es wichtig, sich zu fragen, ob ein Meeting wirklich notwendig ist, bevor eines angesetzt wird.[79]

## Die Besprechungsanfrage

Wenn das Meeting dann doch angesetzt ist, entscheidet sich oft schon mit der Besprechungsanfrage, die wir erhalten, ob wir es als sinnvoll erachten oder nicht. Sie ist die Einladung für das Meeting und taucht meist als E-Mail auf. Besprechungsanfragen sagen leider meist nicht viel über das Meeting aus. Viele von ihnen enthalten nur einen Betreff und Zeit und Ort für das Meeting. Aber wie vertrauenswürdig ist das? Wenn mir eine Freundin eine E-Mail schicken würde, in der im Betreff lediglich stünde, wann wir uns wo treffen, ohne dass ich vorher etwas über dieses Treffen wüsste, dann würde ich nicht einfach hingehen. Ich würde sie anrufen, weil ich große Zweifel an der Echtheit der Nachricht hätte. Ich würde sie fragen, ob ihr Account gehackt worden ist.[80]

Während wir privat niemals so kryptische Einladungen versenden würden, ist es im Arbeitskontext leider normal geworden. Das stört unser Vertrauen in das Meeting und in den Sinn der Veranstaltung. Und was ist die Konsequenz, wenn Menschen kein Vertrauen in ein Meeting haben? Sie sagen entweder ab, was selten passiert, oder sie schleppen sich hin und lassen es über sich ergehen, was meistens der Fall ist. Doch auch wenn sie physisch da sind, glauben sie nicht daran, dass bei dem Meeting etwas Sinnvolles herauskommt und ihre Zeit gut investiert ist. Und der fehlende Glaube wird fast immer zur selbsterfüllenden Prophezeiung. In eine vertrauenswürdige Besprechungsanfrage gehören deshalb folgende Informationen:

- Ein konkreter Betreff, der die Funktion des Meetings verdeutlicht
- Die Ziele des Meetings, die klar machen, was nach dem Meeting anders sein soll
- Eine Agenda, die aufzeigt, was in dem Meeting passieren wird
- Der genaue Beitrag, den die eingeladenen Personen leisten können
- Verantwortlichkeiten (die verteilt werden müssen)
- Verantwortliche des Meetings

Ich empfehle Unternehmen für eine bessere Meetingkultur ein Template zu entwerfen, das wie ein kurzes Briefing funktioniert und die oben genannten Punkte beantwortet. Es gehört in jede Besprechungsanfrage, denn es steigert die Transparenz und die Verbindlichkeit und damit auch die Vertrauenswürdigkeit.

## JOMO

Die Besprechungsanfrage steht, aber wir laden in der Regel zu viele Menschen in unsere Meetings ein. Wir wollen uns absichern, um niemanden zu vergessen, oder wir haben Angst, dass es jemandem missfallen könnte, nicht eingeladen worden zu sein. Vielleicht haben wir auch Sorge, dass wir nicht alle Perspektiven mitdenken oder nicht entscheidungsfähig sind. So nachvollziehbar das ist, so langsam und behäbig macht es uns. Meetings sollten deshalb so schlank wie möglich gehalten werden.

In vielen Unternehmen hat sich allerdings – bei all der Ablehnung der vielen Meetings – auch gleichzeitig eine Fear of Missing out (FOMO) etabliert. Das bedeutet, dass wir den Drang verspüren, dabei zu sein, und dass es ungewohnt und fast verdächtig ist, nicht eingeladen zu werden. Wir haben Angst, etwas zu verpassen. Gerade in Organisationen, in denen es schon ein Vertrauensproblem gibt, ist Dabeisein ein wichtiger Aspekt, um zu verhindern, dass Entscheidungen getroffen werden, die nicht im eigenen Sinne sind. Doch davon müssen wir uns lösen. Statt alle einzuladen, die irgendwie beteiligt sind, sollten wir uns darin üben, nur so wenige Menschen zusammenzuholen, wie unbedingt nötig. Eine gute Möglichkeit ist es, die Perspektive der anderen asynchron einzuholen. So fließen auch die Sichtweisen der Nichtanwesenden in die Entscheidungsfindung ein. Vielleicht wird so aus der FOMO eine JOMO (Joy of Missing out).

## Vor Ort, remote oder dazwischen?

In Präsenz, hybrid oder remote, diese Frage stellt sich in vielen Unternehmen, seit die Möglichkeiten gegeben sind. Es gibt keinen Grund, generell auf ein Treffen vor Ort zu bestehen. Vielmehr müssen wir uns fragen, was jeweils sinnvoll ist. Noch viel wichtiger als die Frage, wo das Meeting stattfindet, ist aber, dass wir uns an die Absprache halten – außer es besteht ein Notfall. Die laufende Waschmaschine, das schlechte Wetter oder die kurzfristige Unlust, sich in den Straßenverkehr zu begeben, sollten kein Grund für spontane Umplanungen sein, wenn das Meeting vor Ort hätte stattfinden sollen. Generell gilt, dass ein Treffen in Präsenz vor allem bei Teambonding-Maßnahmen sinnvoll ist. Für die Entwicklung psychologischer Sicherheit ist es wichtig, sich in vertrauensvoller Atmosphäre kennenzulernen und die gemeinsame Zeit voll auszunutzen. Alle anderen Formate sind in der Regel ortsunabhängig.

## Das Timing

Die wenigsten Meetings fangen pünktlich an und die wenigsten hören pünktlich auf. Ein echtes Problem in Sachen Termintreue. Nimmt es ein Unternehmen damit nicht so genau, dann wird die Laissez-faire-Zeitplanung schnell selbstverständlich. Termintreue bedeutet aber, dass Meetings pünktlich anfangen und auch enden. Und nicht nur das, sie bedeutet auch, dass innerhalb des Termins die Zeit so genutzt wird, dass die avisierte Agenda eingehalten und die vorhandenen Ziele erreicht werden können. Doch in der Realität dehnen sich Meetings mindestens auf den Zeitraum aus, für den Sie angesetzt wurden, und benötigen nicht selten noch ein Follow-Up. In Sachen Zeitplanung sollten also unbedingt einige Punkte eingehalten werden:

- Meetings starten immer pünktlich, außer es gibt einen Notfall. Wenn noch nicht alle Beteiligten da sind, geht's dennoch pünktlich los. Grund genug für andere, ihre Termintreue zu trainieren.
- Timeboxing für Themen und Agendapunkte innerhalb des Meetings ist ein Muss. Das bedeutet, dass jedem Abschnitt im Meeting eine bestimmte Dauer zugeordnet, wird. Natürlich kann es immer sein, dass ein Agendapunkt mehr Zeit braucht als geplant, denn manchmal kommen wichtige und sinnvolle Diskussionen auf. Aber das ist kein Grund, das Timing aus dem Ruder laufen zu lassen. Wenn ein Thema mehr Zeit braucht, muss dafür ein anderes gekürzt werden. Das gilt es gemeinsam abzustimmen. Gesteuert und committet das Timing zu verändern, ist etwas völlig anderes, als es unabgesprochen und damit übergriffig zu tun.
- Das Meeting endet spätestens zu dem Zeitpunkt, bis zu dem es angesetzt wurde. Überziehen ist keine Alternative.
- Kürzere Meetingzeiten wirken Wunder, denn das Meeting wird so lange dauern, wie es darf. Meist kann das gleiche Ergebnis allerdings auch in weniger Zeit erreicht werden.[81]

## Wenn Aufgaben anfallen

In der Regel entstehen während des Meetings Aufgaben, die es im Nachgang zu erledigen gilt. Termintreue bedeutet auch, dass wir mit diesen Aufgaben verbindlich und verantwortungsvoll umgehen. Nichts ist schlimmer für die Vertrauenswürdigkeit, als in einem Meeting To-dos abzuleiten, deren Ergebnis alle erwarten, aber um die sich niemand kümmert. Aufgaben, die während des Meetings entstehen, werden deshalb am besten immer schriftlich und für alle sichtbar festgehalten. Es hilft, die To-dos gemeinsam zu formulieren und ein von allen getragenes Verständnis davon sicherzustellen. Eine Struktur unterstützt dabei. »**Wer** macht **was** bis **wann**« ist einfach, aber wirksam. Dabei sollten die Antworten konkret formuliert sein. Auch konkrete Akzeptanzkriterien für die Aufgaben sorgen für eine Verbindliche Ausführung. Sie können in Stichpunkten gesammelt werden und machen erkennbar, wann die Aufgabe erledigt ist.

## Eine Frage der Verlässlichkeit

Im Arbeitsalltag machen wir jede Menge Zusagen und versprechen Dinge. Je nachdem wie wir mit diesen Zusagen umgehen, stärkt oder schwächt das unsere Vertrauenswürdigkeit. Wer vertraut schon jemandem, der einen enttäuscht und das vielleicht sogar regelmäßig? Die meisten Menschen versprechen mehr, als sie halten können. Unsere Kalender und unsere To-do-Listen sind voll und die Zeit knapp. Alle wollen gleichzeitig etwas und dann passiert auch noch ständig Unvorhergesehenes. Wir können nicht immer halten, was wir versprechen, aber wir können daran arbeiten, unser Gesagt-Getan-Verhältnis zu verbessern, damit unsere Versprechen wieder einen Wert bekommen. Dazu gibt es hier einige Tipps.

### Fokus ist angesagt

Je besser wir priorisieren, desto besser werden wir unsere Versprechungen halten können. Zumindest wenn uns sonst keine unvorhergesehenen Krisen vom Kurs abbringen. Die Sache mit der zeitlich und inhaltlich richtigen Priorisierung ist aber nicht so einfach. Meist ist alles wichtig. Wenige Unternehmen arbeiten wirklich nach dem Prinzip »Stop Starting, Start Finishing«.[82] Je mehr wir parallel managen müssen, desto größer wird die Gefahr, dass wir unsere Vorhaben nicht umsetzen können, vor allem nicht, in der avisierten Zeit. Wir verzetteln uns in Aktionismus und streiten um Ressourcen, statt uns mit voller Energie auf das Wesentliche zu konzentrieren. Parallelität verschwendet Zeit. Je mehr wir gleichzeitig tun, desto langsamer werden wir und desto mehr rutscht uns durch.

Richtiges Priorisieren geht aber alle im Unternehmen etwas an, denn es nützt einem Team wenig, wenn es fleißig priorisiert, aber alle um es herum dennoch alles gleichzeitig brauchen. Prioritäten sollten sich im besten Fall durch das ganze Unternehmen ziehen, damit die Arbeit wirklich aufeinander abgestimmt werden kann. Das erhöht nicht nur die Wertschöpfung, sondern es kommt auch seltener zu Enttäuschungen. Dafür müssen wir aber wissen, was wir wollen. Zielklarheit ist entscheidend. Es gibt Methoden, die bei der Priorisierung helfen können:

**1. Kanban**

Kanban ermöglicht es, kontinuierlich zu priorisieren, aber nur, wenn es wirklich richtig und konsequent angewandt wird. Der Name stammt aus dem Japanischen und steht für Tafel oder Karte. Kanban wurde von Taiichi Ohno entwickelt und basiert auf Steuerungsverfahren in der Produktion.[83] Ursprünglich wurde es vor allem für die Softwareentwicklung genutzt, inzwischen wird es aber auch in vielen anderen Bereichen verwendet und es ermöglicht, durch ein Ticketsystem Aufgaben in kleine Einheiten einzuteilen. Ein Kanban-Board besteht aus drei Spalten, die anzeigen, ob eine Aufgabe noch offen, in Arbeit oder bereits erledigt ist. Abgebildet werden diese Aufgaben und damit der gesamte Arbeitsfluss mittels kleiner Tickets, die je nach Status durch die Spalten wandern.

Die Tickets werden im Team priorisiert. Sobald ein Teammitglied Zeit hat, zieht es sich eigenständig ein Ticket zur Bearbeitung und setzt es nach der Fertigstellung auf Done. Kanban gibt so jederzeit Transparenz über den aktuellen Bearbeitungsstand der Aufgaben. Tickets, mit denen bereits begonnen wurde, haben Priorität und das Team kann festlegen, wie viele Aufgaben sich gleichzeitig in Bearbeitung befinden dürfen. Wird das Limit erreicht, darf erst dann eine neue Aufgabe gezogen werden, wenn eine andere erledigt ist. So hilft Kanban vor allem dabei, das zu erledigen, was wir begonnen und damit auch versprochen haben.

**2. Unsere Sucht nach dem Dringlichen**

In seinem Buch »Der Weg zum Wesentlichen« beschreibt Stephen R. Covey die Dringlichkeitssucht, der wir unterliegen. Wir sind es so sehr gewohnt, unter Stress und mit Deadlines zu arbeiten, dass wir das gar nicht mehr hinterfragen. Wir sind dauerbeschäftigt, weil es sich so gehört. Dringliche Krisen oder Anliegen zu lösen, »verschafft uns ein vorübergehendes Hochgefühl«. Aber Dringlichkeiten sind nicht immer wichtig. Sie gaukeln es uns nur vor. So bleibt uns vor lauter Dringlichkeiten oft keine Zeit mehr für die wichtigen Dinge. Viele Tools für ein besseres Zeitmanagement fördern diesen Trend auch noch, so Covey, weil sie uns auferlegen, die dringlichen Dinge zu priorisieren, statt uns um unsere echten Bedürfnisse zu kümmern. Aber wer nur dem Dringlichen hinterhereilt, verpasst das Wesentliche.[84]

Ein Klassiker zur Priorisierung von Aufgaben ist die Zeitmanagement-Matrix, die Covey auf Basis des Eisenhower-Prinzips entwickelt hat. Der Ursprung geht auf ein Zitat in einer Rede zurück, die der ehemalige US-Präsident Dwight D. Eisenhower 1954 gehalten haben soll. Es lautet:

> *I have two kinds of Problems, the urgent and the important. The urgent are not important, and the important are never urgent.*[85]

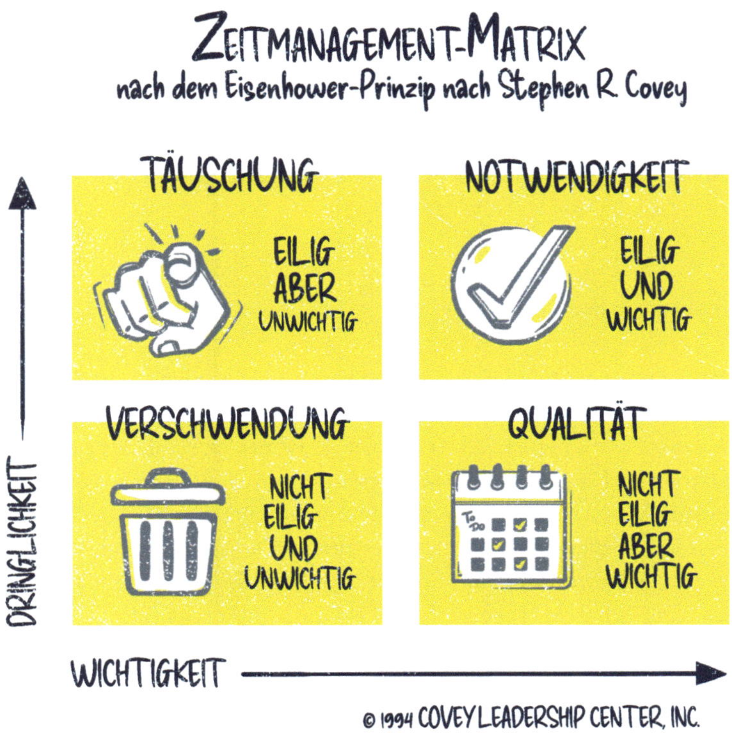

Zur Abbildung:

- Der Quadrant der **Notwendigkeit** fast dringliche und wichtige Dinge zusammen. Wir lösen Krisen, kümmern uns um drängende Schwierigkeiten oder bereiten uns unter Zeitdruck vor.
- Der Quadrant der **Qualität** enthält die wichtigen, aber nicht dringlichen Tätigkeiten. Hier geht es um Beziehungsarbeit, eine gute Vorbereitung oder eine durchdachte Planung. Wenn wir diesem Quadranten zu wenig Aufmerksamkeit schenken, führt es dazu, dass sich die Notwendigkeiten aufblähen und wir noch mehr Dringlichkeiten hinterherrennen.
- Der Quadrant der **Täuschung** enthält die dringlichen, aber unwichtigen Dinge. Wir werden unterbrochen, angerufen oder mit E-Mails überschüttet. Wir lassen uns von ihnen blenden und hinters Licht führen, weil sie uns Wichtigkeit suggerieren. Aber wichtig sind diese Dinge meist nur für andere, nicht für uns selbst.
- Im Quadranten der **Verschwendung** sammeln sich die unwichtigen und nicht dringlichen Dinge. Wir verplempern unsere Zeit, weil wir glauben, dass uns beispielsweise das Swipen durch Apps und Social Media Erholung verschaffen würde. Doch mit Erholung hat das nichts zu tun. Echte Erholung ist wichtig und deshalb im Quadranten der Qualität zu verorten.[86]

Viele Aufgaben sind nicht eindeutig einem bestimmten Quadranten zuordnen, weswegen es nicht unbedingt um das akribische Ausfüllen der Quadranten geht, sondern um die dahinterstehende Idee. Die Matrix macht unsere Denkfallen deutlich. Wir verbringen zu viel Zeit in den Quadranten der Täuschung und Verschwendung. Würden wir diese Zeit darauf verwenden, uns um die wirklich wichtigen Dinge zu kümmern, würden wir einen echten Mehrwert schaffen und den Quadranten der Notwendigkeiten verkleinern. Unser Fokus sollte sich auf die wichtigen Dinge richten. Gerade dann, wenn es um die Frage geht, was wir zusagen.

## Weniger versprechen

Etwas, das aus einer guten Priorisierung folgen sollte, ist, weniger zu versprechen. Wir machen uns im Alltag zu selten bewusst, was es bedeutet, wenn wir jemandem eine Zusage machen. Wer innerlich das Gefühl hat, es ist zu viel, sollte das auch sagen. Es schafft Klarheit und ist wichtig für das gegenseitige Erwartungsmanagement. Wenn wir 120 Prozent versprechen, aber nur 100 Prozent schaffen, ist das Gift für unsere Vertrauenswürdigkeit. Wenn wir 90 Prozent versprechen und 100 Prozent schaffen, dann bestätigt das unsere Vertrauenswürdigkeit. In beiden Beispielen haben wir zwar die gleiche Leistung erbracht, aber wir haben ein anderes Erwartungsmanagement betrieben.

## Mehr kommunizieren

Menschen sind vor allem dann über nicht eingehaltene Versprechen und Zusagen enttäuscht, wenn der Tag der Einlösung gekommen ist und sie feststellen müssen, dass nichts passiert ist. Wer Versprochenes doch einmal nicht einhalten kann, sollte es unbedingt vermeiden das bis zum letzten Tag für sich zu behalten. Kommunikation ist wichtig, geht aber im stressigen Alltag oft unter. Wenn wir erst zugeben, dass wir es nicht geschafft haben, wenn es so weit ist, dann haben andere das Gefühl, dass sie uns nicht wichtig sind, wir sie vergessen haben oder dass unser Wort nicht zählt. Sie werden uns nicht mehr vertrauen. Ganz anders wirkt es, wenn wir zeitnah auf die Person zugehen und von uns aus transparent machen, dass wir es nicht schaffen werden. Es gibt ja meist gut Gründe dafür. Es rechtzeitig anzusprechen, dass wir etwas nicht so wie versprochen schaffen, signalisiert einen gewissenhaften und bewussten Umgang mit den Verpflichtungen, die wir haben. Es geht also in puncto Verlässlichkeit nicht nur darum, ob wir im Ergebnis schaffen, was wir versprechen, sondern auch darum, wie wir damit umgehen, wenn wir es nicht schaffen.

## Wenn die Zeit fehlt

Wenn Menschen nicht halten, was sie versprochen haben, sagen sie meist »Ich habe es nicht geschafft« oder »Ich hatte keine Zeit dafür.« Viele denken, dass das eine gute Entschuldigung sei, gegen die andere nichts sagen könnten. Immerhin gehört es schon zum guten Ton, beschäftigt zu sein. Aber wenn wir sagen: »Ich hatte dafür keine Zeit«, dann heißt das lediglich, dass wir andere Dinge priorisiert haben. Wir haben uns dazu entschieden, dass etwas anderes wichtiger oder dringlicher ist. Zeit ist eine miese Entschuldigung. Besser ist es, so schnell wie möglich den Austausch zu suchen und ehrlich zu sein. Wir können uns gemeinsam auf ein neues Timing einigen und diesmal auch von vornherein die Priorität klären.

## Es nicht allen recht machen

Einer der inneren Antreiber, den ich im Reflexionskapitel schon erwähnt habe, ist »Mach' es allen recht«. Bei diesem Antreiber geht es darum, möglichst allen anderen Menschen im eigenen Umfeld ein gutes Gefühl zu geben. Dadurch, so glauben wir, verdienen wir uns unseren Platz, werden geliebt und anerkannt. Der Antreiber verleitet Menschen aber auch dazu, zu viel zu versprechen. Sie fühlen sich schlecht, wenn sie nicht alles halten können oder gehen bei dem Versuch, es trotzdem zu tun, weit über ihre eigenen Grenzen. Wer diesen Antreiber hat, sollte besonders darauf achtgeben, welche Zusagen wirklich realistisch einhaltbar sind und welche nicht. Es geht nicht darum, es allen ständig recht zu machen, sondern darum, es im gemeinsamen Einvernehmen auch einmal nicht zu tun. Das stärkt die Beziehung und erhält das Vertrauen.

### Tun, was wir predigen

Wichtig ist nicht nur, dass wir tun, was wir zusagen, sondern auch, dass wir generell tun, was wir sagen. Viele Menschen »predigen« Dinge, die sie selbst nicht einhalten. Das ist ein großer Widerspruch in der Außenwirkung. Es mindert die Integrität und damit auch die Vertrauenswürdigkeit. Egal, was wir von anderen erwarten – wir sollten uns selbst daran halten. Es lohnt sich also, die eigene Erwartungshaltung immer wieder einmal zu prüfen und sich dazu Feedback zu holen. Große Reden schwingen kann jede:r, doch nur wenn wir selbst tun, was wir auch von anderen erwarten, sind wir wirklich glaubwürdig.

## Vertrauen durch Leistung

Bei all den Debatten um neues Arbeiten, Sinn und Wohlbefinden vergessen viele, worum es bei der Arbeit vor allem geht. Um Leistung. Das war immer so und das hat sich auch nicht geändert. Menschen können viel fordern, müssen dafür aber auch liefern. Leistung ist die Basis, auf der alles andere entstehen kann. Aber Leistung spielt auch in Bezug auf das gegenseitige Vertrauen im Arbeitskontext eine große Rolle. Bei der Arbeit verdeutlicht Leistung, ob wir wohlwollend, kompetent, verlässlich und glaubwürdig sind. Sie bildet einen Teil unserer Integrität. Im Job nicht zu leisten, aber Vertrauen zu erwarten, ist in etwas so, als würden wir Kartoffeln ernten wollen, ohne welche gepflanzt zu haben. Unser Leistung ist unser Treueversprechen an die Kundschaft, unsere Kolleg:innen, das Unternehmen und unsere Führungskräfte. Deshalb genießen meist auch die, die viel leisten, mehr Freiheiten. Da wird eher mal ein Auge zugedrückt. Sie können in der Praxis oft flexibler Arbeiten, sich freier bewegen oder sich mehr rausnehmen. Man könnte meinen, wenn Leistung Vertrauen erzeugt, dann erzeugt Nichtleistung Nichtvertrauen. Doch das stimmt nicht, der Effekt von Nichtleistung ist gravierender: Sie erzeugt sogar Misstrauen. In diesem Zusammenhang müssen wir uns fragen, was Leistung heute ist. Denn je nachdem, welches Bild wir von Leistung haben, misstrauen wir vielleicht Menschen, denen wir eigentlich vertrauen sollten.

Arbeitsleistung war früher deutlich einfacher zu erkennen als heute. Sie drückte sich in produzierten Stückzahlen oder Arbeitszeit aus. Beide Maßstäbe sind in Zukunft immer weniger anwendbar. Unsere Arbeitszeit sagt kaum mehr etwas über unsere tatsächliche Leistung aus und wir haben immer häufiger Jobs, in denen keine konkreten Stückzahlen produziert werden oder Ergebnisse nicht unmittelbar messbar sind. Leistung wird heute schnell durch Faktoren wie Ergebnisqualität, Sichtbarkeit, Geschwindigkeit und Einsatzbereitschaft definiert. Aber Leistung ist noch mehr. Es gibt Menschen, die vielleicht nicht schnell oder besonders sichtbar sind und die auch nicht die beste Arbeitsqualität liefern. Doch oft sind diese Menschen wichtig für das

Teamgefüge und haben eine ausgeprägte soziale Kompetenz. Sie sind die Säulen, die alles zusammenhalten, und tragen dazu bei, dass andere ihr volles Potenzial entfalten können. Wir müssen genau hinsehen, damit wir erkennen, welchen Beitrag Menschen wirklich leisten. Stärkenorientiertes Arbeiten bedeutet, genau das: Leistung auf ganz unterschiedlichen Ebenen zu verstehen und als Leistung anzuerkennen.

LOVE

# MENSCHLICHKEIT

# 10 Menschlichkeit

*Nicht nur unser Bewusstsein für mentale Gesundheit wird immer größer, sondern auch unsere Erfahrung mit mentalen Herausforderungen. Auch bei jungen Menschen.*[87] *Mentale Gesundheit leidet im Arbeitskontext vor allem dann, wenn wir gegen unsere Bedürfnisse handeln und uns verstellen müssen. Wenn wir ganz wir selbst sein können, sind wir gesünder. Menschlichkeit ist angesagt.*

Dieses Kapitel liegt mir besonders am Herzen. Unsere Arbeitswelt wird durch den technologischen Fortschritt ständig auf disruptive Weise verändert. Unsere Prozesse werden digitaler und unsere Zusammenarbeit virtueller. Viele glauben, die Arbeit des Menschen ist in Gefahr. Aber Menschlichkeit können wir nicht wegdigitalisieren. Im Gegenteil. Nichts ist so zukunftsfähig wie sie, denn je mehr künstliche Intelligenz für uns übernimmt, umso wichtiger werden unser Menschsein und unsere emotionale Intelligenz. Auch wenn Maschinen künftig einen Teil unserer Arbeit leisten werden, so wird es immer eine Kombination aus Mensch und Maschine sein, die wirklich gute Leistung ermöglicht. Es wird weiterhin sehr viele Berufe geben, in denen der Mensch mit seinen sozialen Fähigkeiten unersetzlich bleibt.

Das bedeutet nicht, dass KI nicht auch lernen kann, was Emotionen sind. Diese Entwicklung ist tatsächlich schon weit fortgeschritten. Emotion-AI erfasst und deutet unsere Emotionen durch verschiedene Technologien wie Sprachanalysen oder biometrische Sensoren. Sie ist inzwischen auch in der Lage, einigermaßen passend auf Gefühle zu reagieren.[88] Aber dieses Verhalten ist erlernt und nie so echt, wie unseres. Unsere Menschlichkeit wird das sein, was uns von noch so guten Algorithmen oder Robotern unterscheidet. Sie ist das, was Vertrauen entstehen lässt, erhält und stärkt. Aber dafür müssen wir ihr mehr Raum geben und uns viel stärker auf sie besinnen.

## Warum Menschlichkeit etwas Besonderes ist

Menschlichkeit ist das, was uns ausmacht. Dabei geht es nicht nur darum, was uns faktisch ausmacht, sondern auch darum, was wir als wichtige Werte und als richtig empfinden, wie zum Beispiel Mitgefühl, Güte, Toleranz oder Hilfsbereitschaft. In einer Welt, in der Arbeitgeber:innen immer austauschbarer werden, weil unsere Expertise an jeder Ecke gefragt ist, macht vor allem unsere Menschlichkeit einen Unterschied. Wir sind nicht nur verbunden mit unserer Arbeit, sondern mit den Menschen, der Kultur und der Atmosphäre, in der wir arbeiten. Je humaner es zugeht, desto wohler fühlen wir uns.

Unsere Verbundenheit erhöht unsere Einsatzbereitschaft und hält uns im Unternehmen. Auch in schwierigen und turbulenten Zeiten ist sie das, was besteht. Aber zu oft müssen wir Menschen unsere Gefühle im Arbeitskontext unterdrücken. Wir müssen hart sein, stark sein, uns durchbeißen und die Ellbogen ausfahren. Meist tun wir das nicht, weil es uns Freude bereitet, sondern weil es auch alle anderen tun. Wer will da schon Risiken eingehen oder auf der Strecke bleiben? So fördern wir unser inneres Business-Chamäleon, das sich mal wieder anpasst, um zu überleben, und erhalten damit täglich aufs Neue ein System, das wir eigentlich dringend verändern wollen. Das, was uns dazu drängt, hält sich hartnäckig in Glaubenssätzen wie:

- Gefühle sind unprofessionell und haben bei der Arbeit nichts zu suchen.
- Wir müssen hier keine Freunde werden.
- Wir sind hier bei der Arbeit, so sollten wir uns auch verhalten.

Für viele Menschen ist Professionalität immer noch die Abwesenheit von Gefühlen. Aber wir arbeiten nicht schlechter oder werden unberechenbar, nur weil wir Emotionen zulassen. Im Gegenteil: Wir treffen sogar jede Entscheidung auf Basis unserer Emotionen. Erst im Nachgang erklären wir uns unsere Entscheidungen, indem wir sie rationalisieren. Emotionen zuzulassen und sie zu verstehen, wird deshalb umso wichtiger, weil Daten manchmal nicht ausreichen oder widersprüchlich sind. Unsere Gefühle zu fühlen heißt, dass wir authentisch sein können. Es heißt, wir können es zugeben, wenn es uns nicht gut geht. Wir können lachen und Spaß zusammen haben und wir können empathisch und wohlwollend miteinander umgehen. Es heißt, dass wir Menschen sind und nicht nur Angestellte. All das macht uns viel besser, weil wir nicht nur klügere Entscheidungen treffen, sondern durch die menschliche Nähe zueinander und das wachsende Vertrauen ineinander gemeinsam erst richtig innovativ sein können.

In der Realität ist das allerdings in den meisten Umfeldern noch nicht angekommen. Lange war Arbeit nicht mehr als Pflichterfüllung gegen Geld. Auch heute geht es in vielen Umfeldern hauptsächlich darum, einen Vertrag zu erfüllen, der aus Rechten und Pflichten besteht. In vielen Branchen fehlt es an guten Arbeitsbedingungen, selbstbestimmter Arbeit und einer menschlichen Unternehmenskultur. Die Folge: Wir funktionieren und leben für den Feierabend und das Wochenende. Aber unser Leben ist zu kurz und unsere Arbeitszeit zu lang, um es dabei zu belassen. Es ist nicht gesund, wenn wir uns ein Drittel des Tages nicht erlauben, Mensch zu sein.

Zu funktionieren ist etwas Technisches, das dem Menschsein nicht gerecht wird. Kein Wunder, dass mentale Herausforderungen oft genau dann entstehen, wenn wir nur noch ableisten. Zukünftig wird es immer wichtiger, nicht zu funktionieren, sondern gesund und gestärkt Leistung zu erbringen. Dabei wird die Frage, was uns daran hindert, immer relevanter. Menschen, die Demotivatoren für gesunde Leistung aufdecken, tragen maßgeblich dazu bei, die Zusammenarbeit weiterzuentwickeln und eine gesunde

Produktivität zu etablieren. Dafür brauchen wir unsere Gefühle, denn sie helfen uns, zu erkennen, was uns guttut und was nicht. Unsere Arbeit selbst löst Gefühle in uns aus. Wir können im privaten Umfeld meist genau benennen, wie sie sich gerade anfühlt. Wenn wir lernen, unsere Gefühle wahr- und anzunehmen und über sie zu sprechen, können wir sie in unsere Zusammenarbeit einbeziehen und gewinnbringend nutzen. Das ermöglicht uns einen gemeinsamen und differenzierteren Blick auf Arbeit als ein stärkenbasiertes Konzept, das dem individuellen Menschen gerecht wird. Die Humanisierung der Arbeit bringt deshalb nicht nur bessere Arbeitsbedingungen mit sich, sondern fördert psychologische Sicherheit und damit das Vertrauen ineinander.

## Weil unser IQ nicht genug ist

Intelligenz ist mehr als die Summe unseres Wissens und die Qualität unserer Bildung. Denn das alles bringt uns nicht viel, wenn wir nicht in der Lage sind, mit uns selbst oder mit anderen klarzukommen und aufeinander einzugehen. Ein hoher Intelligenzquotient ist deshalb nur ein Teil unserer Intelligenz. Er allein macht uns nicht aus. Gerade in Zeiten des technologischen Wandels und der Polykrisen ist es besonders wichtig, sich dessen bewusst zu sein. Das Leben ist unverbindlich geworden. Arbeitgebende, Wohnorte, sogar Freundschaften – alles scheint austauschbar. Gefällt der Job nicht mehr, haben wir uns schnell woanders beworben und reale Kontakte werden mal eben durch eine Social-Media-Bubble ersetzt. Aber gut ist das nicht. Auch wenn alles verfügbar ist, fehlt die emotionale Komponente. Wir brauchen echte Gefühle und die Qualität wirklicher Beziehungen. Allein schon für unsere psychische Widerstandsfähigkeit, also für unsere Resilienz. Sie ist eine der Future Skills, der wir unbedingt Aufmerksamkeit schenken sollten.

Um mit Gefühlen umgehen zu können, brauchen wir emotionale Intelligenz. Sie hilft uns bei der Selbstregulation und macht uns resilienter. Sie beschreibt die Fähigkeit, unsere eigenen Emotionen, aber auch die Gefühle anderer Menschen zu registrieren, zu verstehen und entsprechende Handlungen abzuleiten, um sie zu beeinflussen. Emotionale Intelligenz geht also weit über Empathie hinaus, mit der sie häufig verwechselt wird. Eingeführt wurde der Begriff 1990 von John D. Mayer und Peter Salovey.[89] Doch erst durch den Psychologen Daniel Goleman wurde emotionale Intelligenz wirklich bekannt. Er beschreibt fünf Bereiche emotionaler Intelligenz:[90]

1. **Selbstwahrnehmung**
   Die Grundlage für emotionale Intelligenz ist es, die eigenen Gefühle zu erkennen und zu realisieren, was uns bewegt. Unsere Gefühle wollen uns immer etwas mitteilen. Wenn wir ihre Botschaften nicht verstehen, sind wir ihnen ausgeliefert, weil wir, ohne es zu merken von ihnen kontrolliert werden. Es braucht allerdings Übung, denn oft sehen wir den Wald vor lauter Bäumen nicht, wenn wir selbst betroffen sind. Deshalb denken Menschen schnell, sie wüssten was sie bewegt und merken erst später oder durch Unterstützung, dass es ganz andere Gefühle waren, die sie gesteuert haben, als gedacht. Wenn wir zum Beispiel einen Konflikt mit jemandem haben, richten wir unseren Ärger gerne auf die andere Person. Aber wir haben immer unseren eigenen Anteil daran und müssen herausfinden, was uns triggert und was das mit uns zu tun hat. Die Gefühle hinter den Gefühlen zu erkennen, bringt uns in unserer persönlichen Entwicklung weiter, als immer nur an der Oberfläche zu kratzen.
2. **Selbstregulation**
   Kleine Kinder demonstrieren eindrucksvoll, wie es sich anfühlt, von Gefühlen überrollt zu werden. Das, was Erwachsene in der Regel mit sich selbst ausmachen,

tragen Kinder nach außen. Sie schreien, schmeißen sich auf den Boden, weinen oder wüten, bis der Sturm vorbei ist. Selbstregulation basiert auf Selbstwahrnehmung und ist wichtig, weil sie dabei hilft, mit negativen Gefühlen und Rückschlägen besser fertig zu werden. Es ist die Fähigkeit, sich selbst zu beruhigen. Dafür haben Menschen unterschiedliche Strategien. Mir hilft oft schon das bewusste Atmen oder ein kurzer Spaziergang, manchmal muss es aber auch eine ganze Yoga-Session sein. Wichtig dabei ist, dass die Selbstregulation nicht dazu dient sich den Ansprüchen des Umfeldes anzupassen, sondern herauszufinden, was die Gefühle wirklich bedeuten und einen stimmigen und gesunden Umgang damit für sich selbst zu finden.

3. **Motivation**
   Unsere Gefühle können ein starker Antreiber sein, um unsere Ziele zu erreichen. Sie helfen uns dabei, auch nach Rückschlägen weiterzumachen und wir entwickeln ungeahnte Kräfte, wenn uns Freude und die Hoffnung auf ein Ereignis antreiben. Keine Ziele und keine Fakten motivieren uns so sehr, wie die Gefühle, die wir damit verbinden. Wer das erkennt, kann Emotionen nutzen, um die eigenen Ziele zu erreichen.
4. **Empathie**
   Empathie bedeutet, zu fühlen, was andere fühlen und andere das spüren zu lassen. Es bedeutet, andere Perspektiven einnehmen zu können, statt sie nur zu verstehen. Empathie macht es uns leichter, uns in andere hineinzuversetzen und auf sie einzugehen. Dadurch stärken wir unsere emotionalen Bindungen und treffen klügere Entscheidungen. Außerdem können wir auch andere dabei unterstützen, sich weiterzuentwickeln. Wer wirklich empathisch ist, nimmt nicht nur wahr, was andere aktiv zeigen, sondern auch, was sie zu verstecken versuchen. Wir brauchen Empathie, um Brücken zu bauen, wo die Kommunikationslehre nicht mehr weiterkommt.
5. **Soziale Kompetenz**
   Dieser Bereich fasst unsere zwischenmenschlichen Fähigkeiten zusammen. Unsere soziale Kompetenz beschreibt, wie gut wir mit anderen interagieren können und wie beziehungsfähig wir sind. Wer eine hohe Sozialkompetenz hat, kann gut mit den Emotionen anderer Menschen umgehen. Nicht im manipulativen Sinne, sondern auf eine förderliche Art und Weise, die alle zusammen weiterbringt. Sozial kompetente Menschen können Verbindungen schaffen und Vertrauen fördern.

Wenn wir lernen, mit unseren Gefühlen und den Gefühlen anderer umzugehen, ist das ein echter Booster für unser gegenseitiges Vertrauen. Zum einen, weil wir mit uns selbst im Reinen sind, aber auch, weil wir auf andere eingehen können. Wir beweisen Integrität in zwischenmenschlichen Situationen und andere fühlen sich gut aufgehoben. Auch Vertrauen an sich, hat ganz viel mit Gefühl zu tun. Wer also lernt, besser mit Emotionen umzugehen, lernt auch mit Vertrauen umzugehen.

## New Leadership für menschliche Führung

Nach einer meiner Keynotes wurde ich gefragt, ob Führung bald überflüssig werden würde. Die Zukunft der Arbeit sei immerhin selbstorganisiert. Es brauche dann doch keine Führungskräfte mehr. Meine Antwort war, dass Führung niemals überflüssig wird. Es wird immer Menschen geben, die in Führung gehen. Egal, ob per definierter Führungsposition oder nicht. Führung passiert einfach. Das können wir uns nicht aussuchen. Menschen brauchen Struktur und Ordnung in ihrem Zusammensein. Sie organisieren sich, um ihre gemeinsamen Ziele zu erreichen. Führung ist eine Aufgabe, die gestaltet werden muss, weil es sonst nicht vorangeht. Sie gibt Orientierung und ist deshalb auch enorm wichtig für das gegenseitige Vertrauen. Denn Orientierungslosigkeit macht unsicher und Unsicherheit macht misstrauisch. Führung verschwindet also nicht, sondern wird immer wichtiger. Doch in letzter Zeit wird sie für alles verantwortlich gemacht, deshalb müssen wir gut auf sie aufpassen.

Wenn es mit der Führung nicht funktioniert, dann hat das meist große Auswirkungen auf das gesamte Team. Die Produktivität sinkt und die emotionale Bindung zum Unternehmen leidet enorm. Für Menschen, die führen, ist es wichtig, sich der eigenen Schlüsselfunktion bewusst zu sein. Gleichzeitig bin ich kein Fan von Führungsbashing. In den letzten Jahren haben wir die Erwartung an Führung völlig überzogen. Je anspruchsvoller das Umfeld wurde und je mehr Unsicherheit wir empfanden, desto mehr haben wir der Führungsrolle aufgeladen. Aber auch Führungskräfte sind nur Menschen. Wie sollen sie den ganzen Anforderungen noch gerecht werden? Wie sollen sie alles kompensieren, da sie doch selbst mittendrin stecken? Und wo ist die Verantwortung all der anderen Menschen im Unternehmen? Warum wollen wir bei jeder Gelegenheit selbst entscheiden und mitgestalten, aber wenn es darum geht, was schiefläuft, dann zeigen wir nur mit dem Finger auf unsere Führungskräfte?

Führung ist kein Werk der Führungskraft allein. Das sind Beziehungen nie. Sie sind immer ein Zusammenspiel aller Beteiligten. Führung wird deshalb durch die Führungskraft und das Team gemeinsam erzeugt. Das bedeutet, die Mitarbeitenden tragen 50 Prozent der Verantwortung dafür, dass Führung gelingen kann. Und hier kommt New Leadership ins Spiel. Denn New Leadership zeichnet sich vor allem dadurch aus, diese Beziehung zwischen Mitarbeitenden und der Führungskraft in den Mittelpunkt zu stellen. Es geht darum, Verletzlichkeit zuzulassen und partizipativ zusammenzuarbeiten. New Leadership ist somit eine Einladung an das Team, eine Beziehung auf Augenhöhe zu gestalten. Führung wird damit mehr zum Teil des Teams als je zuvor und ist darauf ausgelegt, das gegenseitige Vertrauen zu stärken. Das bedeutet New Leadership konkret:

**Ein neues Selbstverständnis**

Führung ist keine Sammlung von Abzeichen auf der Schulter und auch kein Statussymbol. Führungskräfte füllen eine Rolle aus wie alle anderen auch. Es braucht alle Rollen, um voranzukommen und alle sind gleichwertig.

**Der Menschen im Mittelpunkt**

Früher wurde nur über KPIs gesteuert, es wurde mit Angst geführt oder das Arbeitsergebnis kontrolliert, damit Menschen performten. Heute wissen wir, dass der Erfolg ganz automatisch kommt, wenn Menschen sich wohl fühlen und gerne arbeiten. Deshalb schaffen Führungskräfte und Mitarbeitende gemeinsam ein Umfeld, in dem das möglich wird. Statt Menschen zurechtzubiegen, damit sie in eine Form passen, wird die Form verändert. Die Bedürfnisse und Ziele der Mitarbeitenden werden mit den Unternehmenszielen in Einklang gebracht.

**Selbstreflexion praktizieren**

New Leadership zeichnet sich vor allem dadurch aus, dass Führungskräfte in der Lage sind, sich selbst gut zu führen und damit auch regelmäßig zu reflektieren. Sie haben den Anspruch, sich stetig zu verbessern, und begreifen sich nicht als Wissende, sondern als Lernende. Sie können Fehler eingestehen und Schwächen zeigen.

**Räume für Emotionen öffnen**

Emotionale Intelligenz ist eine wichtige Kompetenz für neue Führung. Es gibt wenig, was so sehr verbindet, wie gemeinsam über Gefühle sprechen zu können und wirklich wahrgenommen zu werden. Das fördert emotionale Verbindungen und psychologische Sicherheit im Team.

**Partizipation und Kollaboration ermöglichen**

Mitarbeitende produzieren und Führungskräfte präsentieren? Das ist vorbei. Erfolg und das Rampenlicht für die Arbeit gehören nicht mehr den Führungskräften. Mitarbeitende ernten jetzt selbst. Zudem fördern Führungskräfte jederzeit die übergreifende und interdisziplinäre Zusammenarbeit für das beste Ergebnis.

**Kritisches Denken fördern**

New Leadership fördert das kritische Denken der Mitarbeitenden. Es ist nicht nur okay, etwas zu hinterfragen, sondern unbedingt gewünscht. Das können Teams miteinander trainieren. Wichtig dafür ist, regelmäßig einen Rahmen zu schaffen, in dem Prozesse, Ideen oder Gewohnheiten auf den Prüfstand gestellt werden können.

**Sinn und Orientierung finden lassen**

Menschen arbeiten motiviert und eigenverantwortlich, wenn sie einen Sinn in ihrer Arbeit sehen. New Leadership legt den Schwerpunkt darauf, Sinn zu vermitteln und

Orientierung darüber zu geben, wie die Mission aussieht. Zusätzlich lässt sie dem Team den Raum, das eigene Sinnerleben zu steigern.

**Andere groß machen**

Führungskräfte sind nicht mehr die besten Fachkräfte. Sie sind auch nicht Führungskraft, weil sie gerne Karriere machen wollten. Sie führen, weil es ihnen Freude bereitet, andere Menschen zu entwickeln und ihr Potenzial zu entfalten. Das heißt, dass sie nicht die Klügsten im Raum sind. Ihre Aufgabe ist es, den Überblick zu behalten, damit das Gesamtergebnis erreicht wird, und das Team so zu entwickeln, dass es sein volles Potenzial entfalten kann.

### Was Führungskräfte für Vertrauen tun können

TRUST ME ist nicht nur der Titel und der Inhalt dieses Buches, sondern ein Wertekompass und ein Leitprinzip. Der große Impact von Führung auf Vertrauen sollte genutzt werden. Führungskräfte haben in ihrem Wirkungsradius die Möglichkeit, die Kultur durch ihren Einfluss auf bestehende Strukturen, Prozesse, Spielregeln und Rituale zu verändern. In den Kapiteln über die sieben Dimensionen von TRUST ME gibt es dafür jede Menge Inspiration. Manche Dinge brauchen Zeit und sind aufwendig, wie zum Beispiel ein Umfeld echter Vereinbarkeit zu schaffen oder eine sinnvolle Meetingstruktur zu finden. Aber manche Dinge gehen schnell und einfach, wie zum Beispiel das Einführen regelmäßiger Retrospektiven, persönlicher Gespräche und Unterstützungsangebote. Auch transparente Kommunikation oder das Einhalten von Absprachen und Terminen können Führungskräfte ohne große Vorbereitung vorleben. Für all das ist es wichtig, dass Unternehmen Verantwortung übernehmen und es Führungskräften wirklich ermöglichen, Rahmenbedingungen neu zu gestalten und alte Strukturen aufzubrechen.

## Gefährliche Vergleiche

Nach der Geburt unseres Sohnes habe ich ganz neue Erfahrungen mit Neid und Eifersucht gemacht. Meine Tochter ging durch eine ausgeprägte Geschwisterkrise, weil sie erst noch verdauen musste, dass wir jetzt zu viert waren. Für sie war es in dieser Zeit besonders wichtig zu spüren, dass sie einzigartig ist und bedingungslos geliebt wird. Wettbewerbssituationen zwischen Geschwistern erzeugen Neid und machen schlimmstenfalls das Vertrauen des Kindes in die Eltern kaputt. Sie zerstören das tiefe Vertrauen, dass sie das Kind dafür lieben, wie es ist. Das Vertrauen darin, dass sie nicht erwarten, dass das Kind sich verstellt. Das Vertrauen, dass sie das Kind genau so lieben, wie das andere Kind. Wir Menschen wollen in jungen Jahren für unsere Einzigartigkeit geliebt werden. Ich glaube, dass wir dieses Bedürfnis nie richtig ablegen.

Denn Vergleiche machen auch im Erwachsenenalter nichts Gutes mit uns. Sie können existenzielle Krisen erzeugen, weil sie unser Sein auf eine destruktive Art infrage stellen. Nämlich anhand des Seins einer anderen Person. Wir wissen heute, wie wichtig unsere Unterschiede sind. Perspektivenpluralität macht uns besser. Dennoch vergleichen wir im Arbeitskontext ständig.

## Drei Kreuze

»Jetzt habe ich schon wieder nur drei Kreuze!« beschwerte sich eine Führungskraft im Coaching bei mir. Sie hatte am Tag zuvor mit ihrer Führungskraft über ihre Leistungsbeurteilung gesprochen. Leistungsbeurteilungen sind in den meisten Unternehmen ein Standard. Durch sie soll die Performance dokumentiert werden. Dabei spricht allein der Begriff »Performance« Bände. Denn oft tun wir genau das für eine gute Leistungsbeurteilung: Wir legen eine Performance hin. Nicht selten steht dabei das Eifern nach der Zielerreichung im Widerspruch mit wichtigen Dingen, die vielleicht nicht in unseren Zielen formuliert sind. Und zu oft sind noch nicht einmal wirkliche Ziele formuliert und wir versuchen einem Idealbild zu entsprechen, dass wir nicht mal wirklich kennen. Ich wünschte, wir würden nicht Leistung beurteilen, sondern Entwicklung fördern. Der Fokus wäre ein völlig anderer. Wer aber glaubt nicht ohne Leistungsbeurteilung auszukommen, sollte mit Blick auf das gegenseitige Vertrauen einiges beachten.

Beurteilungen laden zu Vergleichen ein. Und das fängt schon bei den Kreuzen an. Frage ich Führungskräfte, was sie sich für die Beurteilung angesehen haben, kommt fast immer zutage, dass jeweils andere Teammitglieder als Referenzpunkt herangezogen wurden. Kreuze entstehen also nicht, weil die vollbrachte Leistung anhand klarer und nachvollziehbarer Kriterien einen konkreten Wert ergibt, sondern weil Mitarbeitende miteinander verglichen werden. Viele Führungskräfte sagen ihren Mitarbeitenden im Gespräch sogar, dass ihre Bewertung in Relation zu anderen im Team entstanden ist. So auch bei meiner Klientin. Was im ersten Moment vielleicht logisch klingt, zerstört das Vertrauen in die Führungskraft und macht auch noch miese Stimmung im Team. Wenn wir Menschen schon beurteilt werden, dann doch bitte anhand unserer eigenen Leistung und nicht anhand der Leistung von jemand anderem. Die Klientin in meinem Coaching stellte sich die Frage, ob ihre Führungskraft sie überhaupt wahrnahm und beurteilen konnte. Sie zweifelte an ihr. Das Vertrauen hatte einen Knacks bekommen.

Wer unbedingt Leistung beurteilen will, sollte vorher klare und konkrete Ziele definiert haben. Nur eine vereinbarte Zielerreichung kann eine Grundlage für eine Leistungsbeurteilung sein. Gleichzeitig sollte es immer Raum geben, um bei wichtigen Gründen von der Zielerreichung abweichen zu können und auch andere Leistung bei der Beurteilung zu honorieren. Wenn wir es schaffen, klare Vereinbarungen miteinander zu treffen, dann muss es im Gespräch auch nicht um die Leistung anderer gehen. Menschen zu vergleichen, funktioniert einfach nicht. Das ist, als würden wir zwei unterschiedliche Äpfel vergleichen, die wir vom Baum gepflückt haben. Im ersten Moment erscheint es logisch, Äpfel zu vergleichen, immerhin sind es dieselben Früchte und sie hingen vielleicht sogar am gleichen Baum. Aber die Voraussetzungen für die beiden Äpfel werden immer unterschiedlich sein. Einer von beiden hatte vielleicht mehr Sonne abbekommen, einer vielleicht nur einen Wurm.

## Der Pinguin im Wasser

Wenn wir nicht gerade ihre Leistung beurteilen, bewerten wir Menschen bei anderen Gelegenheiten. Aber das passiert nicht immer explizit, sondern oft auch indirekt. Persönlichkeitsprofile sind dafür ein gutes Beispiel. Um die Potenziale im Team besser entfalten zu können, gibt es zahlreiche Persönlichkeitsprofile zur Auswahl. Es müssen nur einige Fragen beantwortet werden und schon bekommt man ein aussagefähiges Profil über sich selbst. Nach bestimmten Schemata und Erläuterungen zeigen die Profile, wie wir ticken und welche Fähigkeiten wir haben. Für eine gute Verständlichkeit arbeiten sie gerne mit Farben oder einprägsamen Ausdrücken. Solche Profile können sehr sinnvoll sein, wenn wir sie richtig einsetzen. Aber auch destruktiv, wenn nicht. Es kommt auf die Anwendung und den Umgang mit den Ergebnissen an. Das Geheimnis dieser Profile ist nämlich, dass die Ergebnisse wertfrei zu nehmen sind. Es gibt dabei kein richtig oder falsch, keine besseren oder schlechteren Profile. Wenn wir das nicht beachten, dann fördern wir Bewertung und Vorurteile.

Allein die Farben und die ihnen zugeordneten Attribute, mit denen solche Tests und Profile arbeiten, laden dazu ein, unser Menschsein zu stark zu vereinfachen und plakativ zu überzeichnen. Während rot oft für Extraversion, Meinungsstärke und Impulsivität steht, finden sich in der blauen Ausprägung Excel-Spezialist:innen, die lieber alleine sind und viel nachdenken. Grün sind die »Harmoniebärchen«, die es allen recht machen wollen und sich anpassen. Schnell heißt es dann nur noch: »Die Roten müssen sich wieder hervortun!« oder »Du bist ja so blau, deshalb machst du dir schon wieder einen Kopf.« Wir bewerten auf eine unreflektierte Weise. Es gibt Ausprägungen, die begehrt sind, und andere, die es nicht sind. Je nachdem, wozu man als Teammitglied gehört, steht man plötzlich da: abgestempelt und mit heruntergelassenen Hosen.

Menschen zu bewerten und sie in Kategorien einzusortieren, macht das Leben leichter, denn es reduziert Komplexität. Aber so entstehen schnell bewertende Begrifflichkeiten wie »High Potential« oder »Low Performer«. Wir sprechen von Menschen, als seien sie das Obst zweiter Wahl im Supermarkt. Ich wage zu behaupten, dass es keine Low Performer gibt. Es gibt keine »guten« oder »schlechten« Mitarbeitenden. Es gibt nur die passende oder unpassende Umgebung, das stimmige oder unstimmige Aufgabenprofil oder die sinnvolle oder nicht so sinnvolle Zusammenarbeit von Menschen mit unterschiedlichen Kompetenzen.

In der Tierwelt gibt es eine einprägsame Analogie zum Low Performer: Den Pinguin. Ist er an Land, ist er fast zu bemitleiden. Er hat weder erkennbare Beine noch einen Hals. Er bewegt sich tollpatschig und mühsam vorwärts und fliegen kann er auch nicht. Ein typischer Low Performer also? Ist er aber im Wasser, bewegt er sich ganz anders. Er ist ein schneller, wendiger und guter Schwimmer, der dabei kaum Energie verbraucht und deshalb sehr ausdauernd ist. Umgerechnet kann er »mit der Energie aus einem Liter Benzin 2.000 Kilometer weit schwimmen«. Es liegt nicht am Pinguin, wenn er nicht performt, sondern an seiner Umgebung, am Kontext und an den Rahmenbedingungen.[91]

Wir alle sind Pinguine. Haben wir ein Umfeld und Aufgaben, die zu unseren Stärken passen, können wir unser Potenzial entfalten. Wenn nicht, sind wir nicht leistungsfähig. Statt Menschen zu bewerten, tun wir gut daran, zu hinterfragen, ob das Umfeld und die Aufgaben zu den Fähigkeiten passen. Wenn der Mensch im Mittelpunkt stehen soll, dann müssen wir auch Rahmenbedingungen im Unternehmen schaffen, die es einem Pinguin ermöglichen, sein Element zu finden.

## Mittendrin statt nur dabei – wenn wir uns dazugehörig fühlen

**Nora Dietrich**

*A robust enterprise is a community of human beings, not a collection of »human resources.«*
Henry Mintzberg[92]

Vielleicht kennst du solche Momente: Du sollst eine Präsentation vor dem Management halten, doch statt einfach du selbst zu sein und selbstbewusst deine Idee zu präsentieren, überlegst du vorher stundenlang, was genau du wie formulierst und was du anziehst, um möglichst »professionell« zu wirken. Oder den Moment im Teammeeting: Als Team sollt ihr eine wichtige strategische Entscheidung treffen und irgendwie scheinen alle außer dir einer Meinung zu sein. Du hegst Zweifel, siehst Risiken. Doch, statt das Wort zu ergreifen, sagst du lieber nichts. Oder vielleicht den Moment beim Firmenevent: Du stehst mit deinem Getränk bei einer Gruppe, alle scheinen sich blendend zu verstehen, doch du lächelst nur versteinert, fühlst dich wie bestellt und nicht abgeholt – umgeben von Menschen und trotzdem irgendwie einsam.

Es gibt unzählige solcher Momente in unserer täglichen Arbeit. Momente, in denen wir ganz bewusst filtern, schweigen, uns außen vor fühlen. Aber nicht, weil wir nichts zu sagen haben, sondern weil wir denken, dass es niemand hören will, dass wir kritisch beäugt werden oder wir die anderen nur unnötig stören. In der Folge halten wir unsere Ideen, wichtige Informationen und essenzielles Feedback zurück. Wir passen uns an, um bloß nicht aufzufallen. Und das, weil uns vor allem eines fehlt: das Gefühl von Zugehörigkeit.

Doch was wäre, wenn wir stattdessen das Gefühl hätten, wir selbst sein zu können, ohne ständig darüber nachzudenken, was die anderen von uns denken? Wenn wir authentisch, statt angepasst sein dürften? Zugehörigkeit, oder auch Belonging, bedeutet, mit all unseren Facetten, auch den eigenwilligen und unorthodoxen, willkommen zu sein. Es bedeutet, geschätzt zu werden, weil wir sind, wer wir sind, nicht weil wir werden, wer wir glauben sein zu müssen. Statt uns also ständig an die Norm anzupassen (Culture Fit) und haufenweise Energie aufzuwenden, um unser wahres Ich zu verbergen, dürfen wir einfach wir sein und unser diverses Denken in echte Kreativität umsetzen (Culture Add). Vom Einheitsbrei zum Mosaik.

Dabei ist Zugehörigkeit nicht nur ein fundamentales menschliches Grundbedürfnis, sondern vor allem ein Katalysator für Innovation, Performance, Bindung und Resilienz. Und viele Organisationen haben das bereits erkannt. »Bring your whole self to work« ist einer dieser typischen Sätze, der unzählige Firmenwebseiten schmückt und suggeriert, dass Authentizität längst gelebte Realität ist. Aber stimmt das? Dürfen wir wirklich alles von uns im Job zeigen oder sind wir heute eher Chamäleons, die sind, wer sie glauben sein zu dürfen? Laut Forschung trifft leider Letzteres zu. Einer Umfrage von JobSage zufolge, tragen 64 Prozent aller Befragten eine Maske im Job[93] und halten wichtige Teile ihrer Persönlichkeit zurück. Sieben von zehn sagen sogar, dass sie im Job eine völlig andere Persona einnehmen, und für unterrepräsentierte Gruppen ist der Druck meist noch viel höher.

Aber das ist doch nicht das, was wir mit »Performance« meinen. Wir wollen keine Bühnenperformance talentierter Schauspieler:innen. Wir wollen echte Menschen mit echten Geschichten, die gemeinsam auf echte Ideen kommen. Denn in unserer heutigen Welt ist der Job für viele von uns mehr als eine Tätigkeit, unser Team mehr als eine zufällige Ansammlung intelligenter Menschen und unsere Organisation mehr als ein Arbeitgeber. Unser Job ist unsere moderne »Community«. Gemeinsam suchen wir nach Purpose, Wirkung und Verbindung. Nach einem echten Wir-Gefühl. Etwas, das gerade seit unserer hybriden Evolution immer mehr in den Hintergrund zu rücken scheint.

*Früher wurden wir in Communities geboren und mussten unsere Individualität finden, heute werden wir als Individuen geboren und müssen unsere Community finden.*
K-Hole[94]

Doch, solange die Angst vor Ablehnung größer ist als das Vertrauen, bleibt die vermeintlich eingeladene Authentizität ein unerreichtes Ideal und unsere Beziehungen bleiben auf der Strecke. Denn wenn wir ständig filtern müssen, wer wir sind, können keine wirklich vertrauensvollen Verbindungen entstehen, sondern maximal ein gutes Verhältnis zwischen unserem Gegenüber und unserer erfundenen Persona. Ist Zugehörigkeit also vor allem eine Frage des Vertrauens?

Tatsächlich zeigt sich, dass Vertrauen entscheidend ist.[95] Denn nur wenn ich den anderen und meiner Führungskraft vertraue, nicht ausgeschlossen oder entmutigt zu werden, teile ich alles von mir: meine unfertigen Ideen, mein wertvolles Wissen, meine Konfliktbereitschaft und auch meine verletzlichen Momente. Das Ganze ist aber zum Glück keine Einbahnstraße, sondern, mit der richtigen Intention, eine positive Aufwärtsspirale. Wenn wir einander vertrauen, uns akzeptiert und sicher fühlen, wächst das Gefühl dazuzugehören. Das wiederum steigert die Chance, auch Menschen außerhalb unserer Community einen Vertrauensvorschuss zu geben und ihnen so die Tür zu mehr Zugehörigkeit zu öffnen. Ein Schlüssel zu echter Inklusion. Doch was braucht es, damit wir unsere Masken ablegen und ganz wir selbst sein können? Wie kommen wir zu mehr Zugehörigkeit? Das Schöne ist, die Antwort liegt im Wort selbst, denn es geht um:

1. **Zuhören**
   Unser Arbeitsumfeld sollte ein Ort sein, an dem uns aktiv und bewertungsfrei zugehört wird. An dem wir anderen Gehör schenken. Wir wollen für unseren täglichen Beitrag gesehen, in unserer Vision für uns selbst unterstützt werden und Bedürfnisse offen teilen dürfen.
2. **Dazu gehören**
   Zugehörigkeit entsteht, wenn wir gemeinsam mit anderen etwas tun, das die Welt bewegt – eine Mission, auf die wir stolz sein können. Etwas, das Sinn macht.
   Statt: »Ich muss es allein schaffen« fühlen wir uns als Teil einer Community. Wir suchen nach Support, der uns den Rücken stärkt, Verbundenheit im Team und einem starken Netzwerk.
3. **Gehören**
   »Es gehört mir« – wir wollen Ownership übernehmen, bestehende Ziele zu unseren machen dürfen, Verantwortung tragen und aktiv mitentscheiden. Es geht um persönliches Investment und Autonomie. Doch dafür braucht es das Vertrauen von oben.
4. **Sich selbst gehören**

> Wenn man den Worten Brené Browns folgt, entsteht wahre Zugehörigkeit nur, wenn wir unser unvollkommenes Ich zeigen.[96] Deshalb kann unser Gefühl der Zugehörigkeit nie größer sein als unser Grad an Selbstakzeptanz. Es braucht also ein starkes Ich für ein starkes Wir.

Das klingt einfacher als es ist. Denn eine Kultur der Zugehörigkeit ist nicht skalierbar. Sie erfordert individuelle Beziehungen mit jedem Teammitglied und ein echtes Interesse an ihren Präferenzen, Herausforderungen und Wünschen. Wenn wir Belonging also proaktiv mitgestalten wollen, können folgende Schritte behilflich sein:

**Fragt ehrlich**

1. Ermutigt dich dein Arbeitsplatz, authentisch zu sein, oder trägst du lieber eine Maske?
2. Kennst du die Menschen, mit denen du arbeitest, oder nur ihre professionelle Fassade?
3. Wie beziehungsorientiert ist eure Organisationskultur? Was fehlt dir?

**Seid Mensch**

Niemand ist unfehlbar. Doch das muss sichtbar werden, vor allem auf Führungsebene. Wir brauchen keine allwissenden Führungskräfte, sondern Menschen, die sich trauen, Sätze zu sagen wie:

- »Ich weiß es nicht, aber ich komme auf dich zurück.«
- »Ich habe meine Meinung geändert.«
- »Wenn ich gestresst bin, werde ich manchmal zum Mikromanager, sag' mir gern, wenn es wieder passiert.«

Wir brauchen Führungskräfte, die sich irren, authentisch und menschlich sind – denn genau das schafft Vertrauen und den notwendigen sozialen Klebstoff, nach dem wir uns sehnen.

**Macht es schrittweise**

Damit wir nicht über das Ziel hinausschießen, empfiehlt David Bradford die »15 Prozent Regel«.[97] Bewegt euch bei Gesprächen 15 Prozent aus eurer Komfortzone heraus und schaut, wie das Gegenüber reagiert. Wir nennen das auch selektive Verletzlichkeit.

**Erlaubt zufällige Begegnungen**

Informelle und erinnerungswürdige Momente im Team zu schaffen, stärkt unser Gemeinschaftsgefühl und erlaubt, die nicht arbeitsbezogenen Aspekte voneinander kennenzulernen. Etwas, das seit unserer virtuellen Welt für viele viel zu kurz kommt. Und da die Büros sowieso die meiste Zeit leer stehen, macht es doch zu eurem neuen Offsite.

**Feiert Unterschiede**
Ob im Alter, Aussehen, der Sexualität, Herkunft, den Fähigkeiten oder Ideen: Schafft ein Umfeld, das alle Anteile und Erfahrungswerte einlädt. Lernt voneinander und statt übereinander zu sprechen, lasst uns miteinander sprechen.

**Schafft Repräsentation**
Insbesondere unterrepräsentierte Gruppen fühlen sich häufig nicht sicher und außen vor. Sichtbare Vorbilder auf allen Hierarchieebenen zu haben, zeigt am lebendigen Beispiel: »Hier darfst du du sein und bist genau damit erfolgreich«.

**Fördert Job Crafting**
Authentisch zu arbeiten, bedeutet auch ganz getreu seiner eigenen Talente und Wachstumsinteressen arbeiten zu dürfen. Job Crafting erlaubt es, sich eine Rolle zu schaffen. Und da die Jobs der Zukunft sowieso skillbasiert statt profilbasiert sind, fangt am besten heute schon damit an.

**Macht es täglich**
Ob ihr eine selten gehörte Stimme im Meeting unterstützt, einer Kollegin mit eurem Wissen weiterhelft, eurem Team für die klasse Arbeit dankt, kritische Gedanken zu eurem Projekt erfragt oder ein Teammitglied mit jemandem aus eurem Netzwerk vernetzt – Zugehörigkeit entsteht in den kleinen Momenten, nicht durch die großen Gesten.

Belonging bedeutet, Mensch zu sein. Nicht Mitarbeiter:in. Nur so kommen wir an das Potenzial, das zwischen, statt nur in den Köpfen liegt.

LÜGEN
MEER

# EHRLICHKEIT

# 11 Ehrlichkeit

*Zukünftig können wir uns Verschwendung nicht mehr leisten. Weder die unserer Zeit noch die unserer Ressourcen. Schnelles Scheitern wird genauso wichtig sein wie die kontinuierliche und ehrliche Auseinandersetzung mit unseren Ideen und Arbeitsergebnissen. Wir haben keine Zeit, für falsche Höflichkeit.*

Vertrauen braucht Ehrlichkeit, aber das ist leichter gesagt als getan. Denn während wir alle beteuern, immer ehrlich und direkt zu sein, ist das in Wahrheit niemand von uns. Wie sollen wir vertrauen, wenn wir nicht wissen, was Wahrheit und was Lüge ist?

## Warum Unehrlichkeit verlockend ist

Ich liebe Menschen, aber machen wir uns nichts vor, sie lügen wie gedruckt. Manchmal bewusst und mit voller Absicht. Oft aus einer Not heraus und häufig sogar unbewusst. Wir alle haben es schon getan. Wir übertreiben, wir untertreiben, wir verschweigen oder dichten hinzu. Die Frage ist, warum? Haben wir nicht alle genug von dem ganzen Fake um uns herum? Alle sehnen sich nach Ehrlichkeit, aber wo soll sie herkommen, wenn wir sie nicht selbst erzeugen? Das Lügen hat einen einfachen Grund. Oft erhoffen wir uns Vorteile. Unsere Instinkte, die uns früher überleben ließen, helfen uns heute, uns regelmäßig den Hintern zu retten.

Dan Ariely war erst Professor am Massachusetts Institute of Technology und später an der Duke University. In seinem Buch: »Die halbe Wahrheit ist die beste Lüge« berichtet er von Gary Becker, einem Professor an der University of Chicago. Dieser verbreitete die Ansicht, dass wir Menschen anhand einer sehr einfachen Kosten-Nutzen-Analyse entscheiden würden, ob wir uns ehrlich oder unehrlich verhalten sollten. Laut seinem »Simple Model of Rational Crime«, auch SMORC genannt, würden wir nicht über richtig oder falsch nachdenken, sondern nur die positiven und negativen Konsequenzen abwägen.[98] Ganz nach dem Motto: Lügen, wenn es sich lohnt.

Dan Ariely widerlegte diese Theorie, nachdem er und sein Team zahlreiche Verhaltenstests zum Umgang des Menschen mit Wahrheit und Unwahrheit, aber auch mit Moral durchgeführt hatten. Menschlichkeit ist nicht nur eine Kosten-Nutzen-Analyse. Uns beeinflussen auch moralische Fragestellungen, Werte und Mitgefühl bei der Entscheidung über Ehrlichkeit oder Lüge. Dan Ariely entwickelte daraufhin die »Schummelfaktor-Theorie«. Sie beschreibt, dass die meisten Menschen gerade nur so viel schummeln, dass sie daraus zwar einen Vorteil ziehen, sich aber trotzdem noch großartig fühlen können. Solange wir uns also selbst noch im Spiegel ansehen können, ist Lügen kein Problem. Würden wir nur nach einer Kosten-Nutzen-Analyse vorgehen, würden wir viel häufiger betrügen, als wir es tatsächlich tun.[99]

Die gute Nachricht ist also, bei all dem Fake, sind wir nicht nur egoistisch. Wir lügen auch, um anderen zu helfen oder sie zu beschützen. Lügen bieten uns einen Raum voller Möglichkeiten, um Einfluss auf unser Leben und das von anderen zu nehmen. Es ist verlockend, sie zu nutzen, weil wir mit wenig Aufwand viel bewirken können.

## Alles gelogen – oder nicht?

Wie kann man eigentlich unbewusst lügen? Ganz einfach. Die Schummelfaktor-Theorie greift auch hier. Wir wollen uns Vorteile verschaffen oder Nachteile vermeiden, aber wir wollen uns deshalb nicht schlecht fühlen. Daher suchen wir uns gute Erklärungen für unsere Lüge. Wir rechtfertigen sie so gut, dass wir die Wahrheit und unsere Lüge selbst nicht mehr auseinanderhalten können. Die Realität verschwimmt mit unserer Wirklichkeit. Und das fängt schon früh an. Wenn meine Kinder aufräumen sollen, entwickeln sie spontane Bauchschmerzen. Das kann so weit gehen, dass sie selbst völlig überzeugt davon sind, Bauchschmerzen zu haben, und nur mit einer Wärmflasche ins Bett gehen wollen. Die Grenze zwischen der Lüge und den echten Bauchschmerzen ist verschwunden. Und so geht es unser Leben lang weiter.

Wir alle kennen das Gefühl, verabredet oder irgendwo eingeladen zu sein und kurz vorher festzustellen, dass wir nicht hingehen wollen. Vielleicht, weil wir erschöpft sind oder einen blöden Tag hatten. Wir alle waren in so einer Situation schon mal unehrlich. Wir wollen niemanden verletzen oder den Eindruck erwecken, uns wäre das Wiedersehen nicht wichtig. Stattdessen erzählen wir eine Geschichte, die aus unserer Sicht Sinn ergeben könnte und niemandem weh tut. Vielleicht, dass wir krank werden oder Kopfweh haben. Nicht selten fühlen wir uns dann auch schon kränklich. Uns fallen plötzlich Symptome auf, die wir vorher nicht bemerkt haben. Unsere eigene Lüge bohrt sich tief in unser Unterbewusstsein. Wir wollen so sehr, dass es wahr ist, dass wir anfangen, es selbst zu glauben. Alles, damit wir uns nicht eingestehen müssen, dass wir gerade gelogen haben. Verständlich, denn wer mag schon Lügner:innen?

Unsere gute Intention wird aber zur Gefahr, weil sie unsere Realität verwässert. Wir reden uns die Lüge schön. Ursprünglich hatten wir lediglich ein nachvollziehbares Bedürfnis nach Ruhe. Es wäre besser gewesen, das transparent zu machen. Nicht nur andere wüssten dann, woran sie sind, sondern auch wir selbst. Aber wir schreiben das Drehbuch einfach um. Das ist die Entstehungsgeschichte von Fake-News. Im Zeitalter von Social Media sorgt dieser Effekt sogar für neue Identitäten. Wir können jetzt nicht nur unsere direkten Mitmenschen belügen, sondern auch hunderttausende Unbekannte gleichzeitig. Im Netz ist nie klar, was wahr und was erfunden ist. Manche Menschen bauen sich ein Leben, das sie gerne hätten, oder eifern ihren Idolen nach. Unser Streben nach »alternativen Wahrheiten« holt uns allerdings immer irgendwann ein und kann uns sogar krank machen, weil wir uns in Selbstzweifeln, dem Drang nach Anerkennung oder in Lügen verlieren.

## Unehrliche Gruppendynamik

Unser Glaube an unsere erfundenen Erklärungen für eine parallele Wahrheit potenziert sich, wenn wir zusammen sind. Verhaltensforscher:innen der Ludwig-Maximilians-Universität in München fanden heraus, dass wir in Gruppen deutlich öfter und bereitwilliger lügen. Grundlage dafür war eine Studie, in der 273 Studienteilnehmende gebeten wurden, das Video eines Würfelwurfs anzusehen und im Anschluss die Zahl zu nennen, die gewürfelt wurde. Je höher die Zahl war, die angeblich im Video gewürfelt wurde, desto höher ihre Belohnung. Lügen war nicht verboten. Wie so oft im Leben gab es auch hier einen Anreiz für die Unwahrheit. In diesem Fall war es der Anreiz, durch die Nennung einer höheren Zahl eine höhere Belohnung einzusacken. Es wurden drei Situationen abgebildet.

- Teilnehmende entschieden allein, welche Zahl sie nannten.
- Teilnehmende sprachen sich in einem anonymen Gruppenchat ab, aber entschieden dann allein.
- Teilnehmende stimmten sich in der Gruppe ab und mussten sich auch gemeinsam auf eine Aussage festlegen.

61,5 Prozent der Teilnehmenden logen, als es ihre Aufgabe war, allein zu entscheiden. 86,3 Prozent der Teilnehmenden logen, als sie sich gemeinsam abstimmten, aber allein entschieden und ganze 89,7 Prozent der Teilnehmenden logen, nachdem sie gemeinsam in der Gruppe entscheiden mussten. Teilnehmende, die noch ehrlich waren, als sie allein entschieden, waren bereit in der Gruppe zu lügen.

Dieses Phänomen wird als »dishonesty shift« bezeichnet.[100] Während viele von uns sich ihre Lügen bereits schönreden, wenn sie allein sind, ist das noch viel leichter in einer Gruppe, in der wir gemeinsam ein Ziel verfolgen. Wir stimmen unsere Grundvorstellungen von richtig und falsch miteinander ab, bekommen ein Gefühl für die Argumente der anderen und können mit besserem Gewissen die Norm uminterpretieren, weil wir es gemeinsam tun. Die Gruppendynamik erzeugt eine schleichende Rechtfertigung für die Unwahrheit. Wenn eine ganze Gruppe eine Erklärung dafür findet, warum lügen jetzt richtig ist, wie sollte es dann auch falsch sein?

### Fakten über die Lüge

Es gibt jede Menge Studien darüber, wie unehrlich wir Menschen sind. Aus der Menge der unterschiedlichen Ergebnisse ließen sich bisher aber nur sehr übergeordnete Aussagen treffen. Wissenschaftler:innen des Max-Planck-Instituts für Bildungsforschung und des Technion – Israel Institute of Technology führten deshalb eine große Metaanalyse zu dem Thema durch. Sie umfasst die Ergebnisse von insgesamt 565 Studien. 42 Prozent der Männer und 38 Prozent der Frauen haben demnach gelogen. Außerdem scheinen wir mit dem Alter immer ehrlicher zu werden. Die Wahrscheinlichkeit, dass jemand lügt, nahm laut der Analyse mit jedem Jahr um 0,28 Prozentpunkte ab.[101]

Die YouGov Deutschland GmbH befragte im Auftrag von Glassdoor 1.066 Berufstätige zu ihrem Umgang mit der Wahrheit im Arbeitskontext. 45 Prozent der Befragten waren immerhin so ehrlich zuzugeben, dass sie gelegentlich lügen würden, »um gut über die Runden zu kommen«. 22 Prozent der Befragten gaben an, sich bei der Arbeit zu verstellen. Das betrifft immerhin jede fünfte Person. Außerdem würden 32 Prozent »niemals Gefühle auf der Arbeit zeigen«, was aus meiner Sicht darauf schließen lässt, dass sich ein größerer Teil der Befragten verstellte als angegeben. 27 Prozent gaben zu, schon gelogen zu haben, »um Fehler und Misserfolge zu verbergen«, und 21 Prozent gestanden, gelogen zu haben, weil sie das Gefühl hatten, ihre Führungskraft würde keine abweichende Meinung zulassen.[102]

## (Falsche) Höflichkeit

Der Kontext oder die Angst vor zwischenmenschlichen Konsequenzen wegen fehlender psychologischer Sicherheit bringen uns dazu, uns anders zu verhalten, als wir wollen. Während wir uns im Alltag in oberflächlichen Liebenswürdigkeiten verlieren, gehen wir uns nicht selten tierisch auf die Nerven. Doch unsere Zusammenarbeit bietet unerschöpfliches Konfliktpotenzial. Um ihm aus dem Weg zu gehen, müssen wir unserem inneren Business-Chamäleon also jede Menge zu tun geben. So sind wir ganz besonders nett und höflich zueinander. Beispiele gibt es viele. Hier ist eine kleine Auswahl:

- Ein Kollege führt endlose Monologe im Remote-Meeting, aber niemand unterbricht. Wir sind lieber still und leise genervt als laut und deutlich unhöflich.
- Die Kollegin glaubt, es sei eine gute Idee, ihren Döner im Büro zu essen. Statt sie darauf aufmerksam zu machen, dass das unappetitlich ist, halten alle den Mund und sich die Nase zu.
- Die Führungskraft grätscht in die Projektarbeit rein. Statt sie darauf hinzuweisen, wo die Verantwortung liegt, akzeptieren alle zähneknirschend ihre Übergriffigkeit.

Aber eines haben alle Situationen gemeinsam. Sie rauben uns den Nerv, kosten uns Zeit und machen uns unproduktiv. In dem Versuch, höflich zu sein und nicht anzuecken, geben wir einzelnen die Macht über alle. Wir ärgern uns innerlich und verlieren den Fokus. Aber es bleibt nicht nur beim kurzfristigen Konzentrationsschwund. Es folgen Gespräche mit denen, die auf unserer Seite sind. Wir verarbeiten das Ereignis und unseren Ärger in der Gemeinschaft. Es kostet Zeit, wenn wir tolerieren, statt zu intervenieren. Und diese Zeit summiert sich schnell zu einem massiven Produktivitätsverlust. Und das Schlimmste: Am Ende wissen alle, was Sache ist, nur die nicht, die es wirklich etwas angeht.

Ich bin kein Fan von Höflichkeit. Natürlich ist es wichtig, dass wir aufeinander eingehen, uns wahrnehmen und aufmerksam sind, denn das ist die Grundvoraussetzung für ein gutes Miteinander. Aber das ist Menschlichkeit. Menschlich verhalten wir uns, aufgrund unserer Gefühle und Bedürfnisse. (Falsche) Höflichkeit hingegen hat etwas Erlerntes und Aufgesetztes. Wir zwingen uns aufgrund gesellschaftlicher Konventionen und auferlegter Spielregeln dazu oder haben schlichtweg Angst, dass uns Konsequenzen drohen, wenn wir nicht mitspielen. Wir machen uns klein, dulden zu viel und schlucken alles runter. Aber damit werden wir nicht uns, sondern im besten Fall nur anderen gerecht. Außerdem tragen wir damit jeden Tag dazu bei, dass die Dinge so bleiben, wie sie sind, anstatt dafür zu kämpfen, dass sie so werden, wie wir sie gerne hätten. Forstschritt passiert nur, wenn wir den Mund aufmachen. Irgendwer muss den Kreislauf falscher Höflichkeit und Anpassung also durchbrechen. Meist ist nämlich genau das der Moment, in dem es überhaupt erst möglich wird, dass sich etwas ändert. Wir brauchen deshalb Menschen, die kein Blatt vor den Mund nehmen, damit wir uns gemeinsam weiterentwickeln können.

Für eine vertrauensvolle Zukunft der Arbeit brauchen wir ein Umfeld, in dem wir ganz wir selbst sein können. Das schließt ein, dass wir getrost auch einmal unhöflich sein dürfen, ohne Angst haben zu müssen, gleich ausgestoßen zu werden. Und wenn ich ganz ich selbst sein darf, muss ich keine gesellschaftlichen Konventionen erfüllen. Aber können wir jetzt alle rücksichtslos unser Handeln damit rechtfertigen, dass wir nun mal so sind, wie wir sind? Nicht ganz, denn andere zu verletzen, darf nicht das Resultat sein. Doch antrainierte Nettigkeiten abzulegen, ist sehr befreiend. Ich unterbreche zum Beispiel in Meetings hart und deutlich, wenn jemand zu lange redet oder der Fokus abhandenkommt. Ich bin dabei unhöflich, aber menschlich. Das Gute daran ist, dass alle wissen, woran sie sind. Das sorgt für Vertrauen und spart Zeit.

## Radikale Ehrlichkeit

»Es ist illusionär, zu denken, dass man immer ehrlich sein kann. Dazu sind die sozialen und emotionalen Kosten zu hoch«, schrieb Tristan Horx im Zukunftsreport 2019.[103] Und das stimmt. Wir können nicht ganz raus aus der Schwindelfalle. Es geht oft schneller, als wir »Lüge« sagen könnten, da haben wir schon wieder etwas hinzu- oder weggedichtet. Außerdem haben wir selten böse Absichten, wenn wir lügen. Kleine Unwahrheiten sollten uns deshalb nicht davon abhalten uns gegenseitig zu vertrauen. Das Leben wäre sehr einsam, wenn wir nur an Menschen glauben würden, die immer und überall zu 100 Prozent ehrlich sind. Lügen ist menschlich. Was aber Vertrauen zerstört, sind Unwahrheiten, die anderen schaden können oder massive Intransparenz fördern. Wenn Selbstorientierung überwiegt, werden Wohlwollen, Authentizität und Integrität infrage gestellt.

Außerdem: In unseren zwischenmenschlichen Beziehungen können wir nicht von der einen Wahrheit sprechen, denn es gibt sie nicht. Es ist immer nur unsere Wahrnehmung und damit unsere Wahrheit. Aber unsere Wahrheit zu sagen, so gut wir können, ist wichtig. Vor allem dann, wenn wir emotionale Bindung aufbauen und erhalten wollen. In diesen Situationen ist radikale Ehrlichkeit eine wirksame Antwort auf die Frage nach mehr Vertrauen. Der Psychotherapeut Dr. Brad Blanton hat das Konzept der radikalen Ehrlichkeit beschrieben. Es geht darum, immer die Wahrheit zu sagen.[104] Radikale Ehrlichkeit kennt keine Vorsicht, keine falsche Höflichkeit und keine Business-Fassade. Und da die Wahrheit ja nur unsere Sicht auf die Dinge ist, geht es vor allem um Selbstkundgabe. Das Ziel ist es also nicht, jemandem die Meinung zu geigen und endlich mal loszuwerden, was wir von anderen halten. Es geht darum, transparent zu machen, was in uns vorgeht und welche Bedürfnisse wir haben. Auch wenn wir nicht immer und überall ehrlich sein können, so können wir doch in den oben genannten Situationen, in denen es wirklich darauf ankommt, viel aus diesem Konzept übernehmen.

Dem Kollegen, der im Meeting ohne Punkt und Komma redet, könnten wir dann einfach unterbrechen und ihm mitteilen, dass wir jetzt gerne zum nächsten Punkt kommen wollen. Der Kollegin, die ihren Döner isst, könnten wir sagen, dass nur die Menschen den Geruch von Döner mögen, die gerade selbst Döner essen. Und der Führungskraft, die sich einmischt, könnten wir mitgeben, dass ihr Eingriff den Prozess aufhält, statt ihn zu beschleunigen. Wir müssten uns keine Geschichten mehr überlegen und auch keine Rechtfertigungen mehr dafür suchen, wenn wir nicht zu einer Verabredung kommen wollen. Wir könnten einfach sagen, dass wir keinen guten Tag hatten und gern allein sein würden.

Vor kurzem begleitete ich ein Team, das sich über den nächsten taktischen Schritt für eine Verhandlung mit dem Betriebsrat unterhielt. Es hatte ein Störgefühl, wollte das aber nicht offenlegen und überlegte, was es stattdessen tun konnte. Die Zeit verstrich und ich stellte mir einen Timer auf 30 Minuten. Als das Team nach dieser Zeit immer noch nicht fertig war, unterbrach ich die Situation, die ich bis dahin nur still beobachtet hatte. Ich spiegelte dem Team, womit es gerade seine Zeit verschwendet hatte, ohne auch nur einen einzigen Beitrag zur Wertschöpfung geleistet zu haben und ohne weitergekommen zu sein. Wir entschieden, dem Betriebsrat gegenüber »einfach« ehrlich zu sein. Dabei ist Ehrlichkeit nie einfach, wenn der Kontext zu Unehrlichkeit einlädt. Aber all die Energie, die wir aufwenden, um unsere Lügenschlösser zu bauen, hätten wir dennoch plötzlich zur freien Verfügung.

Brad Blanton schreibt in seinem Buch »Radikal ehrlich«: »Wir alle lügen wie verrückt. Es macht uns krank. Es ist *die* Hauptursache für allen menschlichen Stress. Lügen bringt die Menschen um.« Er beschreibt unseren Verstand als ein »Gefängnis aus Bullshit«, in dem wir verharren, wenn wir anderen nicht sagen, was wirklich ist.[105] Und wer kennt sie nicht, diese Erleichterung, wenn wir etwas gesagt haben, was wirklich mal gesagt werden musste, weil es »wahr« ist? Weil wir mal nicht unsere Gedanken gefiltert und unsere Worte angepasst haben?

Es ist wahnsinnig anstrengend, unsere Wahrheit immer auf die Person zuzuschneiden, mit der wir gerade sprechen. Radikale Ehrlichkeit trägt deshalb zu echter Entspannung und Entlastung bei. Bevor wir also vor lauter Stress unser nächstes Retreat buchen, sollten wir vielleicht einfach mal reinen Tisch machen. Zudem ist die schonungslose Wahrheit ein Booster für unsere persönliche Entwicklung. Statt das wir uns selbst ständig belügen, indem wir unsere Wahrheit mit erfundenen Erklärungen mixen, können wir viel genauer hinsehen. Vielleicht lernen wir uns zum ersten Mal in unserem Leben selbst wirklich kennen, statt immer nur mit unserem höflichen, angepassten inneren Business-Chamäleon zu sprechen.

## Weil nichts stärker wirkt

Wenn es mir nicht gut geht, dann sage ich das auch. Das hat schon zu einigen verdutzten Gesichtern geführt. Denn auf die Frage: »Wie geht's dir?« erwarten Menschen nun mal ein »gut«. Sie Fragen nicht einmal bewusst, sondern einfach so. Sie stellen diese Frage, auch wenn sie eigentlich noch gar nicht im Gespräch angekommen sind. Sie hören nicht mal richtig hin. Die Frage ist eine Überbrückung auf dem Weg zum eigentlichen Thema. Sie ist eine Floskel. Natürlich kann sie den Einstieg in ein echtes Gespräch erleichtern, weil wir Zugang zueinander finden. Doch Floskeln haben eben auch die Eigenschaft, einfach in den Raum geworfen zu werden, ohne dass die Person, die sie äußert, wirklich Interesse an einer Reaktion hat. Wenn das spürbar ist, dann wird niemand auf die Frage »Wie geht's dir?« ehrlich antworten und wir drehen uns im Kreis. Deshalb bringen uns Floskeln einer vertrauensvollen Zusammenarbeit nicht näher. Erst wenn etwas von dieser oberflächlichen Norm abweicht, werden wir aufmerksam. Es irritiert uns.

Irritation ist hilfreich, denn sie holt uns unter der dicken Käseglocke der Ignoranz hervor. Und was könnte irritierender sein als radikale Ehrlichkeit? So habe ich mir über die Zeit angewöhnt, ehrlich zu sein, wenn es um meine Gedanken geht. Ich sage es, wenn es mir nicht gut geht. Ich äußere es, wenn ich etwas nicht weiß, und ich teile mich mit, wenn mich etwas berührt. Nichts wirkt stärker als Ehrlichkeit, gerade in diesen Momenten. Es entsteht eine echte Verbindung, da, wo vorher nur Raum für gespielte Professionalität war. Ehrlichkeit in unseren verletzlichen Momenten bringt andere dazu, auch ehrlich zu sein. Wenn wir also von anderen hören wollen, dass sie Unterstützung brauchen oder eine Frage haben, die sie sich nicht zu stellen trauen, wenn wir wissen wollen, wie es anderen wirklich geht, oder wenn wir möchten, dass sie uns ihre Gefühle zeigen, dann müssen wir selbst damit anfangen.

Während ich früher noch dachte, ich müsste meine Schwächen vertuschen und mich klein machen, wenn ich mich nicht zugehörig fühlte, weiß ich heute, dass ich mich genau in diesen Momenten groß machen darf. Unsere Erfolge und unser großes Selbstbewusstsein sind nicht die Dinge, die für vertrauensbildende Gespräche sorgen. Es ist immerhin ein Leichtes, über das Gute zu sprechen. Wer redet nicht gerne über Auszeichnungen, Beförderungen oder die eigenen Talente? Viel schwerer ist es, sich verletzlich zu zeigen, Fehler einzugestehen oder zuzugeben, dass wir etwas nicht können. Wer das tut, macht klar: »Ich bin ehrlich.« Und davon brauchen wir viel mehr in unserer Arbeitswelt, denn wir werden die großen Herausforderungen der Zukunft nicht meistern, wenn wir unsere Energie weiterhin nur darin investieren, unsere professionelle Fassade aufrecht zu erhalten.

# 12 Und dann kam jemand, und machte alles kaputt

*Jetzt, nachdem wir das Geheimnis von Vertrauen ergründet haben, kann die schöne neue Arbeitswelt beginnen. Oder etwa nicht? Nicht ganz, denn irgendwer kommt bestimmt mal um die Ecke und stellt unser neu gewonnenes Vertrauen auf eine harte Probe.*

Wir Menschen können wirklich viel, wenn wir uns vertrauen und uns etwas zutrauen. Wenn wir alle Dimensionen von TRUST ME beachten und aktiv umsetzen, dann haben wir gute Chancen, das übergeordnete Vertrauen im Unternehmen nachhaltig zu stärken und zukünftige Herausforderungen zu meistern. Wir stärken damit die emotionale Bindung, können Mitarbeitende langfristig halten und leichter neue Talente gewinnen. Wir können Entscheidungen schneller und zielführender treffen und wir sorgen dafür, dass wir uns nicht verstellen müssen, sondern uns als die Menschen sehen und akzeptieren können, die wir sind. Wir können offen miteinander sprechen und wir können uns aufeinander verlassen. Wir sind mutiger und deshalb auch innovativer, resilient und committet.

Aber trotz all unserer Fortschritte und Erfolge auf dem Weg und egal, wie gewissenhaft wir vorgehen, es wird immer Menschen geben, die uns auch einmal enttäuschen. Manchmal vielleicht so sehr, dass wir uns hintergangen fühlen. Vielleicht nutzen sie die neue Flexibilität aus und leisten nicht, obwohl wir sie dringend brauchen. Vielleicht treffen sie Entscheidungen, die aus unserer Sicht schlecht für die Unternehmung sind, oder sie missbrauchen unsere Ehrlichkeit. Egal wie, eines ist sicher, es wird passieren. Wir Menschen haben manchmal so unterschiedliche Wertevorstellungen oder Interessen, dass wir nicht übereinkommen und uns ineinander täuschen. Irren ist nun mal menschlich.

Wenn Menschen enttäuscht werden, dann neigen sie dazu, in ihre alten Handlungsmuster zurückzufallen. Sie glauben, dass sie mit bewährten Strategien besser dran sind als mit neu Erlerntem. Es ist ein Mittel zur Absicherung. Wenn wir uns entschließen, zu vertrauen, und jemand missbraucht dieses Vertrauen, dann liegt es nahe zu sagen: »Hab' ich es doch gewusst. Vertrauen ist Mist, denn man kann niemandem trauen.« Es besteht das Risiko, dass wir uns wieder dafür entscheiden, lieber nicht zu vertrauen, oder sogar zu misstrauen. Wir fühlen uns darin bestätigt, dass andere doch nicht so o. k. sind, wie wir gehofft hatten. Ehe wir uns versehen, ist alles wieder beim Alten. Wir erfinden Kontrollmechanismen und fördern Intransparenz und falsche Höflichkeit.

»Schlecht ist stärker als gut«, stellt Roy Baumeister in seinem Buch »Die Macht des Schlechten« fest und schreibt: »Solange wir den verzerrenden Einfluss des Negativen auf unser Urteilsvermögen nicht erkennen, werden wir schreckliche Entscheidungen fällen«.[106] Dieser bereits in Kapitel 2 erwähnte Negativitätseffekt betrifft uns alle, denn negative Ereignisse beeinflussen uns stärker als positive. Wir funktionieren rein evolutionär so, dass wir Dinge, die nicht laufen, verbessern wollen. Wir wollen optimieren, um zu überleben. Das ist eigentlich etwas Gutes, aber es bedeutet auch, dass wir uns auf diese Dinge fokussieren. Sie überstrahlen all das Gute.

Ich habe lange in der Finanzbranche gearbeitet. Die Ausbildung für junge Menschen war darauf ausgelegt, ihnen besonders viele Erfahrungen zu ermöglichen und ihnen viele Freiheiten einzuräumen. Dadurch war sie besonders effektiv und nachhaltig. Eines Tages erfuhr ich, dass eine Person aus der Gruppe unserer Auszubildenden eine unserer Filialen überfallen hatte. Einen größeren Vertrauensmissbrauch kann es im Arbeitskontext wohl kaum geben. Dieses Ereignis hatte uns tief erschüttert. Man könnte annehmen, dass wir daraufhin die Freiheitsgrade der Auszubildenden eingeschränkt hätten, weil wir der ganzen Gruppe nicht mehr vertrauten. Aber das haben wir nicht. Für alle anderen blieb alles so wie gehabt. Denn wenn uns nur ein Mensch von 100 hintergeht, dann waren uns 99 Menschen treu. Hätten wir 99 Menschen für das, was ein Mensch getan hat, bestrafen sollen? Ganz sicher nicht. Aber genau das tun wir in der Regel.

Nehmen wir zum Beispiel an, die Arbeitszeit eines Teams wird maximal flexibilisiert. Ein Teammitglied nutzt die neue Freiheit aus und betrügt bei der Angabe der Arbeitszeit, während 9 Teammitglieder zufrieden und produktiv leisten. Schnell überstrahlt der Vertrauensmissbrauch, wie gut es insgesamt läuft. Viele Führungskräfte kommen in einer solchen Situation zu dem Schluss, dass die neuen Regelungen nicht gut und die Menschen nicht reif genug waren, um mit der Freiheit umzugehen. Die Folge: Die neue Flexibilität wird gestrichen oder mit Regeln eingeschränkt. Auf diesem Wege sind schon die kuriosesten Vorgaben entstanden. Aber wollen wir 90 Prozent des Teams bestrafen, indem wir zu alten Regelungen zurückkehren, obwohl nur 10 Prozent die Freiheit ausgenutzt haben?

Natürlich müssen wir darauf reagieren, wenn uns jemand hintergeht, aber wir sollten unseren Fokus dann nur auf die betreffende Person richten, statt alle zu benachteiligen. Vertrauen kann nur überleben, wenn wir auch lernen, mit Vertrauensmissbrauch umzugehen. Vertrauen heißt also auch, damit zu rechnen, dass bestimmt irgendwann jemand unser Vertrauen ausnutzt. Die Kunst ist es dann, nicht das Vertrauen zu verlieren, sondern sich auf die guten Auswirkungen von Vertrauen zu konzentrieren.

# 13 Weil Vertrauen unser Leben verändert

*Wenn wir (ins) Vertrauen finden, dann kann das enorme Auswirkungen auf unsere Arbeit, auf jede unserer Beziehungen und damit auch auf unser ganzes Leben haben. Auch wenn der Weg dahin nicht immer leicht ist, lohnt es sich, ihn zu gehen. Dafür müssen wir sowohl ganzheitlich ansetzen als auch tief in uns selbst nach den Gründen suchen, die uns bisher davon abgehalten haben.*

## Die Vertrauenskultur

### Swantje Allmers

Credits: Sebastian Fuchs

Eine Vertrauenskultur ist die Basis, um die Potenziale der Menschen im Unternehmen zu nutzen. Sie ist die wichtigste Voraussetzung für Lernen, Eigenverantwortung und Innovation. Eine Vertrauenskultur bringt selbstwirksame Individuen und Teams hervor und ist eine wichtige Grundlage für unternehmerischen Erfolg.

Vertrauenskultur klingt immer gut. Allein deshalb wette ich, dass mindestens 80 Prozent aller Top-Manager:innen behaupten würden, in ihrem Unternehmen gäbe es diese bereits. Der Anteil der Mitarbeitenden, die dies bestätigen würden, wird deutlich geringer sein. Das Erleben ist also subjektiv. Aber das ist nicht das Einzige, was das Thema so komplex macht. Eine Kultur ist schwer zu greifen, aber leicht zu spüren. Sie ist hinsichtlich ihrer Beeinflussbarkeit eher ein Tanker. Und dennoch sind es oft die kleinen Gesten und Verhaltensweisen im Alltag, die den Unterschied machen.

Wenn wir uns für Vertrauen entscheiden, bedeutet es, dass wir uns gegen Kontrolle und Misstrauen entscheiden. Je nach Ausgangslage greift dies tief in die Denkstrukturen eines Unternehmens ein, angefangen beim Menschenbild. Vertrauen lässt sich nicht top-down verordnen. Und wer sich vorschnell eine Vertrauenskultur attestiert, die faktisch nicht gegeben ist, erreicht genau das Gegenteil von dem, was gewollt ist.

So viel zur Komplexität einer Vertrauenskultur. Viel spannender ist die Frage, wie wir eine solche aufbauen und etablieren können. Zusammengefasst so:

- Unternehmen müssen verstehen, dass ihre Leute mündige Menschen sind, die die Wahrheit vertragen, die gute Entscheidungen treffen können, die Leistung zeigen und im Sinne des Unternehmens handeln wollen.
- Führungskräfte dürfen loslassen. Sie sind nicht mehr diejenigen, sie alles wissen und entscheiden. Sie sind Coach und Sparringspartner und schaffen geeignete Rahmenbedingungen, damit andere wachsen können. Sie vertrauen.
- Mitarbeitende sollten Spaß daran entwickeln, auch im beruflichen Kontext Verantwortung zu übernehmen. Sie brauchen wieder mehr Mut, Leidenschaft und Selbstwirksamkeit – und einen konstruktiven Umgang mit Fehlern im Unternehmen.

Das ist ein Prozess, der nicht durch ein pauschales »Wir brauchen mehr Vertrauen!« abgeschlossen ist.

**Einflussfaktoren einer Vertrauenskultur**
Es gibt nicht die eine Vertrauenskultur, die jedes Unternehmen anstreben »muss«. Unternehmen und ihre Menschen sind aufgrund ihrer Historie und ihrer Rahmenbedingungen unterschiedlich. Es gibt aber einige grundsätzliche Ansatzpunkte, mit denen sich Unternehmen, Führungskräfte und Mitarbeitende auseinandersetzen sollten, wenn das Ziel eine vertrauensvolle Unternehmenskultur ist.

**Wieso, weshalb, warum – Transparenz**
Transparenz ist ein wesentlicher Teil einer Vertrauenskultur. Deshalb gibt es dazu auch ein eigenes Kapitel in diesem Buch. Ich möchte daher nur noch zwei Aspekte der menschlichen Natur hervorheben, die die Relevanz von Transparenz unterstreichen.

1. Wenn wir mit Unsicherheit konfrontiert sind, neigt unser Gehirn dazu, in Worst-Case-Szenarien zu denken. Evolutionsbiologisch ist das sinnvoll und passiert zu unserem Schutz. Das Worst-Case-Szenario ist zwar eine sinnvolle Methode, um gezielt diffuse Ängste zu ergründen, aber im Dauereinsatz und ungesteuert erzeugt es das Gegenteil. So mündet beispielsweise eine Unternehmenskultur, in der Informationen zurückgehalten werden, in einer Belegschaft, die dauerhaft unter Stress steht, weil sie mit dem Schlimmsten rechnet. Will man das?
2. Wer »schlechte« Nachrichten zu überbringen hat und die positive Intention dahinter nicht explizit äußert, dem wird eine negative Intention unterstellt.[107] Das konnte in Harvard Experimenten gezeigt werden und ist insofern relevant, als viele Unternehmen davon ausgehen, den Menschen sei klar, warum etwas getan würde. Wird dies allerdings nicht ausreichend begründet und die positive Absicht nicht konkret ausgesprochen, führt auch dies zu Vertrauensentzug.

Machen wir uns diese beiden Grundmechanismen bewusst, ist Transparenz immer die bessere Wahl.

**Gesagt, getan – Integrität**

Integrität, also die Übereinstimmung mit den geäußerten Werten und dem faktischen Handeln, ist ein weiterer wichtiger Faktor einer Vertrauenskultur.

Ein Negativbeispiel: Aus der Praxis kennen wir ausreichend Fälle, in denen sich ein Unternehmen nach außen als besonders innovativ, divers und inklusiv oder nachhaltig positioniert. Oder als hätte es alle Aspekte von New Work bereits komplett durchgespielt. Nur leider können Mitarbeitende und Führungskräfte diesen Eindruck nicht bestätigen, was einen erheblichen Vertrauensschaden nach sich zieht. Die Schlussfolgerung: Entweder lügt man sich selbst in die Tasche oder ist bewusst unehrlich. Auf jeden Fall erscheint die Außendarstellung wichtiger als der Eindruck nach innen. Die Ursache hierfür sind meistens voneinander getrennten Kommunikationssilos – externe und interne Kommunikation – mit unterschiedlichen Zielvorgaben.

Eine Vertrauenskultur setzt voraus, dass es keine Diskrepanz gibt zwischen dem, was ein Unternehmen bzw. deren Führungskräfte verlauten lassen, und dem, was tatsächlich passiert. Ein Faktor, der oft unterschätzt wird.

**Wer darf was – Spielräume**

Eine Vertrauenskultur ist nicht besonders viel wert, wenn sie keine Entsprechung in Form realer Handlungsspielräume hat. Ich erlebe immer noch Unternehmen, die Vertrauen als einen ihrer Top-Unternehmenswerte proklamieren, in denen es dann aber – überspitzt formuliert – vier Unterschriften für den Einkauf von Bleistiften braucht und Mitarbeitenden nicht zugetraut wird, eine sinnvolle Entscheidung über Arbeitszeit und Arbeitsort zu treffen. Gleichzeitig bemängeln diese Unternehmen bei ihren Mitarbeitenden zu wenig unternehmerisches Handeln und Eigeninitiative, was dann wohl eher als Forderung nach unbezahlten Überstunden zu verstehen ist.

Die Vertrauenskultur zeigt sich auch darin, dass Menschen echte Entscheidungen treffen können. Hier sind rollenbasierte Organisationsformen, in denen Menschen die volle Befugnis im Rahmen einer klar beschriebenen Rolle erhalten, ein gutes Vorbild. Natürlich ist es sinnvoll, dass bei bestimmten Entscheidungen ein Vier-Augen-Prinzip gilt. In hierarchischen Strukturen wird allerdings viel zu viel Energie in gegenseitige Kontrolle investiert, was Eigenverantwortung und Vertrauen zuwiderläuft.

**Vorbild statt Bestimmer:in – Führungskräfte**
Die wichtigste und umfassende Anforderung an Führungskräfte: als positives Vorbild zu agieren. Ihr Verhalten prägt die Kultur im Team und Unternehmen. Wie sie mit und über andere sprechen, wie sie mit Situationen, Fehlern und Herausforderungen umgehen, wie kongruent sie agieren, wie transparent sie kommunizieren – all das stärkt oder schwächt die Vertrauenskultur.

Wenn ich an meinen beruflichen Weg zurückdenke, habe ich insbesondere jenen Menschen am meisten zu verdanken, die mir vertraut haben und die mich immer wieder ins kalte Wasser geworfen haben, weil sie mehr in mir gesehen haben als ich selbst. Sie blieben zwar unauffällig am Beckenrand stehen, aber geschwommen bin ich, dank ihnen. Solche Führungskräfte haben für mich den Role Model Award gewonnen. Eine Vertrauenskultur braucht Menschen, die loslassen dürfen, können und wollen. Und die Führung nicht als notwendiges Übel auf dem Weg nach oben ansehen.

**Safety first – Psychologische Sicherheit**
Zu psychologischer Sicherheit steht in diesem Buch zurecht schon viel Wissenswertes. Viele fragen sich, ist das nicht schon längst selbstverständlich? Darauf ein klares »Jein« als Antwort. Die meisten Menschen verstehen den Zusammenhang sofort und wünschen sich selbst ein psychologisch sicheres Umfeld, in dem sie sich nicht verstellen müssen, um akzeptiert zu werden. Ihnen ist aber oft nicht bewusst, wie stark ihr eigenes Verhalten darauf einzahlt. Wer hat nicht schon über Kolleg:innen und Vorgesetzte gelästert, Meinungsmache betrieben, sozial sanktioniert und andere ausgegrenzt? Das ist menschlich, der Sache aber nicht dienlich. Unabhängig davon, ob Teammitglied oder Führungskraft, psychologische Sicherheit geht uns alle an und ist nicht alleinige Aufgabe des Unternehmens oder der Führungskräfte.

**Leistungsvertrauen zählt auch – Selbstmanagement**
Das kennen wir alle: Jemand sagt: »Mach ich!«, »Erledige ich.«, »Du kannst dich auf mich verlassen!« und es passiert genau nichts. Der Grund ist in der Regel weder eine böse Absicht noch fehlendes Verantwortungsbewusstsein, viele Menschen haben schlichtweg keinen Überblick über ihre Aufgaben und Verpflichtungen, sind heillos überfrachtet und versprechen Dinge, die sie gar nicht einhalten können.

Kein Wunder, es prasselt ja auch jede Menge auf uns ein. Und dennoch: Zusagen einzuhalten und versprochen Leistungen zu erbringen, ist keine altmodische Tugend, sondern ein wesentlicher Eckpfeiler einer Vertrauenskultur. Und aus meiner Sicht ein Quickwin. Ich habe jahrelang Menschen dabei unterstützt, sich besser zu organisieren und so schwer ist es nicht. Im Wesentlichen geht es um ein paar gute Routinen und den Aufbau eines Aufgabensystems außerhalb des eigenen Kopfes. Wer in das Selbstmanagement seiner Führungskräfte und Mitarbeitenden investiert, investiert nicht nur in ihre mentale Gesundheit, sondern trägt auch erheblich zur Vertrauenskultur bei.

**Wir gestalten alle mit**
Wenn wir in ein Konzert oder ein Museum gehen, konsumieren wir Kultur. Wenn wir in einem Unternehmen arbeiten, gestalten wir Kultur. Niemand sollte sich hier zurücklehnen und auf die Kulturinitiative »von oben« warten. Eine Vertrauenskultur lässt sich, wie bereits erwähnt, ohnehin nicht top-down oktroyieren. Wir tragen alle dazu bei, indem wir Vertrauen geben und Vertrauen, das uns geschenkt wurde, nicht verletzen. Unsere täglichen Handlungen zählen hier weit mehr als große Ankündigungen.

Umgekehrt haben wir einen Anspruch darauf, dass uns vertraut und unser Vertrauen nicht missbraucht wird. Ist dem nicht so, sollten wir unseren Anspruch klar formulieren und unser Bestes tun, um eine Vertrauensbasis herzustellen. Gelingt dies nicht, dürfen wir uns fragen, was es uns kostet, diesen Weg weiterzugehen. Denn irgendwo gibt es immer eine Abzweigung, die möglicherweise die Richtige ist, um so zu arbeiten, wie wir es wirklich, wirklich wollen.

## Vom Mut, Angst zu haben

Dieses Buch handelt von Vertrauen, aber eigentlich ist es ein Buch über Angst und Mut. Viele Menschen glauben, wenn sie vor etwas Angst haben, dann sollten sie es nicht tun. Und viele denken, mutig sei nur, wer keine Angst hat. Aber so ist es nicht.

Jedes Mal, wenn mein Sohn am Rand der großen Rutsche auf dem Spielplatz steht, schaut er mich verschreckt an. »Ich kann nicht, ich hab Angst.« ruft er mir mit seinen drei Jahren zu. Er möchte so gerne hinauf, aber sobald er da ist, traut er sich nicht zu rutschen. Kinder können frei äußern, wenn sie Angst haben. Viele von uns können das nicht. Wir haben es verlernt. Oder wir haben es uns vielmehr abtrainiert. Immerhin ist es der Inbegriff von Verletzlichkeit, Angst zuzugeben. Deshalb ist Angst im Arbeitskontext bisher auch selten ein Gesprächsthema. Verrückt, denn wir alle haben Angst und das manchmal mehrfach täglich.

Natürlich helfen Methoden wie »Hopes and Fears«, unsere Ängste zu äußern und sie zu teilen. Aber in Bezug auf Vertrauen haben wir oft tiefe Ängste, die wir trotz passender Methoden nicht gleich benennen können. Sie sind uns nicht klar und wir wollen meist auch gar nicht so genau hinsehen. Aber wir haben Angst vor Ausgrenzung. Wir fürchten uns davor, hintergangen zu werden, und es graut uns davor, zu versagen. Manche haben mehr Angst, manche weniger.

Viele von uns wissen also nicht einmal, dass sie Angst haben. Wir denken nicht: »Ich habe solche Angst davor, hintergangen zu werden, deshalb traue ich niemandem.« Wir machen lieber andere verantwortlich und erklären sie zu vertrauensunwürdigen Nichtsnutzen. Doch irgendwann funktionieren solche Konzepte nicht mehr und wir kommen an Punkte in unserem Leben, an denen wir etwas verändern müssen. Nur wer genau in sich hineinhorcht und den Mut hat hinzusehen, wird die Angst entdecken. Sich über die eigene Angst bewusst zu werden, hilft enorm, zu verstehen, was uns treibt oder hindert. Oft wollen wir das aber erst gar nicht. Wir haben Angst vor der Angst. Ich hatte sie auch. So sehr, dass ich lieber gar nicht erst darüber nachgedacht habe, was mich treibt. Dabei ist Angst nichts Schlechtes. Angst ist gut. Sie macht uns aufmerksam und sensibel. Sie schärft unseren Fokus und unser Bewusstsein und sie gibt uns ein Signal, vorsichtig und achtsam zu sein. Ohne Angst hätten wir wenig Orientierung im Leben. Wir hätten kein Gefühl für eine drohende Gefahr. Angst ist nur dann schlecht, wenn wir sie wegdrücken oder es zulassen, dass sie überhandnimmt. Denn so bekommt sie Kontrolle über uns.

Dieses Buch zeigt, dass es nicht nur wenige Dinge sind, die Einfluss auf unser Vertrauen haben, sondern alles. Alles, was wir tun oder nicht tun, wirkt sich auf unser gegenseitiges Vertrauen aus. Wenn wir nicht vertrauen, wird man wahrscheinlich auch uns nicht vertrauen und wenn wir vertrauen, können wir unendlich viel zurückbekommen. Aber dafür gibt es eben keine Garantie. Unser ganzes Leben ist eine einzige Vertrauensbilanz und unsere Welt ist nur vertrauenswürdig, wenn wir selbst sie dazu erklären. Wenn ich eines gelernt habe, dann dass es okay ist, Angst zu haben. Es ist okay, wenn wir uns davor fürchten, zu vertrauen. Es ist menschlich. Immerhin geben wir Kontrolle ab. Unsere Aufgabe ist es, die Angst wahrzunehmen und uns mit ihr auseinanderzusetzen. Unsere Aufgabe ist es, mutig zu sein, denn Mut ist nicht Angstlosigkeit. Mutig zu sein bedeutet, die Angst zu verstehen, sie anzunehmen und hindurchzugehen. Sie ist die Vorbotin für persönliches Wachstum. Ohne Angst könnten wir nicht mutig sein. Die Angst darf bleiben und zur klugen Begleiterin auf unserer Reise werden. Wenn wir Angst davor haben, zu vertrauen, dann sitzen wir lediglich am Rand einer sehr großen Rutsche.

Mein Sohn rutscht jedes Mal doch noch. Jedes Mal fällt es ihm etwas leichter und jedes Mal ist er sehr stolz auf sich. Jedes Mal hat er weniger Angst vor dem Rutschen. Er hat Vertrauen in seine Fähigkeit. Wir haben keine andere Wahl, als die Rutsche hinunterzurutschen. Nur mit Vertrauen können wir eine Arbeitswelt gestalten, die es uns ermöglicht, zukünftige Herausforderungen anzugehen und zu meistern. Aber irgendwann rutscht es sich fast von allein. Trust me.

# Danke

Wow, das ist es also, mein Buch. It was a hell of a ride und ohne die Menschen an meiner Seite, die mir mehr zugetraut haben als ich mir selbst, hätte ich es wohl nicht über Seite 25 hinausgeschafft. Deshalb danke ich vor allem meinem Mann Christoph, der mir in jeder Lebenssituation zur Seite steht und das in mir sieht, was ich noch nicht sehe. Danke, dass du jede meiner verrückten Ideen mitgehst, mir immer vertraust und mich liebst, so wie ich bin. Außerdem danke ich unseren beiden Kindern dafür, dass sie mir jeden Tag zeigen, was wir Erwachsenen zurückhalten. Ihr wart eine große Hilfe, um dieses Buch zu schreiben. Danke, dass ihr so geduldig mit mir seid und ich jeden Tag von euch lernen darf.

Ich danke Wibke Murke, dafür, dass wir stundenlang über das Leben philosophieren und dabei lachen und weinen können. Danke an Ricarda Pittelkow dafür, dass du immer zu mir hältst und mir ungeschönt und unverschnörkelt deine Meinung sagst. Danke an Nina Niemeyer, dafür, dass du es schaffst, mich auch in den bescheidensten Momenten zum Lachen zu bringen und sich alles gleich nicht mehr so schwer anfühlt. Ohne euch wäre ich heute nicht da, wo ich bin.

Ich danke meinen großartigen Co-Autor:innen, Nora Dietrich, Annahita Esmailzadeh, Swantje Allmers, Michael Trautmann, Anna Weber, Johanna Geisler und Benjamin Rolff dafür, dass sie mich auf diesem Weg begleitet haben. Danke für eure Beiträge, euer Vertrauen, eure Perspektive und euer Feedback. Ihr habt das Buch unheimlich bereichert. Danke an den weltbesten Illustrator, Tim Bönecke, der mit seinen Werken dem Buch genau die visuelle Persönlichkeit gegeben hat, die in den Texten steckt. Danke für deine Unterstützung und die großartige Umsetzung.

Danke an Anke Seitz, für deine Freundschaft und deine Unermüdlichkeit dabei, mir Feedback zu geben. Ein großes Danke geht außerdem an Daria Thorns, die mir bei der ausgiebigen Prüfung der Quellen geholfen hat. Du und dein kritischer Blick, ihr wart eine große Hilfe im Endspurt. Danke an Malte Hümmer für das wunderschöne Feedback und deine Worte, die genau zur richtigen Zeit im Prozess kamen.

Ich danke Christoph Pause von Haufe dafür, dass er vor einigen Jahren etwas in mir gesehen hat und meine Artikel veröffentlichte. Danke für die tolle Zusammenarbeit und dafür, dass du es mir zugetraut hast, ein Buch zu schreiben. Außerdem danke ich Bernhard Landkammer, Jessica Sonnenberg und Kerstin Boschütz von Haufe für die vertrauensvolle Zusammenarbeit im Rahmen dieses Buchprojektes. Danke, dass ihr euch auf meine Ideen eingelassen und mich so unterstützt habt. Nirgendwo wäre ich mit meinem Buch besser aufgehoben gewesen. Danke an Helmut Haunreiter für das großartige Lektorat, den Zuspruch, und die tolle Begleitung. Ein großes Danke geht auch an Tina Müller und Tatjana Kiel, für die wunderbaren Statements auf dem Buchcover. Euer Vertrauen und eure Bereitschaft, euch zu beteiligen, haben mir sehr viel bedeutet.

Ich danke Anne Grobe, die als meine ehemalige Führungskraft schon früh an mich geglaubt hat. Danke, dass du mir Verantwortung übertragen und mir vertraut hast. Von dir und deinem Führungsstil habe ich unheimlich viel mitgenommen. Danke an Christina Grubendorfer, Martin Kreutzer und Boris Alexander, bei denen ich lernen durfte und die mich in meiner persönlichen Entwicklung ein ganzes Stück weitergebracht haben.

Danke an meine großartigen Kund:innen für das Vertrauen, dass sie mir jeden Tag entgegenbringen. Ohne euch könnte ich nicht das tun, was ich so liebe. Vielen Dank dafür.

Und vor allem danke ich dir. Ich danke dir dafür, dass du in mich vertraut und dieses Buch gekauft und gelesen hast. Danke, dass du dich mit mir auf die Reise zu mehr Vertrauen begeben hast. Lass uns damit zusammen die Zukunft der Arbeit verändern.

Karin

# Autor:innenprofile

### Karin Lausch

Karin Lausch ist Leadership Expertin und Executive Coach. Sie begleitet seit 13 Jahren Unternehmen und Führungskräfte in ihrer Entwicklung und zu allen Fragen der Führung. Mit ihrer Arbeit und ihrer Reichweite setzt sich die Keynote Speakerin für New Work, New Leadership und mehr Menschlichkeit im Arbeitsleben ein. Sie wurde 2023 als eine der 99 wichtigsten HR-Influencer auf Social Media gelistet. Als Organisationsberaterin begleitet sie Unternehmen dabei, Veränderungsprozesse zu gestalten und passende Arbeitsweisen zu designen. Sie ist Agile Coach und LEGO® Serious Play® Facilitator und schreibt seit Jahren über aktuelle Themen der Arbeitswelt, u. a. für Haufe und STRIVE Magazine. Vertrauen ist für sie die Zukunft der Arbeit.

### Dr. Anna Weber

Dr. Anna Weber ist geschäftsführende Gesellschafterin bei BabyOne, Omnichannel-Unternehmen im Franchise-System für Baby- und Kleinkind-Produkte mit über 100 Fachmärkten in der DACH-Region. Gemeinsam mit ihrem Bruder Jan Weischer führt sie BabyOne als Co-CEO. Die Familienunternehmerin der zweiten Generation verbindet dabei Tradition und Zukunft und setzt auf innovative Führungsansätze zu Wachstum, Digitalisierung und Transformation. Als systemische Beraterin und Coach verfügt Anna über langjährige Expertise in der Organisationsentwicklung. Im April 2023 gründete sie gemeinsam mit ihrem Bruder die Baby- und Kleinkindmarke ELSA & EMIL. Vertrauen ist für sie eine Grundvoraussetzung, um ein Familienunternehmen erfolgreich in die Zukunft führen zu können.

**Annahita Esmailzadeh**

Credits: Sapna Richter

Annahita Esmailzadeh ist seit 2021 Führungskraft bei Microsoft. Zuvor leitete sie den Innovationsbereich für das SAP Labs in München. Sie gehört zu den einflussreichsten Business-Influencerinnen im DACH-Raum und setzt sich für Diversität und Inklusion sowie moderne Kultur- und Führungsansätze ein. Annahita wurde vom FOCUS Magazin als eine der 100 Frauen des Jahres 2022 ausgezeichnet. Das Wirtschaftsmagazin Business Insider kürte sie zu einer der Top 25 Zukunftsmacherinnen. Sie erhielt für ihr Engagement zudem die Europamedaille und den German Diversity Award. Geboren wurde sie in München, wo sie als Tochter iranischer Einwanderer in einem sozialen Brennpunkt aufwuchs. Annahita ist Co-Herausgeberin und Autorin des Beststellers »Gen Z für Entscheider:innen«. Im August 2023 erschien ihr neues Buch »Von Quotenfrauen und alten weißen Männern« über Vorurteile in der Arbeitswelt. Vertrauen ist für sie der Klebstoff, der erfolgreiche Teams zusammenhält.

**Johanna Geisler**

Johanna Geisler ist leidenschaftliche Recruiting- und Employer-Branding-Expertin, sowie Autorin und Speakerin. Neben ihrer Führungsrolle in einem stark wachsenden Marketing-Start-up berät sie Unternehmen und zeigt durch Workshops für Personal Branding und Corporate Influencing praxisnahe Umsetzungsmöglichkeiten auf. 2023 sprach sie auf der DRX Recruiting und dem RC Festival über innovative Recruiting-Kanäle und die Super-Power Content Creation in der Personalgewinnung. Sie ist Co-Autorin des Fachbuchs »Future ready People & Culture: HR als Treiber der Digitalisierung« und hat im letzten Jahr die ehrenamtlichen Herzensprojeke HR Social & Learning Club für Studierende und den After Work Social Club ins Leben gerufen. Vertrauen ist für sie der Inbegriff des vollständigen Employee-Life-Cycles und die wichtigste Zutat für motivierte und glückliche Mitarbeitende.

**Dr. Michael Trautmann**

Dr. Michael Trautmann studierte Betriebswirtschaftslehre und promovierte zum Thema ökologieorientiertes Marketing. Daraufhin folgte der Berufseinstieg bei Bossard Consultants und später folgten dann Stationen als Geschäftsführer bei Springer & Jacoby und dann als Global Chief Marketing Officer bei der Audi AG. 2004 gründete er zusammen mit André Kemper die Werbeagentur kempertrautmann aus der später die thjnk AG wurde. Die Agentur war Newcomer-Agentur des Jahres in Deutschland und später dann auch global. Michael ist außerdem Mitgründer von Hyrox, der weltweit ersten Fitness Competition für jedermann. Er ist seit über sechs Jahren einmal in der Woche als Co-Host im Podcast »On The Way to New Work« zu hören und er ist Co-Autor des gleichnamigen Buches. Er ist außerdem Gründer der NWMS GmbH und als Bei- und Aufsichtsrat sowie als Business Angel aktiv. Vertrauen ist für ihn das, was die Beziehung zwischen zwei Menschen ausmacht. Psychologische Sicherheit ist das Äquivalent im Team.

**Nora Dietrich**

Nora Dietrich ist Expertin für mentale Gesundheit, Psychotherapeutin und Speakerin (u.a. für das Zukunftsinstitut). Dabei übersetzt sie ihre Expertise aus der Verhaltenstherapie in die Welt von Organisationen, bricht mit längst verstaubten Tabus rund um die Trends Gesundheit und New Work und macht so Psychologie wieder salonfähig. Als Mentorin für Digital Health Entrepreneure unterstützt sie bei der Entwicklung neuer Lösungen, die die Zugänglichkeit und Qualität mentaler Gesundheit verbessern. In ihrer Arbeit steht eine Frage immer im Zentrum: Was brauchen wir, um bestmögliche Arbeit zu leisten und dabei gesund zu bleiben? Denn sie glaubt, die Organisation der Zukunft ist vor allem eines: gesund. Vertrauen ist für Nora die Basis, damit wir uns trauen – trauen, wir selbst zu sein, trauen, den Status quo zu hinterfragen, trauen, die Zukunft zu bewegen.

**Swantje Allmers**

Credits: Sebastian Fuchs

Swantje Allmers ist Autorin des Bestsellers »On the Way to New Work: Wenn Arbeit zu etwas wird, was Menschen stärkt«, CEO und Gründerin der New Work-Beratung NWMS GmbH sowie eine der gefragtesten Meinungsträger:innen zum Thema HR und Arbeitswelt. Sie wurde 2023 als eine der 99 wichtigsten HR-Stimmen ausgezeichnet und erhielt den DRX Award als HR-Content-Expertin. Swantje begleitet seit über zehn Jahren namhafte Unternehmen, Teams und Führungskräfte dabei, die Arbeitswelt von morgen zu gestalten, und kennt daher die Fragestellungen und Herausforderungen aus erster Hand. Vertrauen ist für sie die Grundlage von Freiheit, worin Swantje den Kern der New Work Idee sieht.

**Benjamin Rolff**

Credits: Ilka Hinrichs

Benjamin Rolff ist Gründer der New Performance Academy, einem Weiterbildungs-Hub für neues, gesundes Arbeiten. Als Leadership & New Work Coach begleitet er Führungskräfte und Unternehmen auf dem Weg in eine gesunde, wirksame Arbeitswelt. Zuvor war er Kulturwandler der ersten Stunde bei der Otto Group und verstärkte das Transformationsteam von IBM Deutschland. In seinem New Performance Podcast spricht er mit Vordenker:innen der neuen Arbeitswelt über Zukunftskompetenzen: Selbstführung, Resilienz, mentale Gesundheit und New Leadership. Für Benjamin ist die Basis für diese Kompetenzen das Vertrauen – in uns selbst und in andere. Vertrauen ist für ihn, dass wir uns zutrauen, die Welt auf gesunde und wertschätzende Weise zu einem besseren Ort zu machen.

**Unser Illustrator Tim Bönecke**

Tim Bönecke ist Senior Art Director und Illustrator aus Hamburg. Er studierte Kommunikationsdesign und ist seit über 10 Jahren im Bereich Werbung tätig. Spezialisiert hat er sich auf Illustrationen und Design. Unterschiedliche Brands aus vielen Bereichen des täglichen Lebens konnten dabei schon von seinen Fertigkeiten profitieren. Die visuelle Komponente in modernen Medien ist seiner Meinung nach nie zu vernachlässigen und kann dabei helfen, Emotionen, Ideen und Gedanken zu wecken und sinnvoll in unsere Gesellschaft zu transportieren. Ihm macht es Spaß Menschen zum Nachdenken zu animieren. Vertrauen ist für ihn, das zu nutzen, was möglich ist, um Strich für Strich das eigene Lebensbild erweitern zu können. Auch wenn mal radiert werden muss. Denn ohne Vertrauen in uns selbst und andere bliebe das Papier einfach leer.

# Endnoten


1 Luhmann, Niklas, Vertrauen, UVK Verlagsgesellschaft mbH, Konstanz und München, 5. Auflage 2014, S. 1.

2 Gallup Inc. (Hrsg.), Gallup Engagement Index 2022 Deutschland, S. 15.

3 Bepanthen-Kinderförderung (Bayer) (Hrsg.), Vertrauensstudie 2022, Angst vor der Zukunft? Jugendliche zwischen gesunder Skepsis und gefährlicher Verschwörungsneigung, Bundesweite Befragung von Kindern und Jugendlichen durch die Universität Bielefeld im Auftrag der Bepanthen-Kinderförderung, S. 15-17 und 20, https://www.bepanthen.de/sites/g/files/vrxlpx36091/files/2022-08/Bepanthen-Kinderfoerderung_Vertrauensstudie2022_Ergebnispr%C3%A4sentation.pdf, Zuletzt aufgerufen am: 04.06.2023.

4 Erikson, Erik H., Der vollständige Lebenszyklus, Suhrkamp Verlag, 11. Auflage, 2020, S. 72-73.

5 Wolf, Eva Querida, Das Stufenmodell der psychosozialen Entwicklung nach Erik H. Erikson, Wachstum und Krisen der gesunden Persönlichkeit, Grin Publishing GmbH, München, 2022, S. 3.

6 Deutsches Ärzteblatt (Hrsg.), Wettig, Jürgen, Eltern-Kind-Bindung: Kindheit bestimmt das Leben, Dtsch Arztebl 2006; 103(36): A-2298 / B-1992 / C-1922, https://www.aerzteblatt.de/archiv/52567/Eltern-Kind-Bindung-Kindheit-bestimmt-das-Leben, zuletzt aufgerufen am: 04.06.2023.

7 Harris, Thomas A., Ich bin o. k. Du bist o. k., Rowohlt Taschenbuch Verlag, Reinbek bei Hamburg 1975, 54. Auflage 2021, S. 66.

8 Harris, Thomas A., Ich bin o. k. Du bist o. k., Rowohlt Taschenbuch Verlag, Reinbek bei Hamburg 1975, 54. Auflage 2021, S. 59-76.

9 Stahl, Stefanie, Das innere Kind in dir muss Heimat finden, Der Schlüssel zur Lösung (fast) aller Probleme, Kailash Verlag, München, in der Penguin Random House Verlagsgruppe GmbH, 2015, S. 18.

10 Covey, Stephen R., Der Weg zum Wesentlichen, Der Klassiker des Zeitmanagements, Campus Verlag, 2014, S. 57.

11 Maister, David H., Green, Charles H., Galford, Robert M., The Trusted Advisor, 20th Anniversary Edition, Free Press, 2021, S. 93.

12 Rogl, Magdalena, MitGefühl, Warum Emotionen im Job unverzichtbar sind, Edition Michael Fischer/EMF Verlag, 2022, S. 104 (Magdalena Rogl bezieht sich hier auf folgenden Artikel: Pauline Rose Clance u. a.: The Imposter Phenomenon in High Achieving Women: Dynamics and Therapeutic Intervention, https://psycnet.apa.org/record/1979-26502-001).

13 Rogl, Magdalena, MitGefühl, Warum Emotionen im Job unverzichtbar sind, Edition Michael Fischer/ EMF Verlag, 2022, S. 107-108.

14 Busch, Christian, Connect the Dots, The Art and Science of Creating Good Luck, Penguin Life, 2022.

15 Willis, Janine, & Todorov, Alexander, First Impressions: Makin up your Mind after a 100-Ms Exposure to a face«, in: Fachzeitschrift »Psychological Science« (Bd. 17, Nr. 7, S. 592-598, Juli 2006), https://journals.sagepub.com/doi/10.1111/j.1467-9280.2006.01750.x, zuletzt aufgerufen am: 04.06.2023.

16 Weiß, Yasmin, das magische Dreieck von Vertrauen, auf LinkedIn, 2023, https://deref-gmx.net/mail/client/rBbzt5e3BkU/dereferrer/?redirectUrl=https%3A%2F%2Fwww.linkedin.com%2Fposts%2Fprof-dr-yasmin-wei%25C3%259F-731a51157_vertrauen-authentizitaeut-integritaeut-activity-7018102284957962240-W9xl%3Futm_source%3Dshare%26utm_medium%3Dmember_ios, zuletzt aufgerufen am: 04.06.2023.

17 Simanek, Philipp, Der intrinsify Podcast: Wirksamer Führen, bullshitfrei arbeiten, Vertrauensdreieck, Schlaubilder und gestohlene Worte, Müsliriegel #4, 2022, https://open.spotify.com/episode/1YBYhTMvEgQAenF7OC0u5W?si=JMrOmIouSQqU21J80XVXEg&nd=1, zuletzt aufgerufen am: 11.06.2023.

18 Brown, Brené, dare to lead, The Braving Inventory, https://brenebrown.com/files/DTL_BRAVING_102221/, zuletzt aufgerufen am: 04.06.2023.

19 Baumeister, Roy F., Tierney, John, Die Macht des Schlechten, Nicht mehr schwarzsehen und gut leben, Campus Verlag, Frankfurt, 2020, S. 9.

20 Swed, Mark, How gay feminist composer Pauline Oliveros taught us to hear with more than ears, Los Angeles Times, 2020, https://www.latimes.com/entertainment-arts/story/2020-08-05/how-to-listen-pauline-oliveros-deep-listening-composer, zuletzt aufgerufen am: 04.06.2023.

21 Edmondson, Amy C., Die angstfreie Organisation, Wie Sie psychologische Sicherheit am Arbeitsplatz für mehr Entwicklung, Lernen und Innovation schaffen, Verlag Franz Vahlen GmbH, München, 2020, S. XVI-XVII und S. 7-10.

22 Edmondson, Amy C., Die angstfreie Organisation, Wie Sie psychologische Sicherheit am Arbeitsplatz für mehr Entwicklung, Lernen und Innovation schaffen, Verlag Franz Vahlen GmbH, München, 2020, S. XV.

23 Google (Hrsg.), re:Work Guide Understand team Effectiveness, 2015, https://rework.withgoogle.com/print/guides/5721312655835136/, zuletzt aufgerufen am: 04.06.2023.

24 Lencioni, Patrick, The Five Dysfunctions of a Team, a Leadership Fable, Jossey-Bass, 1. Edition, 2002, S. 188-189.

25 Clark, Timothy R., The 4 Stages of Psychological Safety: Defining the Path to Inclusion and Innovation, Berrett-Koehler Publishers Inc., Illustrated Edition, 2020.

26 Edmondson, Amy C., Building a psychologically safe workplace, TEDx Talks [Video], https://www.youtube.com/watch?v=LhoLuui9gX8, zuletzt aufgerufen am: 06.06.2023.

27 Edmondson, Amy C., Die angstfreie Organisation, Wie Sie psychologische Sicherheit am Arbeitsplatz für mehr Entwicklung, Lernen und Innovation schaffen, Verlag Franz Vahlen GmbH, München, 2020, S. 14-16.

28 Edmondson, Amy C., Die angstfreie Organisation, Wie Sie psychologische Sicherheit am Arbeitsplatz für mehr Entwicklung, Lernen und Innovation schaffen, Verlag Franz Vahlen GmbH, München, 2020, S. 68-77.

29 Trautmann, Michael; Magnussen, Christoph, On the Way to New Work [Podcast], Epsiode 235, 2.11.2020, https://open.spotify.com/episode/0jQVr423tSpcK8E2oM9z91?si=GDBYRoj0QsqNaHQSC5AdaA, zuletzt aufgerufen am: 11.06.2023.

30 Phillips, Katherine W.: How Diversity Makes Us Smarter – Being around people who are different from us makes us more creative, more diligent and harder-working, in: scientificamerican.com, 1.10.2014, https://www.scientificamerican.com/article/how-diversity-makes-us-smarter/, zuletzt aufgerufen am: 11.06.2023.

31 Edmondson, Amy C.; Bresman, Henrik: Research: To Excel, Diverse Teams Need Psychological Safety, in: hbr.org, 22. März 2022, Boston, https://hbr.org/2022/03/research-to-excel-diverse-teams-need-psychological-safety, zuletzt aufgerufen am: 11.06.2023.

32 Randstad Deutschland (Hrsg.), Randstad-ifo-Personalleiterbefragung, Q2 2020, S. 5, Teilnehmende waren knapp 800 Personalleiter:innen aus dem verarbeitenden Gewerbe, dem Handel und dem Dienstleistungssektor, https://www.randstad.de/s3fs-media/de/public/2020-08/randstad-ifo-personalleiterbefragung_q2_2020.pdf, zuletzt aufgerufen am: 04.06.2023.

33 Microsoft (Hrsg.), Work Trend Index 2022, Jahresbericht, Hohe Erwartungen: Hybrides Arbeiten erfolgreich gestalten, Die Werte von Mitarbeitenden haben sich dauerhaft verändert, was die Anwesenheit im Büro oder die Rolle der Arbeit betrifft, und es gibt kein Zurück, 2022, S. 30, https://clouddamcdnprodep.azureedge.net/gdc/gdcDjZ4e8/original, zuletzt aufgerufen am: 04.06.2023.

34 Mmhmm (Hrsg.), Truth and Trust at Work 2023, befragt wurden über 1.000 Wissensarbeiter:innen in den Vereinigten Staaten im Alter von 25+ in Unternehmen mit 20 oder mehr Mitarbeitenden. https://www.mmhmm.app/blog/truth-and-trust-at-work-2023?utm_source=mailchimp_announcement_email&utm_medium=email&utm_campaign=mmhmm_newsletter_1&utm_content=body_cta, zuletzt aufgerufen am: 04.06.2023.

35 Great Place to Work (Hrsg.), Von Vertrauen geprägte Unternehmenskulturen – 4 Praxisbeispiele, 2022, https://www.greatplacetowork.at/blog/von-vertrauen-gepraegte-unternehmenskulturen-4-praxisbeispiele/, zuletzt aufgerufen am: 04.06.2023.

36 Sinek, Simon, Simon Sinek reveals what transparency really means in business/ Inc., Youtube [Video], https://www.youtube.com/watch?v=CzQCcpS2NZE, zuletzt aufgerufen am: 06.06.2023.

37 StepStone GmbH (Hrsg.), Eckhardt, Franziska, Breitmar, Kim-Mai, Zimmermann, Dr. Tobias, The silent Resignation, Warum die große Wechselwelle kommt, Januar 2022, Seite 8, Onlinebefragung mit ca. 9.000 Kandidat:innen und ca. 2.000 Personalleiter:innen, https://www.stepstone.de/Ueber-StepStone/

wp-content/uploads/2022/03/StepStone_2022_The_Silent_Resignation.pdf, zuletzt aufgerufen am: 05.06.2023.

38 Kiener, Julia, Zöfgen, Lisa, Podcast al dente, Folge 6, Wie viel Meinung dürfen Mitarbeitende auf Social Media haben, Karin Lausch? 2022, https://open.spotify.com/episode/50xjinN6r4VhopxV9xmdPz?si=ynK2hhYRRYuveq0RtKnhsg, zuletzt aufgerufen am: 05.06.2023.

39 Bachmann, Ingeborg, Gedichte, Erzählungen, Hörspiel, Essays, München: Piper 1964, S. 300.

40 Fisher, Roger, Ury, William, Patton, Bruce, Das Harvard-Konzept, Der Klassiker der Verhandlungstechnik, Campus Verlag, Frankfurt/New York, 2009, S. 89-90, Die amerikanische Ausgabe »Getting to Yes« erschien erstmalig 1981 im Verlag Houghton Mifflin & Co., Boston Massachusetts.

41 Dettmers, Sebastian, Die große Arbeiterlosigkeit, Warum eine schrumpfende Bevölkerung unseren Wohlstand bedroht und was wir dagegen tun können, Finanzbuch Verlag, Juni 2022, S. 6-7.

42 StepStone GmbH (Hrsg.), Eckhardt, Franziska, Breitmar, Kim-Mai, Zimmermann, Dr. Tobias, The silent Resignation, Warum die große Wechselwelle kommt, Januar 2022, Seite 3, Onlinebefragung mit ca. 9.000 Kandidat:innen und ca. 2.000 Personalleiter:innen, https://www.stepstone.de/Ueber-StepStone/wp-content/uploads/2022/03/StepStone_2022_The_Silent_Resignation.pdf, zuletzt aufgerufen am: 05.06.2023.

43 StepStone GmbH (Hrsg.), Eckhardt, Franziska, Breitmar, Kim-Mai, Zimmermann, Dr. Tobias, The silent Resignation, Warum die große Wechselwelle kommt, Januar 2022, Seite 5, Onlinebefragung mit ca. 9.000 Kandidat:innen und ca. 2.000 Personalleiter:innen, https://www.stepstone.de/Ueber-StepStone/wp-content/uploads/2022/03/StepStone_2022_The_Silent_Resignation.pdf, zuletzt aufgerufen am: 05.06.2023.

44 Gallup Inc. (Hrsg.), Gallup Engagement Index 2022 Deutschland, Seite 9-10.

45 Dellnitz,Julia, Gentsch, Jan, Demarmels, Sascha, Sierralta, Dina, Vigenschow Uwe, Fokus, Das Handbuch für Product Owner, Rheinwerk Verlag, Bonn, 2023, S. 270.

46 Dellnitz,Julia, Gentsch, Jan, Demarmels, Sascha, Sierralta, Dina, Vigenschow Uwe, Fokus, Das Handbuch für Product Owner, Rheinwerk Verlag, Bonn, 2023, S. 112-113.

47 Schwaber, Ken, Sutherland, Jeff, Der Scrum Guide, Der gültige Leitfaden für Scrum: Die Spielregeln, 2020, S. 11, https://scrumguides.org/docs/scrumguide/v2020/2020-Scrum-Guide-German.pdf, zuletzt aufgerufen am: 06.06.2023.

48 Derby, Esther, Larsen, Diana, Agile Retrospektiven, Übungen und Praktiken, die die Motivation und Produktivität von Teams deutlich steigern, Verlag Franz Vahlen GmbH, 1. Edition 2018, S. 5.

49 Dellnitz, Julia, Gentsch, Jan, Demarmels, Sascha, Sierralta, Dina, Vigenschow Uwe, Fokus, Das Handbuch für Product Owner, Rheinwerk Verlag, Bonn, 2023, S. 332.

50 Dellnitz,Julia, Gentsch, Jan, Demarmels, Sascha, Sierralta, Dina, Vigenschow Uwe, Fokus, Das Handbuch für Product Owner, Rheinwerk Verlag, Bonn, 2023, S. 333 (von den Autor:innen übersetzt aus: Kerth, Norman L. (2001): Project Retrospectives: A Handbook for Team Reviews. New York: Dorset House Publishing).

51 Derby, Esther, Larsen, Diana, Agile Retrospektiven, Übungen und Praktiken, die die Motivation und Produktivität von Teams deutlich steigern, Verlag Franz Vahlen GmbH, 1. Edition 2018, S. 4.

52 Ohno, Taiichi, Das Toyota-Produktionssystem – Das Standardwerk zur Lean Production, Campus Verlag, 3. Edition, 2013, S. 51.

53 Lausch, Karin, Perfektion killt Innovation, Perfektion: Das Streben nach Stillstand, Haufe New Management (Hrsg.), 2022, https://newmanagement.haufe.de/skills/perfektion-killt-innovation, zuletzt aufgerufen am: 08.06.2023.

54 Hofmann, Mathias, Reisert Dr., Louisa, Pracht, Gerlind, Das Modell der »Inneren Antreiber«, https://www.shsconsult.de/wp-content/uploads/2017/02/131023_InnereAntreiber_TrainerKit-funal.pdf, zuletzt aufgerufen am: 08.06.2023 (Die Autor:innen beziehen sich auf: KAHLER, TAIBI (1974). The Minisript. In: Transactional Analysis Journal, 4:1 Januar, S. 26.42.)

55 Lausch, Karin, Perfektion killt Innovation, Perfektion: Das Streben nach Stillstand, Haufe New Management (Hrsg.), 2022, https://newmanagement.haufe.de/skills/perfektion-killt-innovation, zuletzt aufgerufen am: 08.06.2023.

56 Wiedergegeben aus Lea Podcast »Organisationen entwickeln«, Folge 87, Warum Perfektion lebensbedrohlich ist, Christina Grubendorfer und Karin Lausch, 2022, https://open.spotify.com/episode/1YAnZ8xuSCvebwqHCTa1id?si=P9l7vK1xTLqtFRjem0QKSw&nd=1, zuletzt aufgerufen am: 08.06.2023.

57 Lausch, Karin, Perfektion killt Innovation Perfektion: Das Streben nach Stillstand, Haufe New Management (Hrsg.), 2022, https://newmanagement.haufe.de/skills/perfektion-killt-innovation, zuletzt aufgerufen am: 08.06.2023.

58 Dellnitz, Julia, Gentsch, Jan, Demarmels, Sascha, Sierralta, Dina, Vigenschow Uwe, Fokus, Das Handbuch für Product Owner, Rheinwerk Verlag, Bonn, 2023, S. 116.

59 DAK Gesundheit (Hrsg.), Psychreport 2021, Entwicklungen der psychischen Erkrankungen im Job: 2010-2020, S. 3, https://www.dak.de/dak/download/report-2429408.pdf, zuletzt aufgerufen am: 11.06.2023.

60 Techniker Krankenkasse (Hrsg.), TK-Stressstudie 2021, Entspann dich Deutschland, S. 8, https://www.tk.de/resource/blob/2116464/9ff316aaf08870ed54aa8a664502ac67/2021-stressstudie-data.pdf, zuletzt aufgerufen am: 11.06.2023.

61 Techniker Krankenkasse (Hrsg.), TK-Stressstudie 2021, Entspann dich Deutschland, S. 5, 33 und 37, https://www.tk.de/resource/blob/2116464/9ff316aaf08870ed54aa8a664502ac67/2021-stressstudie-data.pdf, zuletzt aufgerufen am: 11.06.2023.

62 DPtV Deutsche Psychotherapeuten Vereinigung (Hrsg.), Report Psychotherapie 2021, S. 12, https://www.dptv.de/fileadmin/Redaktion/Bilder_und_Dokumente/Wissensdatenbank_oeffentlich/Report_Psychotherapie/DPtV_Report_Psychotherapie_2021.pdf, zuletzt aufgerufen am 12.06.2023.

63 Hochschule Heilbronn, Umgang mit psychischen Erkrankungen, Das Roger-Prinzip, https://www.hs-heilbronn.de/de/umgang-mit-psychischen-erkrankungen-das-roger-prinzip-b52d528fe6645cda, zuletzt aufgerufen am: 17.06.2023 (bezieht sich auf den Urheber: MHFA Ersthelfer, www.mhfa-ersthelfer.de, zuletzt aufgerufen am: 12.06.2023).

64 Statistisches Bundesamt (Hrsg.), Elterngeld 2022: Väteranteil steigt weiter auf 26,1 %, https://www.destatis.de/DE/Presse/Pressemitteilungen/2023/03/PD23_123_22922.html, zuletzt aufgerufen am: 08.06.2023.

65 Statista (Hrsg.), Elternzeit immer noch ungleich verteilt, 2023, https://de.statista.com/infografik/24835/anteil-der-vaeter-in-deutschland-die-elterngeld-beziehen/, zuletzt aufgerufen am: 08.06.2023.

66 Techniker Krankenkasse (Hrsg.), Präsentismus in einer zunehmend mobilen Arbeitswelt, Datenanalyse und aktuelle Studienlage 2022, Seite 14, https://www.tk.de/resource/blob/2143222/8e38808d9a1f82ed55d34320c1aaf8a1/tk-studie-praesentismus-data.pdf, zuletzt aufgerufen am: 08.06.2023.

67 Lausch, Karin, Vollzeit ist voll out, Haufe New Management (Hrsg.), 2023, https://newmanagement.haufe.de/organisation/zukunft-der-arbeit-teilzeit, zuletzt aufgerufen am: 05.06.2023.

68 Statista (Hrsg.), Ranking der größten Social Networks und Messenger nach der Anzahl der Nutzer im Januar 2022, https://de.statista.com/statistik/daten/studie/181086/umfrage/die-weltweit-groessten-social-networks-nach-anzahl-der-user/, zuletzt aufgerufen am: 08.06.2023.

69 Dellnitz, Julia, Gentsch, Jan, Demarmels, Sascha, Sierralta, Dina, Vigenschow Uwe, Fokus, Das Handbuch für Product Owner, Rheinwerk Verlag, Bonn, 2023, S. 116-117.

70 Post-it ist ein eingetragener Markenname von 3 M. In diesem Buch wird der Begriff jedoch nicht in erster Linie als Markenname, sondern generell als Bezeichnung für jede Art von Haftnotiz verwendet.

71 Duden, Definition Rat, https://www.duden.de/rechtschreibung/Rat#Bedeutung-1, zuletzt aufgerufen am: 08.06.2023.

72 Appinio (Hrsg.), Weiterbildungsumfrage, 2023, Umfrage mit 1.000 Teilnehmenden aus Deutschland, https://research.appinio.com/#/de/survey/public/UY_AUQepj, zuletzt aufgerufen am: 08.06.2023.

73 Sinek, Simon, How great leaders inspire action, TED (Hrsg.) [Video], https://www.ted.com/talks/simon_sinek_how_great_leaders_inspire_action/comments, zuletzt aufgerufen am: 08.06.2023.

74 Lausch, Karin, Die (fr)agile Zukunft der Arbeit, Haufe New Management (Hrsg.), 2019, https://newmanagement.haufe.de/organisation/die-fr-agile-zukunft-der-arbeit-warum-wir-es-ernst-meinen-muessen, zuletzt aufgerufen am: 08.06.2023.

75 Rose, Nico, Purpose für Praktiker, Sinnftiftende Sofortmaßnahmen, ManagerSeminare, Heft 268, 2020, S. 35-36, https://nicorose.de/wp-content/uploads/2020/07/MS_Sinn_Sofort_2020.pdf, zuletzt aufgerufen am: 09.06.2023.

76 Rose, Nico, Purpose für Praktiker, Sinnftiftende Sofortmaßnahmen, ManagerSeminare, Heft 268, 2020, S. 36-37, https://nicorose.de/wp-content/uploads/2020/07/MS_Sinn_Sofort_2020.pdf, zuletzt aufgerufen am: 09.06.2023.

77 Bandura, Albert, Self-efficacy: The exercise of control, Worth, 1997.

78 Absatz in Teilen aufgegriffen und überarbeitet aus: Esmailzadeh, Annahita, Das Wundermittel, um die besten Mitarbeitenden loszuwerden, STRIVE MAGAZINE (Hrsg.), 2022, https://www.strive-magazine.de/post/das-wundermittel-um-die-besten-mitarbeitenden-loszuwerden, zuletzt aufgerufen am: 21.06.2023.

79 Allmers, Swantje, Trautmann, Michael, Magnussen, Christop, On the Way to New Work, Wenn Arbeit zu etwas wird, was Menschen stärkt, Franz Vahlen GmbH, 2022, S. 215 (Die Autor:innen beziehen sich auf: Deutsche Telekom AG: Tips for Asynchronous Work, geteilt auf LinkedIn in der Gruppe »New Work Pioneers« von Oliver Herrmann, Juni 2021).

80 Karin Lausch, Warum du ab jetzt die meisten Meetings streichen kannst, STRIVE MAGAZINE (Hrsg.), 2023, https://www.strive-magazine.de/post/warum-du-ab-jetzt-die-meisten-meetings-streichen-kannst, zuletzt aufgerufen am: 08.06.2023.

81 Allmers, Swantje, Trautmann, Michael, Magnussen, Christoph, On the Way to New Work, Wenn Arbeit zu etwas wird, was Menschen stärkt, Franz Vahlen GmbH, 2022, S. 211.

82 Roock, Arne, Stop Starting, Start Finishing!, Limit your Work in Progress – why and how?, Lean-Kanban University (Hrsg.) 2013.

83 Ohno, Taiichi, Das Toyota-Produktionssystem – Das Standardwerk zur Lean Production, Campus Verlag, 3. Edition, 2013, S. 63-82.

84 Covey, Stephen R., Der Weg zum Wesentlichen, Der Klassiker des Zeitmanagements, Campus Verlag GmbH, Frankfurt/Main, 2014, S. 31-34.

85 Trainingsmanufaktur Consulting (Hrsg.), Eisenhower-Matrix, https://trainingsmanufaktur.de/lexikon/eisenhower-matrix/, zuletzt aufgerufen am: 09.06.2023.

86 Covey, Stephen R., Der Weg zum Wesentlichen, Der Klassiker des Zeitmanagements, Campus Verlag GmbH, Frankfurt/Main, 2014, S. 35-37.

87 Schnetzer, Simon (Hrsg.), Veröffentlichung: Jugend in Deutschland – Trendstudie Winter 2022/2023, https://simon-schnetzer.com/blog/veroeffentlichung-jugend-in-deutschland-trendstudie-winter-2022-23/, zuletzt aufgerufen am: 08.06.2023.

88 Zukunftsinstitut (Hrsg.), Müller, Maria, Fitzpatrick, Daniel, Affective Computing: Mit Emotion AI Gefühle erkennen, https://www.zukunftsinstitut.de/artikel/technologie/affective-computing-mit-emotion-ai-gefuehle-erkennen/, zuletzt aufgerufen am: 08.06.2023.

89 Mayer, John D., Salovey, Peter, Emotional Intelligence, Sage Journals (Hrsg.), 1990, https://journals.sagepub.com/doi/10.2190/DU GG-P24E-52WK-6CDG, zuletzt aufgerufen am: 08.06.2023.

90 Goleman, Daniel, EQ, Emotionale Intelligenz, dtv Verlagsgesellschaft mbH & Co. KG, München, 1997, 32. Auflage 2022, Seite 65-66.

91 Von Hirschhausen, Eckart, Das Pinguin-Prinzip [Video], 2012, https://www.youtube.com/watch?v=sY539oAsTb0, zuletzt aufgerufen am: 08.06.2023.

92 Mintzberg, Henry, The Problem is Enterprise, not Economics, Blogartikel in: Huffpost, 2010, https://www.huffpost.com/entry/the-problem-is-enterprise_b_636852, zuletzt aufgerufen am: 08.06.2023.

93 JobSage (Hrsg.), Study: Over 3 in 5 are hiding something from their employer, 2022, https://www.jobsage.com/blog/authenticity-in-the-workplace-survey/, zuletzt aufgerufen am: 08.06.2023.

94 Übersetzt aus: Agentur k-hole, Youth Mode: A Report on Freedom, 2013, S. 27, http://khole.net/issues/youth-mode/, zuletzt aufgerufen am: 08.06.2023.

95 Edelman (Hrsg.), Edelman Trust Barometer 2021, https://www.edelman.com/trust/2021-trust-barometer, zuletzt aufgerufen am: 08.06.2023.

96 Brown, Brené, Die Gaben der Unvollkommenheit, Lass los, was du glaubst, sein zu müssen und umarme, was du bist, Kamphausen Media GmbH, Bielefeld, 9. Auflage 2021, S. 53-54.

97 Blumberg, Deborah Lynn, How to build better Relationships, Stanford Graduate School of Business (Hrsg.), 2021, https://www.gsb.stanford.edu/insights/how-build-better-relationships, zuletzt aufgerufen am: 09.06.2023.

98 Ariely, Dan, Die halbe Wahrheit ist die beste Lüge, Wie wir andere täuschen – und uns selbst am meisten, Droemer Verlag, München, 2012, Originaltitel: The (honest) Truth About Dishonesty, bei HarperCollins, New York, S. 12 (Dan Ariely bezieht sich auf: Harford, Tim: Die Logik des Lebens: Warum Ihr Boss überzahlt ist, Oralsex boomt und New Orleans nicht wieder aufgebaut wird. Riemann, München 2008.)

99 Ariely, Dan, Die halbe Wahrheit ist die beste Lüge, Wie wir andere täuschen – und uns selbst am meisten, Droemer Verlag, München, 2012, Originaltitel: The (honest) Truth About Dishonesty, bei HarperCollins, New York, S. 39 ff.

100 Süddeutsche Zeitung (Hrsg.), Lügen ist ansteckend, 2018, https://www.sueddeutsche.de/karriere/verhaltensoekonomie-luegen-ist-ansteckend-1.3915366, zuletzt aufgerufen am: 09.06.2023 und: Kocher, Martin G., Schudy, Simeon, Spantig, Lisa, I Lie? We Lie! Why? Experimental Evidence on a Dishonesty Shift in Groups, In: Management Science 2017, https://pubsonline.informs.org/doi/epdf/10.1287/mnsc.2017.2800, zuletzt aufgerufen am: 09.06.2023.

101 Gerlach, P., Teodorescu, K., & Hertwig, R. The truth about lies: A meta-analysis on dishonest behavior, Psychological Bulletin, 2019, 145(1), 1-44, https://psycnet.apa.org/doiLanding?doi=10.1037%2Fbul0000174, zuletzt aufgerufen am: 09.06.2023.

102 Glassdoor (Hrsg.), Lügen im Job: Fast die Hälfte der deutschen Berufstätigen flunkert am Arbeitsplatz, YouGov Deutschland GmbH im Auftrag von Glassdoor, 2020, https://www.glassdoor.de/blog/luegen-am-arbeitsplatz/, zuletzt aufgerufen am: 09.06.2023.

103 Zukunftsinstitut (Hrsg.), Horx, Tristan, Radikale Ehrlichkeit, Auszug aus dem Zukunftsreport 2019, https://www.zukunftsinstitut.de/artikel/zukunftsreport/radikale-ehrlichkeit/, zuletzt aufgerufen am: 09.06.2023.

104 Blanton, Dr. Brad, Radikal ehrlich, verwandle Dein Leben – Sag die Wahrheit, inspiriert Verlag e. K. 1. Edition, 2015, Originalausgabe: Radical Honesty – How to transform your life by telling the truth, Sparrowhawk Publications.

105 Blanton, Dr. Brad, Radikal ehrlich, verwandle Dein Leben – Sag die Wahrheit, inspiriert Verlag e. K. 1. Edition, 2015, S. 17-18, Originalausgabe: Radical Honesty – How to transform your life by telling the truth, Sparrowhawk Publications.

106 Baumeister, Roy F., Tierney, John, Die Macht des Schlechten, Nicht mehr schwarzsehen und gut leben, Campus Verlag, 2020, S. 9-10.

107 Houston, Therese: Let's Talk – Make Effective Feedback Your Superpower, Penguin Random House UK, 2022, S. 71 ff.

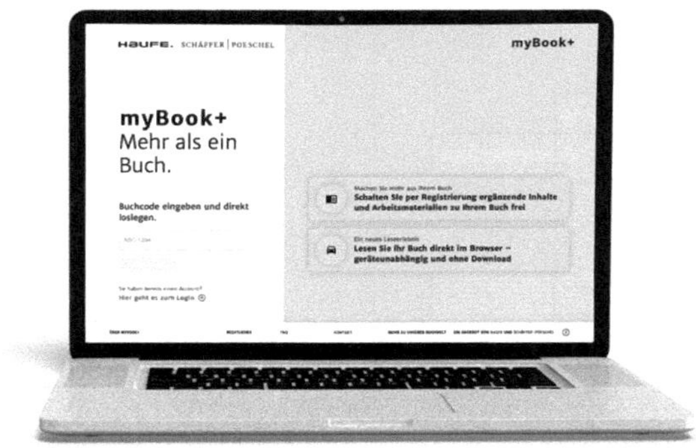


## Ihre Online-Inhalte zum Buch: Exklusiv für Buchkäuferinnen und Buchkäufer!

► **https://mybookplus.de**

► Buchcode: **BUE-30173**